U0265449

现代科学与工程计算基础

（第四版）

胡　兵　徐友才　王　皓　编著

四川大学出版社

项目策划：李思莹
责任编辑：李思莹
责任校对：周维彬
封面设计：墨创文化
责任印制：王　炜

图书在版编目（CIP）数据

现代科学与工程计算基础 / 胡兵，徐友才，王皓编著．— 4版．— 成都：四川大学出版社，2020.12
ISBN 978-7-5690-4136-1

Ⅰ．①现… Ⅱ．①胡… ②徐… ③王… Ⅲ．①工程数学—数值计算 Ⅳ．①O241

中国版本图书馆 CIP 数据核字（2020）第 266256 号

书名　现代科学与工程计算基础

编　　著	胡　兵　徐友才　王　皓
出　　版	四川大学出版社
地　　址	成都市一环路南一段 24 号（610065）
发　　行	四川大学出版社
书　　号	ISBN 978-7-5690-4136-1
印前制作	四川胜翔数码印务设计有限公司
印　　刷	成都市新都华兴印务有限公司
成品尺寸	185mm×260mm
印　　张	14.75
字　　数	358 千字
版　　次	2020 年 12 月第 4 版
印　　次	2020 年 12 月第 1 次印刷
定　　价	48.00 元

◆ 读者邮购本书，请与本社发行科联系。
电话：(028)85408408/(028)85401670/
(028)86408023　邮政编码：610065
◆ 本社图书如有印装质量问题，请寄回出版社调换。
◆ 网址：http://press.scu.edu.cn

四川大学出版社
微信公众号

前　言

随着以计算机和通信技术为代表的 IT 技术日新月异的发展，在自然科学和工程技术等众多领域，利用计算机进行科学计算已成为不可缺少的重要环节. 科学实践表明，现代科学研究方法应由实验、科学与工程计算及理论三大环节组成. 也就是说，科学与工程计算已成为一种新的科学研究方法. 作为现代科学与工程计算的基础，数值计算方法越来越受到重视. 很多高等院校理工类本科专业已将“数值分析”或“数值计算方法”列入基础教学课程，并在工科类专业硕士研究生和工程硕士的培养计划中将其列为学位课程.

本书较为详细地介绍了科学与工程计算中常用的数值计算方法、基本概念及有关的理论和应用. 全书共八章，主要内容有绪论，函数的插值与逼近，数值积分与数值微分，线性代数方程组的直接解法与迭代解法，非线性方程及非线性方程组的数值解法，矩阵特征值和特征向量的数值解法，以及常微分方程初值、边值问题的数值解法等. 其中，第一章至第三章由胡兵编写，第四章至第六章由王皓编写，第七章、第八章由徐友才编写. 使用对象为高等院校工科类研究生及理工科类非“信息与计算科学”专业本科生，也可供从事科学与工程计算的科技工作者参考. 本书讲授由浅入深，通俗易懂，具备高等数学、线性代数知识者均可学习.

本书是我们在长期从事数值分析教学和研究工作的基础上，根据多年的教学经验和实际计算经验编写而成的. 其目的是使大学生和研究生了解数值计算的重要性及其基本内容，熟悉基本算法并能在计算机上实现，掌握构造、评估、选取甚至改进算法的数学理论依据，培养和提高读者独立解决数值计算问题的能力.

本书在讲述过程中注重对一些实际经验和基本思想的介绍. 例如，实际计算中，不用高次代数多项式或复杂函数，而用分段低次多项式或简单函数去做插值或逼近(或拟合)；同样的思路，在数值积分中常用复化低阶的 Newton-Cotes 公式等. 又如，利用误差事后估计的思想来构造自适应选取步长的数值方法，利用误差补偿的思想来构造快速收敛的数值方法(如数值积分的 Romberg 公式，解常微分方程初值问题的几种预测-校正公式，解非线性方程或非线性方程组的迭代法的加速技术——松弛法和 Aitken 方法等). 这些实际经验和基本思想可以为读者在解决实际问题时提供重要的参考.同时,这些技巧并不是只针对某一部分内容的,读者在学习时要注意融会贯通.

四川大学数学学院的领导和信息与计算科学教研室的同事为本书的编写提出了宝贵的意见.本书的编写和出版还得到了四川大学研究生院领导和老师们的关心、支持和帮助,在此一并表示衷心感谢.

由于作者水平有限,书中错误在所难免,敬请读者批评指正.

编　者

2020 年 10 月

目　录

第一章　绪　论

§1　研究对象

作为现代科学与工程计算的基础，数值分析是研究求解各种数学问题近似解的方法、过程及其理论的一个重要数学分支. 随着计算机功能的日益强大，对适合于在计算机上使用的计算方法及其误差分析和收敛性、稳定性问题的研究也在不断深入. 它的内容包括数值逼近、数值积分与数值微分、非线性方程的数值解、数值代数、常微分方程及偏微分方程的数值解等.

在计算机上通过计算方法或数值模拟去解决科学或工程的关键问题，简称科学计算. 其具体过程如下：

实际问题 → 数学模型 → 数值分析 → 程序设计 → 上机算出数值结果

科学实践表明，现代科学研究方法应该由实验、科学计算及理论三大环节组成. 也就是说，科学计算已成为一种新的科学研究方法. 因此，作为科学计算的基础，数值分析也越来越受到重视.

数值分析与其他学科相比，有其自身的特点：

第一，面向计算机，提供切实可行的有效算法，且算法只能包括计算机能直接处理的加、减、乘、除运算和逻辑运算.

第二，有理论分析作保证，即对算法要确保其收敛性、稳定性，并提供相应的误差分析.

第三，算法要有好的计算复杂性，包括好的时间复杂性（节省机器时间）及空间复杂性（节省存储量），整体上即节省计算时间.

第四，要有数值实验，以验证算法的可行性、有效性及实用性.

§2 误差的来源及其基本概念

2.1 误差的来源

从科学计算的基本过程可知,引起误差的原因是多方面的,主要有以下几种:

(1)模型误差　从实际问题建立的数学模型,是对被描述的实际问题进行抽象、简化得到的,因而是对客观现象的一种近似描述.数学模型和实际问题之间的误差称为**模型误差**.这种误差不是我们研究的重点,但随着计算机功能的日益强大,某些对实际问题的抽象、简化本身就是利用了数值近似的思想,因而减少由抽象、简化导致的模型误差可以成为现实.

(2)观测误差　在建立数学模型时,有一些通过观测得到的物理量,如温度、长度、电压、电流等,这些物理量显然也包含误差.这种由观测产生的误差称为**观测误差**.

(3)截断误差　解决实际问题时,数学模型往往很复杂,因而不易获得准确解,通常要用数值方法求其近似解.模型的准确解与用数值方法求得的近似解之间的误差称为**截断误差**或**方法误差**.

(4)舍入误差　在用计算机做数值计算时,原始数据位数可能很多,但计算机的字长有限,一般采取四舍五入的办法对有限位进行运算.这样产生的误差称为**舍入误差**,也称为**计算误差**.

本书主要讨论截断误差和舍入误差,对舍入误差只作一些定性分析.现举例对这两种误差加以说明.

例 2.1　一个函数 $f(x)$用 n 次 Taylor 多项式

$$P_n(x) = f(x_0) + \frac{f'(x_0)}{1!}(x-x_0) + \cdots + \frac{f^{(n)}(x_0)}{n!}(x-x_0)^n$$

来代替,这样产生的误差 $f(x)-P_n(x)=\dfrac{f^{(n+1)}(\xi)}{(n+1)!}(x-x_0)^{n+1}$ 即为截断误差.

例 2.2　用 1.414 来代替$\sqrt{2}$,产生的误差 $R=\sqrt{2}-1.414=0.00021356\cdots$即为舍入误差.

2.2 误差的基本概念

Ⅰ 误差、误差限及有效数字

定义 2.1　设 x^* 是准确值 x 的一个近似值,称 $e^*=x^*-x$ 为 x^* 的**误差**.

根据定义,$x=x^*-e^*$,即近似值减去其误差就为准确值.因此,若称误差的负数

$-e^*$ 为近似值 x^* 的修正值，则可以说近似值加上它的修正值即为准确值.

误差可正可负，当 $e^*>0$ 时，近似值偏大，称为**强近似值**；当 $e^*<0$ 时，近似值偏小，称为**弱近似值**.

通常我们不能算出准确值 x，也不能算出误差 e^x 的准确值，只能根据具体测量或计算情况估计出误差的绝对值不能超过某个正数 ε^*，我们称 ε^* 为**误差限**.

定义 2.2 如果 $|e^*|=|x^*-x|\leqslant\varepsilon^*$，则称 ε^* 为近似值 x^* 的**误差限**，且有 $\varepsilon^*>0$.

由定义 2.2 有

$$|x^*-x|\leqslant\varepsilon^*,$$

即 $x^*-\varepsilon^*\leqslant x\leqslant x^*+\varepsilon^*$，则 $x\in[x^*-\varepsilon^*,x^*+\varepsilon^*]$. 通常我们用

$$x=x^*\pm\varepsilon^*$$

来表示准确值 x 所在的范围.

例 2.3 用毫米刻度的米尺测量一根木棍，读出的长度 $x^*=876$ mm 是木棍实际长度 x 的一个近似值，它的误差限是0.5 mm，即

$$|x^*-x|=|876-x|\leqslant 0.5\ \text{mm},$$

则准确值 $x\in[875.5,876.5]$，$x=876\pm 0.5$ mm.

例 2.4 $x=\pi=3.14159265\cdots$按四舍五入的原则得到 x 的前几位近似值 x^*.

取 3 位：$x_3^*=3.14$，$\varepsilon_3^*\leqslant 0.002$，

取 6 位：$x_6^*=3.14159$，$\varepsilon_6^*\leqslant 0.000003$.

它们的误差都不超过相应近似值末位数字的半个单位，即

$$|\pi-3.14|\leqslant\frac{1}{2}\times 10^{-2},\quad |\pi-3.14159|\leqslant\frac{1}{2}\times 10^{-5}.$$

若近似值 x^* 的误差限是某一位上的半个单位，该位到 x^* 的第一位非零数字共有 n 位，则称 x^* 具有 n **位有效数字**. 例如取 $x_3^*=3.14$ 为 π 的近似值，x_3^* 就有 3 位有效数字；取 $x_6^*=3.14159$ 为 π 的近似值，x_6^* 就有 6 位有效数字.

由下面的定义可以看出有效数字位数和误差限的关系.

定义 2.3 若 x^* 为准确值 x 的近似值，x^* 写成标准形为

$$x^*=\pm 10^m\times(a_1+a_2\times 10^{-1}+\cdots+a_n\times 10^{-(n-1)}),\tag{2.1}$$

若其误差限

$$|x^*-x|\leqslant\frac{1}{2}\times 10^{m-n+1},\tag{2.2}$$

则近似值 x^* 具有 n 位有效数字. 这里 m 为整数，$a_1,a_2,\cdots,a_n$ 是 0～9 中的任一数字，且 $a_1\neq 0$.

例 2.5 $x^*=3.14159$ 是 π 的具有 6 位有效数字的近似值，则其误差限

$$|x^*-x|\leqslant\frac{1}{2}\times 10^{0-6+1}=\frac{1}{2}\times 10^{-5}.$$

若 $x^*=0.001234$ 是 x 的具有 5 位有效数字的近似值，则其误差限

$$|x^*-x|\leqslant\frac{1}{2}\times 10^{-3-5+1}=\frac{1}{2}\times 10^{-7}.$$

Ⅱ　相对误差、相对误差限

误差、误差限是具有量纲的概念,不能反映近似程度的好坏.例如,工人甲平均每生产100个零件有一个次品,工人乙平均每生产200个零件有一个次品,他们的次品都只有一个,显然乙的技术水平比甲高,即乙生产的产品合格率要比甲高,甲的合格率为$\frac{99}{100}$,乙的合格率为$\frac{199}{200}$.

我们把近似值的误差e^*与准确值x的比值

$$\frac{e^*}{x}=\frac{x^*-x}{x}$$

称为近似值x^*的**相对误差**,记作e_r^*.

实际计算时,因准确值x总是不知道的,故通常取

$$e_r^*=\frac{e^*}{x^*}=\frac{x^*-x}{x^*}$$

作为x^*的相对误差,条件是$e_r^*=\frac{e^*}{x^*}$较小,此时

$$\frac{e^*}{x}-\frac{e^*}{x^*}=\frac{(e^*)^2}{x^*(x^*-e^*)}=\frac{(e^*/x^*)^2}{1-(e^*/x^*)}\approx\left(\frac{e^*}{x^*}\right)^2,$$

即当$\frac{e^*}{x^*}$较小时,$\frac{e^*}{x}\approx\frac{e^*}{x^*}$.

相对误差可正可负,它的绝对值的上界称为**相对误差限**,记作$\varepsilon_r^*=\frac{e^*}{|x^*|}$.

类似误差限与有效数字位数的关系,我们给出相对误差限和有效数字位数的关系.

定理 2.1　形如式(2.1)的近似数x^*具有n位有效数字,则其相对误差限为

$$\varepsilon_r^*\leqslant\frac{1}{2a_1}\times10^{-(n-1)};$$

反之,若x^*的相对误差限$\varepsilon_r^*\leqslant\frac{1}{2(a_1+1)}\times10^{-(n-1)}$,则$x^*$至少具有$n$位有效数字.

证明:由式(2.1)可得

$$a_1\times10^m\leqslant|x^*|\leqslant(a_1+1)\times10^m,$$

当x^*有n位有效数字时,由式(2.2)得

$$\varepsilon_r^*=\frac{|x-x^*|}{|x^*|}\leqslant\frac{0.5\times10^{m-n+1}}{a_1\times10^m}=\frac{1}{2a_1}\times10^{-n+1};$$

反之,由$|x-x^*|=|x^*|\varepsilon_r^*\leqslant(a_1+1)\times10^m\times\frac{1}{2(a_1+1)}\times10^{-n+1}=0.5\times10^{m-n+1}$,故$x^*$有$n$位有效数字.

定理2.1表明,有效数字位数越多,相对误差限越小.

例 2.6　用$x^*=3.14$来表示π的具有三位有效数字的近似值,则其相对误差限为

$$\varepsilon_r^*\leqslant\frac{1}{2\times3}\times10^{-(3-1)}=\frac{1}{6}\times10^{-2}.$$

2.3 和、差、积、商的误差

设 x^*，y^* 分别为 x 和 y 的近似值，用 $x^* \pm y^*$ 表示 $x \pm y$ 的近似值，则它的误差为

$$(x^* \pm y^*) - (x \pm y) = (x^* - x) \pm (y^* - y),$$

这说明和的误差是误差之和，差的误差是误差之差. 又因为

$$|(x^* \pm y^*) - (x \pm y)| \leqslant |x^* - x| + |y^* - y|,$$

所以误差限之和是和或差的误差限. 同理，任意多个近似数的和或差的误差限等于各近似数的误差限之和.

若将 x^* 的误差 $e^* = x^* - x$ 看作是 x 的微分，即

$$\mathrm{d}x = x^* - x,$$

则 x^* 的相对误差

$$e_r^* = \frac{x^* - x}{x} = \frac{\mathrm{d}x}{x} = \mathrm{d}\ln x$$

就为对数函数的微分.

设 $u = xy$，则 $\ln u = \ln x + \ln y$，故

$$\mathrm{d}\ln u = \mathrm{d}\ln x + \mathrm{d}\ln y,$$

即乘积的相对误差是各乘数的相对误差之和. 同理可知，商的相对误差是被除数与除数的相对误差之差. 这是因为，若 $u = \dfrac{x}{y}$，则 $\ln u = \ln x - \ln y$，所以 $\mathrm{d}\ln u = \mathrm{d}\ln x - \mathrm{d}\ln y$. 同样，任意多次连乘、连除所得结果的相对误差限等于各乘数和除数的相对误差限之和.

另外，更一般的情况是当自变量有误差时，计算函数值也产生误差，其误差限可利用 Taylor 级数展开进行估计，这里不再详细讨论.

§3 数值计算中的几点注意事项

这里提出数值计算中应注意的若干事项，它有助于鉴别计算结果的可靠性并防止误差危害现象的发生.

Ⅰ 要避免两个相近的数相减

在数值计算中两个相近的数相减会导致有效数字位数的减少. 例如两个正数之差 $u = x - y$ 的相对误差是

$$\mathrm{d}\ln u = \frac{\mathrm{d}x - \mathrm{d}y}{x - y},$$

如果 x 和 y 很接近，就会导致 u 的相对误差很大. 出现这类运算，最好是改变计算方法，以防止此类现象的发生. 现举例说明.

例 3.1 当 x 接近 0 时应将 $\frac{1-\cos x}{\sin x}$ 改为 $\frac{\sin x}{1+\cos x}$ 来计算.

类似地,若 x_1 和 x_2 很接近,应将 $\lg x_1-\lg x_2$ 改为 $\lg \frac{x_1}{x_2}$ 来计算;若 x 很大,应将 $\sqrt{x+1}-\sqrt{x}$ 改为 $\frac{1}{\sqrt{x+1}+\sqrt{x}}$ 来计算,以减少有效数字位数的损失.

一般地,当 $f(x)\approx f(x^*)$ 时,用 Taylor 级数展开

$$f(x)-f(x^*)=f'(x^*)(x-x^*)+\frac{f''(x^*)}{2!}(x-x^*)^2+\cdots$$

取右端有限项来近似左端,若无法改变计算方法,则采用增加有效数字位数的方法来进行运算;在计算机上则采用双倍字长运算,但这要以牺牲机器时间和内存单元为代价.

Ⅱ 要防止大数"吃掉"小数

在用计算机进行数值计算时,做加减法要"对阶",若参加运算的数相差很大,对阶的结果是大数"吃掉"小数,有时会造成结果的失真. 例如在五位十进制计算机上计算 $12345+\sum_{i=1}^{10000}0.01$,对阶时 $0.01=0.0000001\times10^5$,计算机表示为 0,计算结果为 0.12345×10^5,显然不可靠. 这时需要改变算法,先计算 $\sum_{i=1}^{10000}0.01=100$,再和 12345 相加得 $12345+100=12445$.

Ⅲ 要避免除数绝对值远远小于被除数绝对值的除法

用绝对值很小的数作除数会导致舍入误差的增加,进而会使数值计算结果严重失真,即导致不稳定.

例 3.2 方程组

$$\begin{cases}0.0003x_1+\ 3.000x_2=2.0001,\\1.0000x_1+1.0000x_2=1.0000\end{cases}$$

的准确解为 $x_1=\frac{1}{3}$,$x_2=\frac{2}{3}$. 用顺序消元法求解,取 5 位有效数字,消去第二个方程中含 x_1 的项,得

$$\begin{cases}0.0003x_1+3.0000x_2=2.0001,\\ \qquad\qquad 9999.0x_2=6666.0,\end{cases}$$

解得 $x_2=0.6667$,$x_1=0$,与准确解相差甚大. 这是用 0.0003 作除数,使舍入误差扩散造成的. 为此改变计算过程为:先将两个方程交换,然后再进行顺序消元,求解得 $x_2=0.6667$,$x_1=0.3333$,与准确解很相近.

Ⅳ 要注意简化运算步骤,减少运算次数

算法的简化,运算次数的减少,既可节省上机时间,又可减小舍入误差. 这也是算法好的时间复杂性,好的收敛性及稳定性所必需的.

例 3.3　计算多项式

$$P_n(x)=a_nx^n+a_{n-1}x^{n-1}+\cdots+a_0 \tag{3.1}$$

的值. 若直接用式(3.1)进行计算，共需乘法 $\sum_{i=1}^{n} i=\frac{1}{2}n(n+1)$次，加法 n 次才能得到 $P_n(x)$的值. 若采用著名的秦九韶算法，即

$$\begin{cases} S_n=a_n, \\ S_k=xS_{k+1}+a_k \quad (k=n-1,\cdots,1,0), \\ P_n(x)=S_0 \end{cases} \tag{3.2}$$

来计算 $P_n(x)$，则只需 n 次乘法和 n 次加法就可得到 $P_n(x)$. 所以式(3.2)也可表述为

$$P_n(x)=x(x\cdots(x(a_nx+a_{n-1})+a_{n-2})+\cdots)+a_0.$$

又如，计算 x^{46}的值，若逐个相乘要用 45 次乘法，若写成

$$x^{46}=x\cdot x^3\cdot x^6\cdot x^{12}\cdot x^{24},$$

则只需作 9 次乘法.

习　题

1. 试举例说明模型误差、观测误差、截断误差和舍入误差.

2. 按四舍五入原则，将下列各数写成 5 位有效数字.

12.36552	7969.5881	29.23050
0.00532678	0.00001010100	1.9365670

3. 下列各数都是按四舍五入原则得到的近似数，它们各有几位有效数字？

0.00096　　−8700.003　　1.0000　　6.10050

4. 设 $x>0$，x 的相对误差为 δ，求 $\ln x$ 的误差.

5. 若用 $f(x)=\ln(x-\sqrt{x^2-1})$来求 $f(30)$的值，开平方用6 位函数表，问求对数时误差有多大？若改用另一等价公式

$$\ln(x-\sqrt{x^2-1})=-\ln(x+\sqrt{x^2-1})$$

计算，问求对数时误差有多大？

6. 若 $x_1=0.745$ 具有三位有效数字，问 x_1 的相对误差限是多少？

7. 设 x 的相对误差为 1.5%，求 x^n 和$\sqrt{x}$的相对误差(n 为自然数).

8. 某正方形的边长大约为 100 cm，应该怎样测量才能使其面积的误差不超过 1 cm^2？

9. 计算 $f=(\sqrt{2}-1)^6$，取$\sqrt{2}\approx1.4$，利用下列等式计算，哪一个得到的结果最好？

(1)$\dfrac{1}{(\sqrt{2}+1)^6}$，　　(2)$(3-2\sqrt{2})^3$，

(3)$\dfrac{1}{(3+2\sqrt{2})^3}$，　　(4)$99-70\sqrt{2}$.

10. 计算球的体积,为了使相对误差限为1%,问度量半径 R 允许的相对误差如何?

11. 试用消元法解方程组

$$\begin{cases} x_1+10^{10}x_2=10^{10}, \\ 0.5x_1+0.5x_2=1. \end{cases}$$

假定只用三位有效数字进行计算,问结果是否可靠?

12. 设 $s=\frac{1}{2}gt^2$,假定 g 是准确的,而对 t 的测量有 ± 0.1 s的误差,证明当 t 增加时,s 的绝对误差增加而相对误差减小.

第二章　函数的插值与逼近

§1　引　言

许多实际问题都用函数 $y=f(x)$来表示某种内在规律的数量关系.函数插值与逼近主要是利用既便于计算又能反映 $f(x)$特性的简单函数(特别是多项式函数和分段多项式函数)来近似代替$f(x)$,以解决实际问题.而 $f(x)$通常由一些非有理函数或离散数组给出,计算困难,本章讨论的插值与逼近的常用方法为克服这一困难提供了一条有效的途径.

由于近似的度量标准不同、简单函数类不同和构造方法不同,因而有各种不同的插值和逼近.

1.1　多项式插值

在$[a,b]$上连续的全体函数构成线性空间 $C[a,b]$.设给定一函数 $f(x)\in C[a,b]$,通常取简单函数类 Φ 为$C[a,b]$中某一有限维(如 $n+1$ 维)线性子空间(线性关系容量处理),设$\{\varphi_i(x)\}_{i=0}^n$为其基底,则 Φ 中任一元素 $\varphi(x)$可表示为$\varphi(x)=\sum\limits_{i=0}^{n}\alpha_i\varphi_i(x)$,即$\varphi(x)$线性依赖于 $\alpha_0,\alpha_1,\cdots,\alpha_n$.

确定参数 $\alpha_i(i=0,1,\cdots,n)$,用 $\varphi(x)$近似 $f(x)$的简便可行的方法之一为插值法.它仅利用$[a,b]$中 $n+1$ 个互异节点$x_i(i=0,1,\cdots,n)$上的函数值 y_i(准确值),其近似条件也就是插值条件为

$$\varphi(x_i)=y_i\quad(i=0,1,\cdots,n),\tag{1.1}$$

由

$$\varphi(x_i)=\sum_{k=0}^{n}\alpha_k\varphi_k(x_i)=y_i\quad(i=0,1,\cdots,n)\tag{1.2}$$

即可得到关于 $\alpha_0,\alpha_1,\cdots,\alpha_n$ 的 $n+1$ 个线性方程所组成的线性代数方程组,解此方程组就可确定参数 $\alpha_i(i=0,1,\cdots,n)$.相应的,$\varphi(x)$称为 $f(x)$的**插值函数**,$x_i(i=0,1,\cdots,n)$称为**插值**

节点,$[a,b]$称为**插值区间**. 若 $\varphi(x)$是次数不超过 n 的代数多项式,即

$$\varphi(x) = a_0 + a_1 x + \cdots + a_n x^n, \tag{1.3}$$

其中,$a_i(i=0,1,\cdots,n)$为实数,就称 $\varphi(x)$为**插值多项式**,相应的,插值法称为**多项式插值**(**代数插值**);若 $\varphi(x)$是分段多项式,就称为**分段插值**;若 $\varphi(x)$为三角多项式,就称为**三角插值**. 本章讨论的插值法仅限于多项式插值与分段插值. 因代数多项式(1.3)具有各阶导数存在且计算方便等优点,故将重点讨论多项式插值.

设 $\varphi(x)$是形如式(1.3)的插值多项式,用 H_n 表示所有次数不超过 n 的多项式集合,则有 $\varphi(x)\in H_n$,于是有如下定理成立.

定理 1.1 满足插值条件(1.1)的插值多项式(1.3)存在且唯一.

证明:由形如式(1.3)的 $\varphi(x)$满足插值条件(1.1)可得

$$\begin{cases} a_0 + a_1 x_0 + \cdots + a_n x_0^n = y_0, \\ a_0 + a_1 x_1 + \cdots + a_n x_1^n = y_1, \\ \cdots\cdots\cdots\cdots\cdots\cdots \\ a_0 + a_1 x_n + \cdots + a_n x_n^n = y_n. \end{cases} \tag{1.4}$$

这是一个关于 $a_0,a_1,\cdots,a_n$ 的 $n+1$ 元线性代数方程组. 至此,证明插值多项式的存在唯一性就转化为证明该方程组解的存在唯一性,即证明该方程组的系数行列式不为 0. 事实上,这个行列式是熟知的 Vandermonde 行列式,即

$$V_n(x_0,x_1,\cdots,x_n) = \begin{vmatrix} 1 & x_0 & x_0^2 & \cdots & x_0^n \\ 1 & x_1 & x_1^2 & \cdots & x_1^n \\ \vdots & \vdots & \vdots & & \vdots \\ 1 & x_n & x_n^2 & \cdots & x_n^n \end{vmatrix} = \prod_{i=1}^{n}\prod_{j=0}^{i-1}(x_i - x_j) = \prod_{0\leqslant j<i\leqslant n}(x_i - x_j),$$

并因节点 $x_i \neq x_j(i\neq j)$而不为 0.

注:定理 1.1 还可利用多项式的次数与零点个数的关系予以证明.

1.2 最佳逼近

当离散数据本身包含误差时,仍利用插值法来求 $f(x)$的近似值显然不太恰当. 这时用其他的近似度量(关于误差)来代替插值条件,相应的方法称为**函数逼近**.

若对线性空间中每一元素 X 可引入一种度量,记为 $\|X\|$,称作范数或模,则此线性空间称为线性度量空间或线性赋范空间. 我们可视两元素之差 $X-Y$ 的范数 $\|X-Y\|$为 X 与 Y 之间的距离,把两元素之间距离的大小视作近似程度的好坏.

对于线性空间 $C[a,b]$及其子空间 Φ,当取度量标准为 $\|f\|_\infty = \max\limits_{x\in[a,b]}|f(x)|$(即 f 的最大范数或∞−范数),则相应的近似度量定义为 $\|f-\varphi\|_\infty$. 为使误差达到最小,应在规定子空间 Φ 的前提下求 $\varphi(x)\in\Phi$,使得$\min\limits_{\varphi\in\Phi}\|f-\varphi\|_\infty$,称为**最佳一致逼近**. 当取度量标准为 $\|f\|_2 = \left[\int_a^b \rho(x) f^2(x)\mathrm{d}x\right]^{\frac{1}{2}}$(即加权 2−范数,$\rho(x)$为权函数),欲求 $\varphi(x)\in\Phi$,使$\min\limits_{\varphi\in\Phi}\|f-\varphi\|_2$,称为**最佳平方逼近**.

1.3　曲线拟合

我们仅考虑最小二乘原理下的曲线拟合.

当仅对有限个离散节点上的数据$\{(x_i, y_i)\}_{i=1}^{m}$考虑逼近问题时，y_i 与 $f(x_i)$不一定都相等，即有误差；当 m 较大，高次插值失效时，用插值法求 $f(x)$的近似函数（建立连续模型）不可取，此时若采用近似度量为 $\| f \|_2 = \left[\sum\limits_{i=1}^{n} \rho(x_i) f^2(x_i)\right]^{\frac{1}{2}}$（最佳平方逼近中积分改为有限求和），欲求 $\varphi(x)$，使$\min\limits_{\varphi \in \Phi} \| f - \varphi \|_2$，称为**最小二乘拟合**. 由此定义可知，最小二乘拟合可视作最佳平方逼近的特殊情形，即离散近似.

本章§2～§7 介绍多项式插值及分段插值，§8 介绍曲线拟合，§9 介绍最佳平方逼近，§10 介绍快速傅里叶变换。

§2　Lagrange 插值

2.1　线性插值与二次插值

从§1 的定理 1.1 的证明可知，插值多项式 $\varphi(x)$可通过求方程组(1.4)的解 a_0，$a_1, \cdots, a_n$ 得到. 但这样做有很多缺点，如计算复杂且当 n 很大时，由于舍入误差的影响，会导致 $\varphi(x)$有误差等. 这显然违背了数值计算中误差越小，占用机器时间越少的基本思想. 为了方便求得准确的插值多项式 $\varphi(x)$，我们首先讨论 $n=1$ 的情形.

设已知区间$[x_k, x_{k+1}]$端点处的函数值 $y_k = f(x_k)$，$y_{k+1} = f(x_{k+1})$，要求线性插值多项式 $L_1(x)$，使其满足

$$L_1(x_k) = y_k, \quad L_1(x_{k+1}) = y_{k+1}.$$

$y = L_1(x)$的几何意义即为过平面上两点(x_k, y_k)和(x_{k+1}, y_{k+1})的直线，如图 2－1 所示.

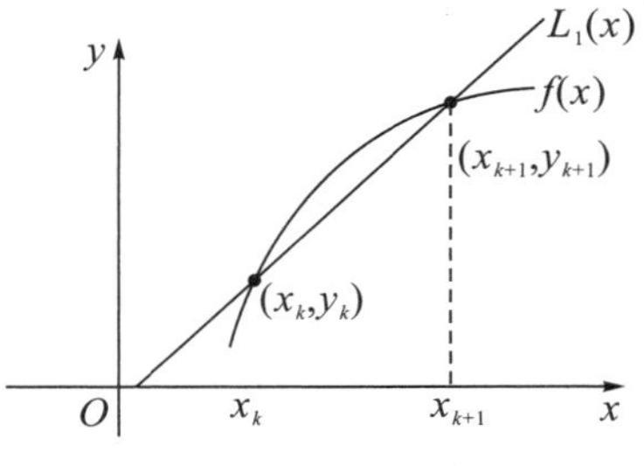

图 2－1

$L_1(x)$的表达式可由直线的点斜式和两点式方程分别给出，即

$$L_1(x)=y_k+\frac{y_{k+1}-y_k}{x_{k+1}-x_k}(x-x_k), \qquad \text{(点斜式)}$$

$$L_1(x)=\frac{x_{k+1}-x}{x_{k+1}-x_k}y_k+\frac{x-x_k}{x_{k+1}-x_k}y_{k+1}. \qquad \text{(两点式)}$$

由两点式方程可以看出,$L_1(x)$是由两个线性多项式函数

$$l_k(x)=\frac{x-x_{k+1}}{x_k-x_{k+1}},\quad l_{k+1}(x)=\frac{x-x_k}{x_{k+1}-x_k} \tag{2.1}$$

的线性组合得到的,其系数分别为 y_k 和 y_{k+1},即

$$L_1(x)=y_kl_k(x)+y_{k+1}l_{k+1}(x). \tag{2.2}$$

显然,这里的 $l_k(x)$和 $l_{k+1}(x)$是线性多项式,且在节点 x_k 和 x_{k+1}上满足

$$l_k(x_k)=1,\quad l_k(x_{k+1})=0,$$
$$l_{k+1}(x_k)=0,\quad l_{k+1}(x_{k+1})=1.$$

我们称满足上述条件的函数 $l_k(x)$和 $l_{k+1}(x)$分别为对应节点 x_k 和 x_{k+1} 的线性插值基函数,它们的图形如图 2-2 所示.

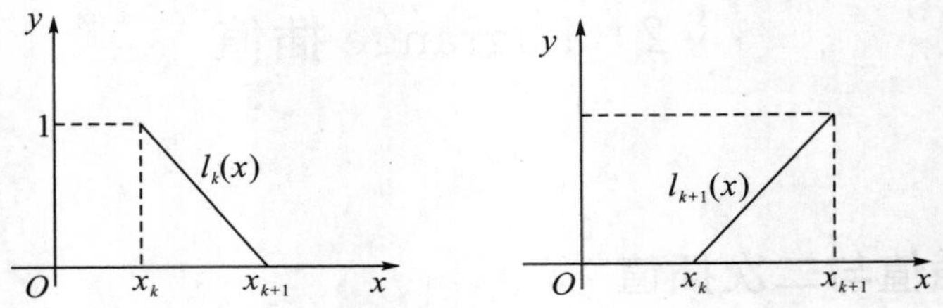

图 2-2

注:直线方程的两点式和点斜式分别代表 Lagrange 插值多项式和 Newton 插值多项式的特殊情形(即 $n=1$ 时).

当 $n=2$ 时,求二次插值(也称为抛物插值)多项式 $L_2(x)$满足如下插值条件,即

$$L_2(x_i)=y_i\quad (i=k-1,k,k+1).$$

可仿照 $n=1$ 的讨论,先求出插值基函数 $l_{k-1}(x),l_k(x),l_{k+1}(x)$. 它们在节点 x_{k-1},x_k, x_{k+1}处满足插值条件:

$$l_i(x_j)=\delta_{ij}=\begin{cases}1, & i=j\\ 0, & i\neq j\end{cases}\quad (i,j=k-1,k,k+1). \tag{2.3}$$

满足条件(2.3)的插值基函数容易求得,我们仅以求 $l_k(x)$为例加以说明. 因 $l_k(x)$为二次多项式函数且有两个零点 x_{k-1} 和 x_{k+1},故可表示为

$$l_k(x)=C(x-x_{k-1})(x-x_{k+1}),$$

再利用 $l_k(x_k)=1$ 求出 $C=\frac{1}{(x_k-x_{k-1})(x_k-x_{k+1})}$,则

$$l_k(x)=\frac{(x-x_{k-1})(x-x_{k+1})}{(x_k-x_{k-1})(x_k-x_{k+1})}.$$

同理可导出

$$l_{k-1}(x)=\frac{(x-x_k)(x-x_{k+1})}{(x_{k-1}-x_k)(x_{k-1}-x_{k+1})},$$

$$l_{k+1}(x)=\frac{(x-x_{k-1})(x-x_k)}{(x_{k+1}-x_{k-1})(x_{k+1}-x_k)}.$$

同样,我们称 $l_{k-1}(x),l_k(x),l_{k+1}(x)$为对应节点 x_{k-1},x,x_{k+1}的二次插值基函数,它们在区间$[x_{k-1},x_{k+1}]$上的图形如图 2-3 所示.

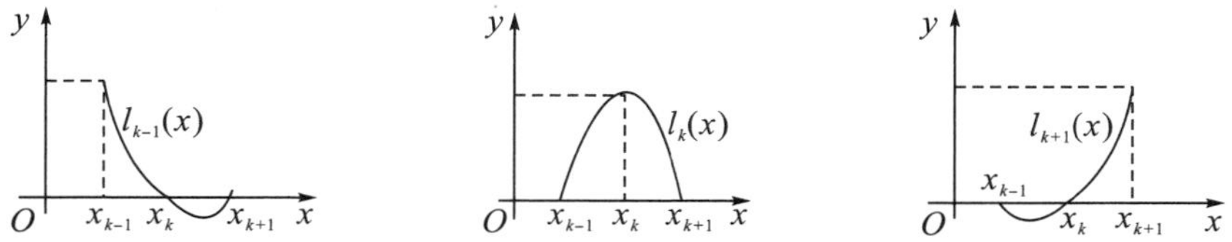

图 2-3

利用 $l_{k-1}(x),l_k(x),l_{k+1}(x)$可直接得

$$L_2(x)=y_{k-1}l_{k-1}(x)+y_kl_k(x)+y_{k+1}l_{k+1}(x),\tag{2.4}$$

显然,$L_2(x_i)=y_i(i=k-1,k,k+1)$,由定理 1.1 知 $L_2(x)$ 是唯一的.

2.2　n 次 Lagrange 插值多项式

将 $n=1$ 及 $n=2$ 时插值多项式构造的思想推广到一般情形,即过 $n+1$ 个节点 $x_0<x_1<\cdots<x_n$,求 n 次插值多项式 $L_n(x)$,使其满足

$$L_n(x_j)=y_j\quad(j=0,1,\cdots,n).\tag{2.5}$$

为此,先介绍 n 次插值基函数.

定义 2.1　若 n 次多项式 $l_j(x)(j=0,1,\cdots,n)$在 $n+1$ 个节点 $x_0<x_1<\cdots<x_n$ 上满足

$$l_j(x_k)=\delta_{jk}=\begin{cases}1, & k=j\\0, & k\neq j\end{cases}\quad(j,k=0,1,\cdots,n),\tag{2.6}$$

则称这 $n+1$ 个 n 次多项式 $l_j(x)(j=0,1,\cdots,n)$为节点 $x_j(j=0,1,\cdots,n)$上的 n 次插值基函数.

仿照 $n=1$ 及 $n=2$ 时的推导,可得 n 次插值基函数

$$l_i(x)=\frac{(x-x_0)\cdot\cdots\cdot(x-x_{i-1})(x-x_{i+1})\cdot\cdots\cdot(x-x_n)}{(x_i-x_0)\cdot\cdots\cdot(x_i-x_{i-1})(x_i-x_{i+1})\cdot\cdots\cdot(x_i-x_n)}\quad(i=0,1,\cdots,n),\tag{2.7}$$

则满足条件(2.5)的 n 次插值多项式 $L_n(x)$可表示为

$$L_n(x)=\sum_{i=0}^{n}y_il_i(x).\tag{2.8}$$

我们称形如式(2.8)的插值多项式 $L_n(x)$为 **n 次 Lagrange 插值多项式**. 式(2.2)和式(2.4)分别是式(2.8)当 $n=1$ 和 $n=2$ 时的特殊情形.

若记

$$\omega_{n+1}(x)=(x-x_0)(x-x_1)\cdot\cdots\cdot(x-x_n),\tag{2.9}$$

则

$$\omega'_{n+1}(x_k)=(x_k-x_0)\cdot\cdots\cdot(x_k-x_{k-1})(x_k-x_{k+1})\cdot\cdots\cdot(x_k-x_n),$$

于是式(2.7)及式(2.8)可分别表示为

$$l_i(x)=\frac{\omega_{n+1}(x)}{(x-x_i)\omega'_{n+1}(x_i)}\quad(i=0,1,\cdots,n).\tag{2.10}$$

$$L_n(x)=\sum_{i=0}^{n}y_i\frac{\omega_{n+1}(x)}{(x-x_i)\omega'_{n+1}(x_i)}.\tag{2.11}$$

由定理 1.1 知,式(2.8)或式(2.11)表示的 $L_n(x)$ 即为满足条件(2.5)的唯一的 n 次插值多项式.

注:因为由 n 次插值基函数生成的线性空间实际上等价于次数不超过 n 的多项式构成的线性空间,即 $\mathrm{Span}\{l_0(x),l_1(x),\cdots,l_n(x)\}\equiv\mathrm{Span}\{1,x,x^2,\cdots,x^n\}$,这里 $l_j(x)$ 是相应于 x_j 点的 n 次插值基函数($j=0,1,\cdots,n$). 所以由基函数导出的 $L_2(x)$ 与解方程组得到的 $L_2(x)$ 是相等的.

2.3 插值余项

在区间$[a,b]$上用 n 次插值多项式 $L_n(x)$ 来近似已知函数 $f(x)$,其截断误差为 $R_n(x)=f(x)-L_n(x)$,$R_n(x)$ 也称为插值多项式 $L_n(x)$ 的**余项**. 下面给出插值余项的估计定理.

定理 2.1 若 $f\in C^n[a,b]$ 且 $f^{(n+1)}(x)$ 在 (a,b) 内存在,节点 $a\leqslant x_0<x_1<\cdots<x_n\leqslant b$,$L_n(x)$ 是满足条件(2.5)的插值多项式,则 $\forall x\in[a,b]$,插值余项

$$R_n(x)=f(x)-L_n(x)=\frac{f^{(n+1)}(\xi)}{(n+1)!}\omega_{n+1}(x),\tag{2.12}$$

这里 $\xi=\xi(x)\in(a,b)$.

证明:因为

$$R_n(x_i)=f(x_i)-L_n(x_i)=0\quad(i=0,1,\cdots,n),$$

所以可设

$$R_n(x)=k(x)(x-x_0)(x-x_1)\cdot\cdots\cdot(x-x_n)=k(x)\omega_{n+1}(x).\tag{2.13}$$

为求待定函数 $k(x)$ 的具体形式,可将 x(x 不为插值节点)视为$[a,b]$上的一个固定点,作辅助函数

$$\varphi(t)=R_n(t)-k(x)\omega_{n+1}(t)=f(t)-L_n(t)-k(x)(t-x_0)(t-x_1)\cdot\cdots\cdot(t-x_n),$$

这里 $k(x)$ 因 x 固定而作为常数出现. 因 $f\in C^n[a,b]$,$f^{(n+1)}(t)$ 在 (a,b) 内存在,故 $\varphi(t)\in C^n[a,b]$,且 $\varphi^{(n+1)}(t)$ 在 (a,b) 内存在. 根据插值条件及余项定义可知 φ 有 x_0,$x_1,\cdots,x_n$ 及 x 共 $n+2$ 个零点;由 Rolle 定理得 $\varphi'(t)$ 在 $\varphi(t)$ 的两个相邻零点之间至少有一个零点;故 $\varphi'(t)$ 在 (a,b) 内至少有 $n+1$ 个零点,对 $\varphi'(t)$ 再应用 Rolle 定理,可知 $\varphi''(t)$ 在 (a,b) 内至少有 n 个零点. 依此类推,$\varphi^{(n+1)}(t)$ 在 (a,b) 内至少有一个零点,这个零点与 x 有关,记为 ξ,$\xi(x)\in(a,b)$,使得

$$\varphi^{(n+1)}(\xi)=f^{(n+1)}(\xi)-(n+1)!k(x)=0,$$

则

$$k(x)=\frac{f^{(n+1)}(\xi)}{(n+1)!},\quad\xi=\xi(x)\in(a,b).$$

将此代入式(2.13),定理得证.

注:若 x 为节点,则 $R(x)=f(x)-L_n(x)=0$,与定理结论一致.

由于 ξ 一般无法具体确定,因此式(2.12)也只能作为余项估计. 如果 $f^{(n+1)}(x)$ 在 (a,b) 上有界,即存在常数 $M>0$,

$$|f^{(n+1)}(x)|\leqslant M,\quad \forall x\in(a,b),$$

则有余项估计

$$|R_n(x)|\leqslant\frac{M}{(n+1)!}|\omega_{n+1}(x)|. \tag{2.14}$$

当 $f^{(n+1)}(x)\in C[a,b]$ 时,可取 $M=\max\limits_{a\leqslant x\leqslant b}|f^{(n+1)}(x)|$.

特别的,当 $n=1$ 时,线性插值余项为

$$R_1(x)=f(x)-L_1(x)=\frac{1}{2!}f''(\xi)(x-x_0)(x-x_1)\quad \xi\in(x_0,x_1). \tag{2.15}$$

当 $n=2$ 时,二次插值余项为

$$R_2(x)=f(x)-L_2(x)=\frac{1}{3!}f'''(\xi)(x-x_0)(x-x_1)(x-x_2)\quad \xi\in(x_0,x_2). \tag{2.16}$$

例 2.1　设 $f(x)=\frac{1}{x}$,节点 $x_0=2,x_1=2.5,x_2=4$,用线性插值和二次插值计算 $f(3)$ 的近似值并估计误差.

解:由题意知,$f(x_0)=\frac{1}{2},f(x_1)=\frac{2}{5},f(x_2)=\frac{1}{4}$.

(1)线性插值.

(i)外插值.

取 $x_0=2,x_1=2.5,y_0=f(x_0)=\frac{1}{2},y_1=f(x_1)=\frac{2}{5}$,由公式(2.2)得

$$f(3)\approx L_1(3)=\frac{3-2.5}{2-2.5}\times\frac{1}{2}+\frac{3-2}{2.5-2}\times\frac{2}{5}=0.3.$$

因为 $f''(x)=\frac{2}{x^3},\max\limits_{2\leqslant x\leqslant 4}|f''(x)|=|f''(2)|=\frac{1}{4}$,所以由式(2.15)有

$$|R_1(3)|=|f(3)-L_1(3)|\leqslant\frac{1}{2}\times\frac{1}{4}\times|(3-2)\times(3-2.5)|=\frac{1}{16}=0.0625,$$

而实际误差

$$R_1(3)=f(3)-L_1(3)=\frac{1}{3}-0.3=0.03333\cdots$$

注:因节点 3 不在区间 $[2,2.5]$ 内,故称此类插值为外插值.

(ii)内插值.

取 $x_1=2.5,y_1=f(x_1)=\frac{2}{5},x_2=4,y_2=f(x_2)=\frac{1}{4}$,由公式(2.2)得

$$f(3)\approx\widetilde{L}_1(3)=\frac{3-4}{2.5-4}\times\frac{2}{5}+\frac{3-2.5}{4-2.5}\times\frac{1}{4}=0.35.$$

因为 $\max\limits_{2.5\leqslant x\leqslant 4}|f''(x)|=|f''(2.5)|=\frac{16}{125}=0.128$,故由式(2.15)有

$$|\widetilde{R}_1(3)|=|f(3)-\widetilde{L}_1(3)|\leqslant\frac{1}{2}\times 0.128\times|(3-2.5)\times(3-4)|=0.032,$$

而实际误差为

$$\widetilde{R}_1(3)=f(3)-\widetilde{L}_1(3)=\frac{1}{3}-0.35=-0.01666\cdots$$

(2)二次插值.

由公式(2.4)得

$$f(3)\approx L_2(3)=\frac{(3-2.5)\times(3-4)}{(2-2.5)\times(2-4)}\times\frac{1}{2}+\frac{(3-2)\times(3-4)}{(2.5-2)\times(2.5-4)}\times\frac{2}{5}+\frac{(3-2)\times(3-2.5)}{(4-2)\times(4-2.5)}\times\frac{1}{4}$$

$$=0.05\times 9-0.425\times 3+1.15=0.325.$$

因为 $f'''(x)=-\frac{6}{x^4},\max\limits_{2\leqslant x\leqslant 4}|f'''(x)|=|f'''(2)|=\frac{3}{8}$,所以由式(2.16)有

$$|R_2(3)|=|f(3)-L_2(3)|\leqslant\frac{1}{6}\times\frac{3}{8}\times|(3-2)\times(3-2.5)\times(3-4)|=0.03125,$$

而实际误差 $R_2(3)=f(3)-L_2(3)=\frac{1}{3}-0.325=0.008333\cdots$

§3　迭代插值

迭代插值又称为逐次线性插值.

Lagrange 插值的优点是插值多项式易于建立,缺点是增加节点时,原有的低次多项式不能利用,必须重新计算.为了克服这一缺点,迭代插值利用低次插值逐次线性插值得到高次插值,直到获得所要求的计算结果.如例 2.1 中 $L_2(3)$是由公式(2.4)计算的,它也可由 $L_1(3)$和$\widetilde{L}_1(3)$按类似线性插值的方法计算的,即视$(2,L_1(3))$和$(4,\widetilde{L}_1(3))$为两个新的插值节点,利用直线的点斜式方程得

$$\widetilde{L}_2(3)=L_1(3)+\frac{\widetilde{L}_1(3)+L_1(3)}{4-2}\times(3-2)=0.325.$$

此结果与§2 中例 2.1 的 $L_2(3)$精度相同.

现令 $P_{i_1,i_2,\cdots,i_n}(x)$表示函数 $f(x)$关于节点 $x_{i_1},x_{i_2},\cdots,x_{i_n}$ 的 $n-1$ 次插值多项式,$P_{i_m}(x)$是零次多项式,记 $P_{i_m}(x)=f(x_{i_m}),i_1,i_2,\cdots,i_n$ 均为非负整数.通常,两个 m 次插值多项式通过线性插值可得到一个 $m+1$ 次的插值多项式,即

$$P_{0,1,\cdots,m,l}(x)=P_{0,1,\cdots,m}(x)+\frac{P_{0,1,\cdots,m-1,l}(x)-P_{0,1,\cdots,m}(x)}{x_l-x_m}(x-x_m)\tag{3.1}$$

这个多项式是关于节点 $x_0,x_1,\cdots,x_m,x_l$ 的 $m+1$ 次插值多项式.验证如下:

显然,当 $i=0,1,\cdots,m-1$ 时,

$$P_{0,1,\cdots,m,l}(x_i)=P_{0,1,\cdots,m}(x_i)=f(x_i).$$

当 $i=m$ 时，

$$P_{0,1,\cdots,m,l}(x_m)=P_{0,1,\cdots,m}(x_m)=f(x_m).$$

当 $i=l$ 时，

$$P_{0,1,\cdots,m,l}(x_l)=P_{0,1,\cdots,m}(x_l)+\frac{f(x_l)-P_{0,1,\cdots,m}(x_l)}{x_l-x_m}(x_l-x_m)=f(x_l).$$

我们称式(3.1)为 Aitken **逐次线性插值公式**. 实际计算过程见表 2.1.

表 2.1

x_0	$f(x_0)=P_0$						$x-x_0$
x_1	$f(x_1)=P_1$	$P_{0,1}$					$x-x_1$
x_2	$f(x_2)=P_2$	$P_{0,2}$	$P_{0,1,2}$				$x-x_2$
x_3	$f(x_3)=P_3$	$P_{0,3}$	$P_{0,1,3}$	$P_{0,1,2,3}$			$x-x_3$
$\vdots$	$\vdots$	$\vdots$	$\vdots$	$\vdots$	$\ddots$		$\vdots$
x_n	$f(x_n)=P_n$	$P_{0,n}$	$P_{0,1,n}$	$P_{0,1,2,n}$	$\cdots$	$P_{0,1,2,\cdots,n}$	$x-x_n$

另一种迭代插值方法为 Neville 算法，计算公式如下：

$$P_{0,1,\cdots,m+1}(x)=P_{0,1,\cdots,m}(x)+\frac{P_{1,2,\cdots,m+1}(x)-P_{0,1,\cdots,m}(x)}{x_{m+1}-x_0}(x-x_0). \tag{3.2}$$

公式(3.2)和(3.1)是一致的. 这是因为两个公式都是过 $m+2$ 个节点 $x_0,x_1,\cdots,x_{m+1}$的 $m+1$ 次插值多项式，由定理 1.1 可知其唯一性. Neville 算法实际计算过程见表 2.2.

表 2.2

x_0	$f(x_0)=P_0$					
x_1	$f(x_1)=P_1$	$P_{0,1}$				
x_2	$f(x_2)=P_2$	$P_{1,2}$	$P_{0,1,2}$			
x_3	$f(x_3)=P_3$	$P_{2,3}$	$P_{1,2,3}$	$P_{0,1,2,3}$		
$\vdots$	$\vdots$	$\vdots$	$\vdots$	$\vdots$	$\ddots$	
x_n	$f(x_n)=P_n$	$P_{n-1,n}$	$P_{n-2,n-1,n}$	$P_{n-3,n-2,n-1,n}$	$\cdots$	$P_{0,1,2,\cdots,n}$

由表 2.1 和表 2.2 可知，每增加一个节点就计算一行，斜线上是 1 次到 n 次插值多项式的值. 若精度达不到要求，则增加一个节点进行计算，而且前面的计算结果可以利用起来. 这两种算法适合于在计算机上计算，且具有自动选节点并逐步比较精度的特点，程序简单.

例 3.1　已知 $f(x)=\text{sh}\ x$ 的一组数据如下：

x_i	0.00	0.20	0.30	0.50	0.60
$f(x_i)$	0.00000	0.20134	0.30452	0.52110	0.63665

用 Aitken 逐次线性插值公式求 sh(0.23)的近似值.

解:计算过程见下表:

x_i	$f(x_i)$			
0.00	0.00000			
0.20	0.20134	0.231541		
0.30	0.30452	0.233465	0.232118	
0.50	0.52110	0.239706	0.232358	0.232034
0.60	0.63665	0.244049	0.232479	0.232034

由上表可知,由于两个三次插值的近似结果相同,故不需再计算四次插值,所以 $\text{sh}(0.23) \approx 0.232034$.

§4 Newton 插值

前一节讨论的迭代插值法适用于计算次数不断增高的插值多项式在某一指定点的值,但这一方法不能给出插值多项式的显式表达式. 本节介绍的 Newton 插值不仅保留了迭代插值便于增加节点的优点,而且还能给出插值多项式的显式表达式.

4.1 Newton 均差插值公式

在§2中,我们知道 Lagrange 插值多项式可以看作直线的两点式方程的推广,若从直线的点斜式方程

$$P_1(x) = f(x_0) + \frac{f(x_1) - f(x_0)}{x_1 - x_0}(x - x_0)$$

出发,将它推广到 $n+1$ 个插值节点 $(x_0, y_0), (x_1, y_1), \cdots, (x_n, y_n)$ 的情形 $(y_i = f(x_i))$,将相应的插值多项式表示为

$$P_n(x) = a_0 + a_1(x - x_0) + a_2(x - x_0)(x - x_1) + \cdots + a_n(x - x_0)\cdot\cdots\cdot(x - x_{n-1}) \tag{4.1}$$

其中,$a_0, a_1, \cdots, a_n$ 为待定系数,可由插值条件

$$P_n(x_j) = f(x_j) \quad (j = 0, 1, \cdots, n)$$

确定. 如:

当 $x = x_0$ 时,$P_n(x_0) = a_0 = f(x_0)$.

当 $x = x_1$ 时,$P_n(x_1) = a_0 + a_1(x_1 - x_0) = f(x_1)$,则

$$a_1 = \frac{f(x_1) - f(x_0)}{x_1 - x_2}.$$

当 $x = x_2$ 时,$P_n(x_2) = a_0 + a_1(x_2 - x_0) + a_2(x_2 - x_0)(x_2 - x_1) = f(x_2)$,则

$$a_2 = \frac{\dfrac{f(x_2)-f(x_0)}{x_2-x_0}-\dfrac{f(x_1)-f(x_0)}{x_1-x_0}}{x_2-x_1}.$$

依此推导可求得系数 $a_3,a_4,\cdots,a_n$. 为了方便,写出待定系数 a_i 的表达式,并引入均差的定义.

定义 4.1　记函数 f 在节点 x_i 处的值为

$$f[x_i]=f(x_i),$$

称 $f[x_i]$为 f 关于节点 x_i 的**零阶均差**. 由零阶均差出发归纳地定义各阶均差. f 关于节点 x_i 和 x_{i+1}的**一阶均差**记为$f[x_i,x_{i+1}]$,即

$$f[x_i,x_{i+1}]=\frac{f[x_{i+1}]-f[x_i]}{x_{i+1}-x_i}.$$

一般地,f 关于 $x_i,x_{i+1},\cdots,x_{i+k}$的 k **阶均差**记为$f[x_i,x_{i+1},\cdots,x_{i+k}]$,即

$$f[x_i,x_{i+1},\cdots,x_{i+k}]=\frac{f[x_{i+1},x_{i+2},\cdots,x_{i+k}]-f[x_i,x_{i+1},\cdots,x_{i+k-1}]}{x_{i+k}-x_i}. \tag{4.2}$$

定理 4.1　均差有如下基本性质:

(1)均差可表示为函数值的线性组合

$$f[x_0,x_1,\cdots,x_n]=\sum_{j=0}^{n}\frac{f(x_j)}{(x_j-x_0)\cdot\cdots\cdot(x_j-x_{j-1})(x_j-x_{j+1})\cdot\cdots\cdot(x_j-x_n)}. \tag{4.3}$$

(2)均差关于所含节点是对称的(均差与节点的排列次序无关),即有

$$f[x_0,x_1,\cdots,x_n]=f[x_1,x_0,x_2,\cdots,x_n]=\cdots=f[x_1,x_2,\cdots,x_n,x_0].$$

(3)$f[x_0,x_1,\cdots,x_k]=\dfrac{f[x_0,x_1,\cdots,x_{k-2},x_k]-f[x_0,x_1,\cdots,x_{k-1}]}{x_k-x_{k-1}}.$ (4.4)

(4)设 f 在$[a,b]$上的 n 阶导数存在,且 $x_0,x_1,\cdots,x_n\in[a,b]$,则存在 $\xi\in(a,b)$,使得

$$f[x_0,x_1,\cdots,x_n]=\frac{f^{(n)}(\xi)}{n!}. \tag{4.5}$$

这一性质即为 n 阶均差与 n 阶导数的关系.

证明:性质(1)的式(4.3)可用数学归纳法证明(留给读者). 性质(2)是式(4.3)的直接推论. 由性质(1)及式(4.2)中的定义可得性质(3). 性质(4)的式(4.5)的证明将在介绍 Newton 均差插值多项式后利用 Rolle 定理得到.

定理 4.2　若形如式(4.1)的 n 次多项式 $N_n(x)$满足插值条件

$$N_n(x_i)=f(x_i)\quad(i=0,1,\cdots,n), \tag{4.6}$$

则

$$\begin{aligned}N_n(x)=&f[x_0]+f[x_0,x_1](x-x_0)+f[x_0,x_1,x_2](x-x_0)(x-x_1)+\cdots+\\&f[x_0,x_1,\cdots,x_n](x-x_0)(x-x_1)\cdot\cdots\cdot(x-x_{n-1}),\end{aligned} \tag{4.7}$$

而且其余项

$$R_n(x)=f(x)-N_n(x)=f[x,x_0,x_1,\cdots,x_n]\omega_{n+1}(x). \tag{4.8}$$

证明:由定义 4.1 及定理 4.1 可得(将 x 看作$[a,b]$上一点)

$$f[x]=f[x_0]+f[x,x_0](x-x_0),$$
$$f[x,x_0]=f[x_0,x_1]+f[x,x_0,x_1](x-x_1),$$
$$f[x,x_0,x_1]=f[x_0,x_1,x_2]+f[x,x_0,x_1,x_2](x-x_2),$$
$$\vdots$$
$$f[x,x_0,x_1,\cdots,x_{n-1}]=f[x_0,x_1,\cdots,x_n]+f[x,x_0,x_1,\cdots,x_n](x-x_n).$$

依次将后一式代入前一式,最后有

$$f(x)\equiv f[x]=N_n(x)+R_n(x).$$

这里,$N_n(x)$和$R_n(x)$如式(4.7)和式(4.8)所示.由式(4.7)知$N_n(x)$是次数不超过n的多项式,由式(4.8)知$N_n(x_i)=f(x_i)(i=0,1,\cdots,n)$.故由式(4.7)定义的多项式$N_n(x)$是满足条件(4.6)的$n$次插值多项式.

均差计算见表2.3.

表2.3

x_i	$f(x_i)$	一阶均差	二阶均差	三阶均差	…
x_0	$\underline{f(x_0)}$				
x_1	$f(x_1)$	$\underline{f[x_0,x_1]}$			
x_2	$f(x_2)$	$f[x_1,x_2]$	$\underline{f[x_0,x_1,x_2]}$		
x_3	$f(x_3)$	$f[x_2,x_3]$	$f[x_1,x_2,x_3]$	$\underline{f[x_0,x_1,x_2,x_3]}$	
$\vdots$	$\vdots$	$\vdots$	$\vdots$	$\vdots$	…

定义 4.2 由式(4.7)定义的多项式$N_n(x)$称为关于插值条件(4.6)的 Newton **均差插值多项式**.

注:根据插值多项式的唯一性,N_n与 Lagrange 插值多项式L_n只是形式不同.

当函数$f(x)$的$n+1$阶导数存在时,公式(4.8)给出的均差形式的余项R_n与公式(2.12)是等价的,由此可推出均差与导数的关系式(4.5).但公式(4.8)更具一般性,它对$f(x)$的导数不存在或$f(x)$是由离散点给出都适用.

例 4.1 已知$f(x)$的一组数据,见下表:

x_i	0.40	0.55	0.65	0.80	0.90	1.05
$f(x_i)$	0.41075	0.57815	0.69675	0.88811	1.02652	1.25382

用 Newton 均差插值多项式求$f(0.596)$的近似值.

解:由均差表2.3可得下表的计算结果:

0.40	0.41075					
0.55	0.57815	1.11600				
0.65	0.69675	1.18600	0.28000			
0.80	0.88811	1.27573	0.35893	0.19733		
0.90	1.02652	1.38410	0.43348	0.21300	0.03134	
1.05	1.25382	1.51533	0.52493	0.22863	0.03126	−0.00012

从表中结果可知,四阶均差近似为常数(五阶均差近似为 0),故取 4 次插值多项式 $N_4(x)$近似代替 $f(x)$即可.

$$\begin{aligned}N_4(x)=&0.41075+1.116(x-0.4)+0.28(x-0.4)(x-0.55)+\\&0.19733(x-0.4)(x-0.55)(x-0.65)+\\&0.03134(x-0.4)(x-0.55)(x-0.65)(x-0.80),\end{aligned}$$

于是

$$f(0.596)\approx N_4(0.596)=0.63195.$$

因为 $f(x)$的四阶均差近似为常数,所以可用 $f[x_0,x_1,\cdots,x_5]$近似代替 $f[x,x_0,x_1,\cdots,x_4]$,则其截断误差为

$$|R_4(x)|\approx|f[x_0,x_1,\cdots,x_5]\omega_5(0.596)|\leqslant 3.63\times10^{-9}.$$

4.2　Newton 差分插值公式

上面讨论了任意分布节点的插值公式,但实际应用时经常遇到等距节点的情形,此时的插值公式可进一步简化,计算也简单一些.为了得到等距节点的插值公式,先介绍差分的概念.

设函数 $y=f(x)$在等距节点 $x_k=x_0+kh(k=0,1,\cdots,n)$上的值 $f_k=f(x_k)$为已知,这里 h 为常数,称为**步长**.

定义 4.3　记号

$$\Delta f_k=f_{k+1}-f_k,\tag{4.9}$$

$$\nabla f_k=f_k-f_{k-1},\tag{4.10}$$

$$\delta f_k=f\left(x_k+\frac{h}{2}\right)-f\left(x_k-\frac{h}{2}\right)=f_{k+\frac{1}{2}}-f_{k-\frac{1}{2}},\tag{4.11}$$

分别称为 $f(x)$在 x_k 处以 h 为步长的一阶**向前差分**、**向后差分**及**中心差分**.符号 Δ,∇,δ 分别称为**向前差分算子**、**向后差分算子**及**中心差分算子**,均为线性算子.

利用一阶差分可定义二阶差分为

$$\Delta^2 f_k=\Delta(f_{k+1}-f_k)=f_{k+2}-2f_{k+1}+f_k.$$

一般地可定义 m 阶差分为

$$\Delta^m f_k=\Delta^{m-1}f_{k+1}-\Delta^{m-1}f_k,\quad \nabla^m f_k=\nabla^{m-1}f_k-\nabla^{m-1}f_{k-1}.$$

注意到 $f_{k+\frac{1}{2}}$及 $f_{k-\frac{1}{2}}$不是函数表上的值,若要用函数表上的值,一阶中心差分应写成

$$\delta f_{k+\frac{1}{2}} = f_{k+1} - f_k, \quad \delta f_{k-\frac{1}{2}} = f_k - f_{k-1}.$$

同理,二阶中心差应写成

$$\delta^2 f_k = \delta f_{k+\frac{1}{2}} - \delta f_{k-\frac{1}{2}}.$$

另外,引入**不变算子** I、**移位算子** E 及**移位算子的逆** E^{-1},定义如下:

$$I f_k = f_k, \quad E f_k = f_{k+1}, \quad E^{-1} f_{k+1} = f_k,$$

而

$$\Delta f_k = f_{k+1} - f_k = E f_k - I f_k = (E - I) f_k,$$

则

$$\Delta = E - I.$$

同理,

$$\nabla = I - E^{-1}, \quad \delta = E^{\frac{1}{2}} - E^{-\frac{1}{2}},$$

这里

$$E^{\frac{1}{2}} f_k = f_{k+\frac{1}{2}}, \quad E^{-\frac{1}{2}} f_k = f_{k-\frac{1}{2}}.$$

由差分定义并应用算子符号运算可得下列基本性质.

性质 1　各阶差分与函数值的关系如下:

$$\Delta^n f_i = (E - I)^n f_i = \sum_{k=0}^{n} (-1)^k \binom{n}{k} f_{n+i-k},$$

$$\nabla^n f_i = (I - E^{-1})^n f_i = \sum_{k=0}^{n} (-1)^k \binom{n}{k} f_{i-k},$$

$$\delta^n f_i = (E^{\frac{1}{2}} - E^{-\frac{1}{2}})^n f_i = \sum_{k=0}^{n} (-1)^k \binom{n}{k} f_{\frac{n}{2}+i-k},$$

$$f_{n+i} = E^n f_i = (I + \Delta)^n f_i = \sum_{k=0}^{n} \binom{n}{k} \Delta^k f_i,$$

$$f_{i-n} = E^{-n} f_i = (I - \nabla)^n f_i = \sum_{k=0}^{n} (-1)^k \binom{n}{k} \nabla^k f_i,$$

$$f_{n+i} = \sum_{k=0}^{n} \binom{n}{k} \delta^k f_{i+\frac{k}{2}},$$

其中,$\binom{n}{k} = \dfrac{n(n-1)(n-2)\cdot\cdots\cdot(n-k+1)}{k!}$是二项式系数.

性质 2　均差与差分的关系如下:

$$f[x_k, x_{k+1}, \cdots, x_{k+m}] = \frac{1}{m!} \frac{1}{h^m} \Delta^m f_k,$$

$$f[x_k, x_{k-1}, \cdots, x_{k-m}] = \frac{1}{m!} \frac{1}{h^m} \nabla^m f_k \quad (m = 1, 2, \cdots, n).$$

由式(4.5)及性质 2 可得差分与导数的关系.

性质 3　$\Delta^n f_k = h^n f^{(n)}(\xi) \quad \xi \in (x_k, x_{k+n})$.

差分的计算过程见差分表(表 2.4).

表 2.4

x_i	$f(x_i)$	Δ	Δ^2	Δ^3	Δ^4	$\cdots$
x_0	f_0	Δf_0	$\Delta^2 f_0$	$\Delta^3 f_0$	$\Delta^4 f_0$	
x_1	f_1	Δf_1	$\Delta^2 f_1$	$\Delta^3 f_1$	$\vdots$	
x_2	f_2	Δf_2	$\Delta^2 f_2$	$\vdots$		
x_3	f_3	Δf_3	$\vdots$			
x_4	f_4	$\vdots$				
$\vdots$	$\vdots$					

根据性质 2 有

$$f[x_0,x_1,\cdots,x_k]=\frac{1}{k!h^k}\Delta^k f_0, \tag{4.12}$$

$$f[x_n,x_{n-1},\cdots,x_{n-k}]=\frac{1}{k!h^k}\nabla^k f_n. \tag{4.13}$$

将式(4.7)中的均差用式(4.12)进行替换，得到

$$N_n(x)=f_0+\frac{\Delta f_0}{1!h}(x-x_0)+\frac{\Delta^2 f_0}{2!h^2}(x-x_0)(x-x_1)+\cdots+$$
$$\frac{\Delta^n f_0}{n!h^n}(x-x_0)(x-x_1)\cdot\cdots\cdot(x-x_{n-1}).$$

由于 $x_i=x_0+ih$，令 $x=x_0+th$，$t\in[0,n]$，则有

$$x-x_i=(t-i)h\quad(i=0,1,\cdots,n).$$

于是

$$N_n(x)=N_n(x_0+th)=f_0+\frac{\Delta f_0}{1!}t+\frac{\Delta^2 f_0}{2!}t(t-1)+\cdots+\frac{\Delta^n f_0}{n!}t(t-1)\cdot\cdots\cdot(t-n+1). \tag{4.14}$$

此公式称为 Newton **向前差分插值公式**. 当 $t\in[0,1]$时，称此公式为 Newton **前插公式**或 Newton **表初公式**，若 $f(x)$的 $n+1$ 阶导数存在，则由式(2.12)得其余项为

$$R_n(x)=R_n(x_0+th)=\frac{f^{(n+1)}(\xi)}{(n+1)!}t(t-1)\cdot\cdots\cdot(t-n)h^{n+1}. \tag{4.15}$$

若对节点按相反顺序(即 $x_n,\cdots,x_1,x_0$ 从大到小的顺序)插值，则

$$N_n(x)=f(x_n)+f[x_n,x_{n-1}](x-x_n)+f[x_n,x_{n-1},x_{n-2}](x-x_n)(x-x_{n-1})+\cdots+$$
$$f[x_n,x_{n-1},\cdots,x_0](x-x_n)(x-x_{n-1})\cdot\cdots\cdot(x-x_1).$$

利用式(4.13)，并令 $x=x_n+th$，$t\in[-n,0]$，$x_{n-i}=x_n-ih$，$x-x_{n-i}=(t+i)h$($i=0,1,\cdots,n$)，则得到

$$N_n(x)=N_n(x_n+th)=f_n+\frac{\nabla f_n}{1!}t+\frac{\nabla^2 f_n}{2!}t(t+1)+\cdots+\frac{\nabla^n f_n}{n!}t(t+1)\cdot\cdots\cdot(t+n-1). \tag{4.16}$$

此公式称为 Newton **向后差分插值公式**. 当 $t\in[-1,0]$时，称此公式为 Newton **后插公式**或

Newton **表末公式**,类似式(4.15),其余项为

$$R_n(x) = R_n(x_n + th) = \frac{f^{(n+1)}(\xi)}{(n+1)!} t(t+1) \cdot \cdots \cdot (t+n) h^{n+1}. \tag{4.17}$$

一般地,当 x 靠近 x_0 时用向前差分插值公式,当 x 靠近 x_n 时用向后差分插值公式. 若对相同节点插值,这两种公式只有形式上的差别.

例 4.2 考虑第一类零阶 Bessel 函数 J_0,对每个 $x \in \mathbf{R}$(或 $\mathbf{C}$),有

$$J_0(x) = \sum_{k=0}^{\infty} (-1)^k \frac{x^{2k}}{2^{2k}(k!)^2}.$$

已知 J_0 在几个点上的函数值如下:

x_i	$x_0=1.0$	$x_1=1.3$	$x_2=1.6$	$x_3=1.9$	$x_4=2.2$
$J_0(x_i)$	0.7651977	0.6200860	0.4554022	0.2818186	0.1103623

利用 Newton 差分插值求 $J_0(1.5)$ 的近似值.

解:列出各阶差分值如下表:

x_i	$J_0(x_i)$	Δ	Δ^2	Δ^3	Δ^4
1.0	0.7651977	−0.1451117	−0.0195721	0.0106723	0.0003548
1.3	0.6200860	−0.1646838	−0.0088998	0.0110271	
1.6	0.4554022	−0.1735836	−0.0021273		
1.9	0.2818186	−0.1714563			
2.2	0.1103623				

利用上表的结果以及步长 $h=0.3$,得向前差分公式

$$\begin{aligned} N_4(x) &= N_4(1.0+0.3t) = 0.7651977 - 0.1451117t - 0.0097861t(t-1) + \\ &\quad 0.0017787t(t-1)(t-2) + 0.0000148t(t-1)(t-2)(t-3) \quad (0 \leqslant t \leqslant 4), \end{aligned}$$

则 $J_0(1.5) \approx N_4(1.5) = N_4(1.0+0.3\times1.6666667) = 0.5118199$. 同理,利用向后差分公式计算得

$$J_0(1.5) \approx N_4(1.5) = 0.5118201.$$

而利用四次 Lagrange 插值计算得 $L_4(1.5) = 0.5118200$,用 Neville 公式计算得 $J_0(1.5) \approx 0.5118200$.

§5 Hermite 插值

Hermite **插值**是 Lagrange 插值的推广,它要求的插值条件更高,不仅要求插值多项式在节点处的函数值相等,而且要求若干阶导数值也相等. 因此,Hermite 插值具有更好的光滑性,其近似精度更高. 下面以在两个点上给定函数值和导数值构造三次插值函数为

例来说明 Hermite 插值的构造过程.

设给定 x_i, x_{i+1} 处的函数值 $y_i=f(x_i)$, $y_{i+1}=f(x_{i+1})$ 以及导数值 $m_i=f'(x_i)$, $m_{i+1}=f'(x_{i+1})$，构造插值函数 $H(x)$，满足条件：

(1) $H(x)$ 是不超过三次的代数多项式；

(2) $H(x_i)=y_i, H(x_{i+1})=y_{i+1}, H'(x_i)=m_i, H'(x_{i+1})=m_{i+1}$. (5.1)

式(5.1)给出了 4 个条件，可唯一确定一个不超过三次的多项式 $H_3(x)=H(x)$，其形式为 $H_3(x)=a_0+a_1x+\cdots+a_3x^3$. 若根据条件(5.1)解方程组来确定 4 个系数 a_0, a_1, a_2, a_3，显然比较复杂，因此需仿照 Lagrange 插值多项式的构造方法，先求插值基函数 $\alpha_j(x)$ 和 $\beta_j(x)(j=i,i+1)$. 每个基函数都是三次多项式，并满足条件

$$\begin{cases}\alpha_j(x_k)=\delta_{jk}=\begin{cases}0 & j\neq k,\\ 1 & j=k,\end{cases}\ \alpha_j'(x_k)=0,\\ \beta_j(x_k)=0, \beta_j'(x_k)=\delta_{jk}\quad (j,k=i,i+1).\end{cases} \tag{5.2}$$

则 $H_3(x)$ 有如下表述形式：

$$H_3(x)=y_i\alpha_i(x)+y_{i+1}\alpha_{i+1}(x)+m_i\beta_i(x)+m_{i+1}\beta_{i+1}(x). \tag{5.3}$$

显然三次多项式 $H_3(x)$ 满足条件(5.1)，而基函数 $\alpha_j(x)$ 和 $\beta_j(x)(j=i,i+1)$ 可通过如下过程确定.

因为 $\alpha_i(x)$ 在点 x_{i+1} 上的函数值和一阶导数值都为 0，所以必含有因式 $(x-x_{i+1})^2$，且 $\alpha_i(x)$ 为三次多项式，故 $\alpha_i(x)$ 可设为

$$\alpha_i(x)=(ax+b)\left(\frac{x-x_{i+1}}{x_i-x_{i+1}}\right)^2.$$

利用条件(5.2)有

$$\alpha_i(x_i)=ax_i+b=1,$$

$$\alpha_i'(x_i)=a+2(ax_i+b)\frac{1}{x_i-x_{i+1}}=0,$$

则

$$a=\frac{2}{x_{i+1}-x_i},\quad b=1-\frac{2x_i}{x_{i+1}-x_i},$$

于是

$$\alpha_i(x)=\left(1+2\frac{x-x_i}{x_{i+1}-x_i}\right)\left(\frac{x-x_{i+1}}{x_i-x_{i+1}}\right)^2, \tag{5.4}$$

同理可得

$$\alpha_{i+1}(x)=\left(1+2\frac{x-x_{i+1}}{x_i-x_{i+1}}\right)\left(\frac{x-x_i}{x_{i+1}-x_i}\right)^2. \tag{5.5}$$

而三次多项式 $\beta_i(x)$ 在点 x_i, x_{i+1} 上的函数值为 0，且在点 x_{i+1} 上的一阶导数值为 0，所以可设

$$\beta_i(x)=C(x-x_i)(x-x_{i+1})^2.$$

利用 $\beta_i'(x_i)=1$，容易求得 $C=\dfrac{1}{(x_i-x_{i+1})^2}$，于是

$$\beta_i(x)=(x-x_i)\left(\frac{x-x_{i+1}}{x_i-x_{i+1}}\right)^2. \tag{5.6}$$

同理,

$$\beta_{i+1}(x)=(x-x_{i+1})\left(\frac{x-x_i}{x_{i+1}-x_i}\right)^2. \tag{5.7}$$

满足条件(5.1)的三次 Hermite 插值多项式(5.3)的唯一性还可用多项式理论进行证明. 反设两个多项式 $H_3(x)$及$\bar{H}_3(x)$都满足条件(5.1),则

$$g(x)=H_3(x)-\bar{H}_3(x).$$

在点 x_i,x_{i+1}上的函数值和一阶导数值都为 0,即点 x_i,x_{i+1}为$g(x)$的两个二重零点,但$g(x)$是次数不高于三次的多项式,其零点个数不可能超过三个,产生矛盾. 故 $g(x)\equiv 0$,唯一性得证.

下面给出三次 Hermite 插值多项式(5.3)的余项估计.

定理 5.1　设 $H_3(x)$是过点 x_i,x_{i+1}的三次 Hermite 插值多项式,$f(x)\in C^3[a,b]$,$f^{(4)}(x)$在$[a,b]$上存在,其中$[a,b]$为包含点 x_i,x_{i+1}的任一区间,则对任意给定的 $x\in[a,b]$,总存在一点 ξ(与 x 有关),$a<\xi<b$,使得

$$R_3(x)=f(x)-H_3(x)=\frac{f^{(4)}(\xi)}{4!}(x-x_i)^2(x-x_{i+1})^2. \tag{5.8}$$

证明:因为 $R_3(x_j)=f(x_j)-H_3(x_j)=0$,且 $R_3'(x_j)=f'(x_j)-H_3'(x_j)=0(j=i,i+1)$,所以可设

$$R_3(x)=k(x)(x-x_i)^2(x-x_{i+1})^2. \tag{5.9}$$

为求待定函数 $k(x)$的具体形式,对任一给定点 $x\in[a,b]$,构造辅助函数

$$\varphi(t)=f(t)-H_3(t)-k(x)(t-x_i)^2(t-x_{i+1})^2,$$

显然,$\varphi(t)$在$[a,b]$上的四阶导数存在,并且有 x_i,x_{i+1}和 x 三个零点,其中 x_i,x_{i+1}是二重零点. 根据 Rolle 定理,$\varphi'(t)$在 x_i,x_{i+1},x 所构成的两个子区间上至少各有一个零点,设为 η_i 和 η_{i+1},则 $\varphi'(t)$共有四个零点 $x_i,x_{i+1},\eta_i,\eta_{i+1}$. 重复利用 Rolle 定理可得 $\varphi^{(4)}(t)$在$[a,b]$上至少存在一个零点. 设$\xi\in(a,b)$,使

$$\varphi^{(4)}(\xi)=f^{(4)}(\xi)-4!k(x)=0,$$

于是 $k(x)=\dfrac{f^{(4)}(\xi)}{4!}$,其中 $\xi\in(a,b)$,且依赖于 x. 将 $k(x)$的表达式代入式(5.9),即得式(5.8).

一般地,若给定 $n+1$ 个节点上的函数值和一阶导数值:

x	x_0	x_1	x_2	…	x_n
$f(x)$	$f(x_0)$	$f(x_1)$	$f(x_2)$	…	$f(x_n)$
$f'(x)$	$f'(x_0)$	$f'(x_1)$	$f'(x_2)$	…	$f'(x_n)$

则可以构造出 $2n+1$ 次的 Hermite 插值多项式 $H_{2n+1}(x)$,满足条件:

(1)$H_{2n+1}(x)$是不超过 $2n+1$ 次的代数多项式;

(2)$H_{2n+1}(x_i)=f(x_i),H'_{2n+1}(x_i)=f'(x_i)(i=0,1,\cdots,n)$. (5.10)

其基函数 $\alpha_j(x),\beta_j(x)(j=0,1,\cdots,n)$的构造与两个节点时类似,即

$$\begin{cases} \alpha_j(x) = \left[1 - 2(x - x_j)\sum_{\substack{k=0 \\ k\neq j}}^{n} \frac{1}{x_j - x_k}\right] l_j^2(x), \\ \beta_j(x) = (x - x_j) l_j^2(x) \quad (j = 0, 1, \cdots, n). \end{cases} \tag{5.11}$$

这里 $l_j(x)$为 $n+1$ 个节点 $x_0, x_1, \cdots, x_n$ 上的 n 次 Lagrange 插值基函数. 有了这 $2n+2$ 个插值基函数后,则可得 $2n+1$ 次Hermite插值多项式

$$H_{2n+1}(x) = \sum_{j=0}^{n} [\alpha_j f(x_j) + \beta_j f'(x_j)]. \tag{5.12}$$

$H_{2n+1}(x)$存在唯一性的证明与前面类似(留给读者). 关于它的余项,类似地有如下定理.

定理 5.2　设 $H_{2n+1}(x)$是过点 $x_0, x_1, \cdots, x_n$ 且满足条件(5.10)的 $2n+1$ 次 Hermite 插值多项式,$f(x) \in C^{2n+1}[a,b]$,$f^{(2n+2)}(x)$在$[a,b]$上存在,其中$[a,b]$为包含点 $x_0, x_1, \cdots, x_n$ 的任一区间,则对任意给定的 $x \in [a,b]$,总存在 $\xi \in (a,b)$(ξ 依赖于 x),使

$$R_{2n+1}(x) = f(x) - H_{2n+1}(x) = \frac{f^{(2n+2)}(\xi)}{(2n+2)!} \omega_{n+1}^2(x). \tag{5.13}$$

例 5.1　设 $f(x) = \frac{1}{x}$,$x_0 = 2$,$x_1 = 2.5$,$x_2 = 4$,用五次Hermite插值计算 $f(3)$的近似值(与例 2.1 进行比较).

解:基函数的表达式如下:

$$\alpha_0(x) = (5x - 9)(x - 2.5)^2(x - 4)^2,$$

$$\alpha_1(x) = \frac{16}{27}(23 - 8x)(x - 2)^2(x - 4)^2,$$

$$\alpha_2(x) = \frac{1}{27}(31 - 7x)(x - 2)^2(x - 2.5)^2,$$

$$\beta_0(x) = (x - 2)(x - 2.5)^2(x - 4)^2,$$

$$\beta_1(x) = \frac{16}{9}(x - 2.5)(x - 2)^2(x - 4)^2,$$

$$\beta_2(x) = \frac{1}{9}(x - 4)(x - 2)^2(x - 2.5)^2.$$

相应的系数为

$$f(x_0) = f(2) = 0.5, \qquad f'(x_0) = f'(2) = -0.25,$$
$$f(x_1) = f(2.5) = 0.4, \qquad f'(x_1) = f'(2.5) = -0.16,$$
$$f(x_2) = f(4) = 0.25, \qquad f'(x_2) = f'(4) = -0.0625.$$

则

$$H_5(x) = 0.5\alpha_0(x) + 0.4\alpha_1(x) + 0.25\alpha_2(x) - 0.25\beta_0(x) - 0.16\beta_1(x) - 0.0625\beta_2(x).$$

所以 $f(3) \approx H_5(3) = 0.3296258$ 的精度比 $L_2(3)$高得多.

前面讨论的 Hermite 插值是在相同节点上函数值和一阶导数值的个数相同的插值,实际应用时还有这两个条件数目不同的插值. 为此,我们举例加以讨论.

例 5.2　求多项式 $p(x)$,满足条件 $p(x_i) = f(x_i)(i = 0, 1, 2)$,$p'(x_1) = f'(x_1)$,并

给出余项估计.

解:由条件可知,$p(x)$为次数不超过三次的多项式,该多项式满足条件 $p(x_i)=f(x_i)(i=0,1,2)$. 利用 Newton 均差插值的思想可设

$$p(x)=f[x_0]+f[x_0,x_1](x-x_0)+f[x_0,x_1,x_2](x-x_0)(x-x_1)+A(x-x_0)(x-x_1)(x-x_2),$$

其中的待定常数 A 可由条件 $p'(x_1)=f'(x_1)$确定,即

$$A=\frac{f'(x_1)-f[x_0,x_1]-(x_1-x_0)f[x_0,x_1,x_2]}{(x_1-x_0)(x_1-x_2)}.$$

对于这类插值,也可按照 Lagrange 插值的思想,构造基函数来建立多项式 $p(x)$,形式如下:

$$p(x)=f(x_0)\alpha_0(x)+f(x_1)\alpha_1(x)+f(x_2)\alpha_2(x)+f'(x_1)\beta(x).$$

这里 $\alpha_i(x)(i=0,1,2)$,$\beta(x)$是基函数,满足条件:

(1)$\alpha_i(x)(i=0,1,2)$,$\beta(x)$是三次多项式;

(2)$\alpha_i(x_j)=\delta_{ij}$,$\alpha_i'(x_1)=0$,$\beta(x_j)=0$,$\beta'(x_1)=1(i,j=0,1,2)$.

由上述条件,经过计算可得:

$$\alpha_0(x)=\frac{(x-x_1)^2(x-x_2)}{(x_0-x_1)^2(x_0-x_2)},$$

$$a_1(x)=\left(1+\frac{x-x_1}{x_0-x_1}+\frac{x-x_1}{x_2-x_1}\right)\frac{(x-x_0)(x-x_2)}{(x_1-x_0)(x_1-x_2)},$$

$$\alpha_2(x)=\frac{(x-x_0)(x-x_1)^2}{(x_2-x_0)(x_2-x_1)^2},$$

$$\beta(x)=\frac{(x-x_0)(x-x_1)(x-x_2)}{(x_1-x_0)(x_1-x_2)}.$$

上述两种方法求得的多项式 $p(x)$只是形式不同. 其余项估计如下:

余项$R(x)=f(x)-p(x)$,满足

$$R(x_i)=0,R'(x_i)=0\quad(i=0,1,2),$$

则可设

$$R(x)=k(x)(x-x_0)(x-x_1)^2(x-x_2).$$

这里 $k(x)$为待定函数. 相应地构造辅助函数 $\varphi(t)$,即

$$\varphi(t)=f(t)-p(t)-k(x)(t-x_0)(t-x_1)^2(t-x_2),$$

该函数有三个一重零点 x,x_0,x_2,一个二重零点 x_1. 若 $f^{(4)}(x)$在$[x_0,x_2]$上存在,反复应用 Rolle 定理可得

$$k(x)=\frac{1}{4!}f^{(4)}(\xi),\quad \xi\text{ 在 }x_0,x_1,x_2,x\text{ 所界定的范围内},$$

则余项

$$R(x)=\frac{1}{4!}f^{(4)}(\xi)(x-x_0)(x-x_1)^2(x-x_2).$$

例 5.3 求多项式 $p(x)$,满足条件

$$p(x_0)=f(x_0),\quad p(x_1)=f(x_1),$$
$$p'(x_0)=f'(x_0),\quad p''(x_0)=f''(x_0),$$

并求其余项.

解:由题目知,已知条件为 4 个,则 $p(x)$是次数不超过三次的多项式.

利用 Newton 均差插值的思想,由条件 $p(x_0)=f(x_0)$和$p(x_1)=f(x_1)$可设

$$p(x)=f[x_0]+f[x_0,x_1](x-x_0)+(ax+b)(x-x_0)(x-x_1),$$

其中,a 和b 为待定常数,可由条件 $p'(x_0)=f'(x_0)$和 $p''(x_0)=f''(x_0)$确定,即

$$a=\frac{f''(x_0)}{2(x_0-x_1)}+\frac{f[x_0,x_1]-f'(x_0)}{(x_0-x_1)^2},$$

$$b=\frac{f'(x_0)-f[x_0,x_1]}{x_0-x_1}-ax_0.$$

另外,利用 Lagrange 插值的思想,设

$$p(x)=f(x_0)\alpha_0(x)+f(x_1)\alpha_1(x)+f'(x_0)\beta(x)+f''(x_0)\gamma(x),$$

其中,基函数 $\alpha_0(x)$,$\alpha_1(x)$,$\beta(x)$,$\gamma(x)$为三次多项式,满足

$$\alpha_0(x_0)=1,\quad \alpha_0(x_1)=\alpha_0'(x_0)=\alpha_0''(x_0)=0,$$

$$\alpha_1(x_1)=1,\quad \alpha_1(x_0)=\alpha_1'(x_0)=\alpha_1''(x_0)=0,$$

$$\beta'(x_0)=1,\quad \beta(x_0)=\beta(x_1)=\beta''(x_0)=0,$$

$$\gamma''(x_0)=1,\quad \gamma(x_0)=\gamma(x_1)=\gamma'(x_0)=0.$$

经计算可得

$$\alpha_0(x)=\frac{x-x_1}{x_0-x_1}\left[\left(\frac{x-x_0}{x_1-x_0}\right)^2+\left(\frac{x-x_0}{x_1-x_0}\right)+1\right],$$

$$\alpha_1(x)=\left(\frac{x-x_0}{x_1-x_0}\right)^3,$$

$$\beta(x)=\frac{(x-x_1)(x-x_0)}{x_0-x_1}\left(\frac{x-x_0}{x_1-x_0}+1\right),$$

$$\gamma(x)=\frac{(x-x_0)^2(x-x_1)}{2(x_0-x_1)}.$$

余项 $R(x)=f(x)-p(x)$,满足

$$R(x_0)=R'(x_0)=R''(x_0)=R(x_1)=0.$$

故可设 $R(x)=k(x)(x-x_0)^3(x-x_1)$,类似例 5.2 构造辅助函数,利用 Rolle 定理确定 $k(x)=\frac{1}{4!}f^{(4)}(\xi)$,$\xi$ 在 x_0,x_1,x 所界定的范围内,则

$$R(x)=\frac{1}{4!}f^{(4)}(\xi)(x-x_0)^3(x-x_1).$$

§6　分段多项式插值

从前面插值多项式的构造及余项表达式来看,似乎插值节点增多,也即多项式次数的增加会使逼近精度更高,但实际情况并非如此. 20 世纪初,数学家 Runge 就给出了一个著

名的例子. 该例子中 $f(x)=\frac{1}{1+25x^2}$,它在区间[-1,1]上各阶导数都存在,但在[-1,1]上取 $n+1$ 个等距插值节点 $x_i=-1+\frac{2i}{n}(i=0,1,\cdots,n)$所构造的 Lagrange 插值多项式

$$L_n(x)=\sum_{k=0}^{n}\frac{1}{1+25x_k^2}\frac{\omega_{n+1}(x)}{(x-x_k)\omega'_{n+1}(x_k)},$$

当 $n\to\infty$时,在 $|x|\leqslant 0.364$ 时收敛,在 $|x|>0.364$ 时发散. 在图 2-4 中给出了 $f(x)$与 $L_{10}(x)$的图像,从图中可以看出以$L_{10}(x)$,在[-0.2,0.2]范围内能较好地逼近 $f(x)$,在其他范围逼近程度较差,尤其是靠近两端点处,$L_{10}(x)$远远偏离 $f(x)$,例如$f(-0.96)=0.04160$,而 $L_{10}(-0.96)=1.80438$.

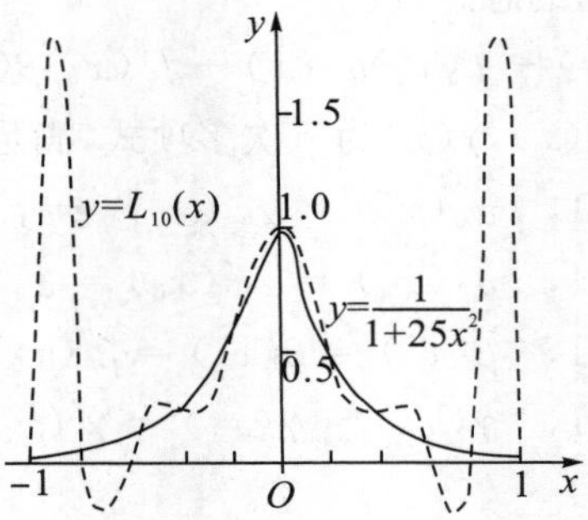

图 2-4

另外,从增加数值稳定性和减少舍入误差出发,都应避免采用高次多项式插值,而用分段低次插值. 从上例可以看出,若将函数$\frac{1}{1+25x^2}$在节点 0, ±0.2, ±0.4, ±0.6, ±0.8, ±1 处的点每相邻两点用折线连起来得到一个折线段,其逼近效果肯定比 $L_{10}(x)$要好,这实际上正是分段低次插值的基本思想.

6.1 分段线性插值

分段线性插值特别简单,其几何意义即是用折线逼近曲线. 我们首先给出其定义.

定义 6.1 设 $f(x)$是区间$[a,b]$上的函数,已知 $f(x)$在节点 $a=x_0<x_1<\cdots<x_n=b$ 上的函数值 $f_0,f_1,\cdots,f_n$,记 $h_k=x_{k+1}-x_k$, $h=\max\limits_{0\leqslant k\leqslant n-1}h_k$,如果函数 $I_h(x)$满足条件:

(1)$I_h(x)\in C^0[a,b]$;

(2)$I_h(x_k)=f_k(k=0,1,\cdots,n)$;

(3)在每个子区间$[x_k,x_{k+1}]$上,$I_h(x)$是线性多项式.

则称 $I_h(x)$为 $f(x)$的**分段线性插值函数**.

如何构造具有这种性质的插值函数? 我们将构造 Lagrange 插值多项式的思想予以推广. 先在每个节点上构造出分段线性插值基函数,再作线性组合,即可得到满足定义 6.1 的插值函数.

这里的分段插值基函数应满足:(1)在每个小区间上是线性多项式;(2)在对应的插值节点处取值为1,在其他插值节点处取值为 0. 显然,下面的函数即为所求.

当 $i=0$ 时，

$$l_{h,0}(x)=\begin{cases}\dfrac{x-x_1}{x_0-x_1} & x\in[x_0,x_1],\\ 0 & x\in(x_1,x_n].\end{cases} \tag{6.1}$$

当 $i=1,2,\cdots,n-1$ 时，

$$l_{h,i}(x)=\begin{cases}\dfrac{x-x_{i-1}}{x_i-x_{i-1}} & x\in[x_{i-1},x_i],\\ \dfrac{x-x_{i+1}}{x_i-x_{i+1}} & x\in(x_i,x_{i+1}],\\ 0 \quad x\in[a,b],x\notin[x_{i-1},x_{i+1}].\end{cases} \tag{6.2}$$

当 $i=n$ 时，

$$l_{h,n}(x)=\begin{cases}0 & x\in[x_0,x_{n-1}),\\ \dfrac{x-x_{n-1}}{x_n-x_{n-1}} & x\in[x_{n-1},x_n].\end{cases} \tag{6.3}$$

定义 6.2　由式(6.1),式(6.2)和式(6.3)定义的分段线性函数 $l_{h,0},l_{h,1},\cdots,l_{h,n}$ 称为以 $x_0,x_1,\cdots,x_n$ 为节点的**分段线性插值基函数**. $I_h(x)=\sum\limits_{k=0}^{n}f_k l_{h,k}(x)$ 即为满足定义 6.1 的插值函数,它在子区间$[x_k,x_{k+1}]$上的形式为

$$I_h(x)=f_k\cdot\frac{x-x_{k+1}}{x_k-x_{k+1}}+f_{k+1}\cdot\frac{x-x_k}{x_{k+1}-x_k},\quad x\in[x_k,x_{k+1}].$$

分段线性插值函数的光滑性虽然差一些,但从整体来看,它逼近 $f(x)$ 较好,而且计算简单. 例如,对于函数 $f(x)=\dfrac{1}{1+25x^2}$, $f(-0.9)=0.04706$,而 $L_{10}(-0.9)=1.57872$,利用以 0, ±0.2, ±0.4, ±0.6, ±0.8, ±1 为插值节点的分段插值函数来计算,得 $I_h(-0.9)=0.048640$,显然结果较好.

关于 $I_h(x)$ 收敛于 $f(x)$ 有如下定理作保证.

定理 6.1　设 $f(x)\in C[a,b]$,则当 $h\to 0$ 时, $I_h(x)$ 一致收敛于 $f(x)$,即对于 $\forall\varepsilon>0$, $\exists\delta=\delta(\varepsilon)>0$,只要 $h<\delta$,就有

$$|f(x)-I_h(x)|<\varepsilon,\quad \forall x\in[a,b].$$

利用线性插值的余项可得分段线性插值函数的余项估计.

定理 6.2　设 $f(x)$ 在给定节点 $a\leqslant x_0<x_1<\cdots<x_n=b$ 上的函数值为 $y_0,y_1,\cdots,y_n$, $f(x)\in C^1[a,b]$, $f''(x)$ 在$[a,b]$上存在, $I_h(x)$ 为关于节点 $x_0,x_1,\cdots,x_n$ 的分段线性插值函数,则

$$|R(x)|=|f(x)-I_h(x)|\leqslant\frac{h^2}{8}M, \tag{6.4}$$

其中, $M=\max\limits_{a\leqslant x\leqslant b}|f''(x)|$.

6.2　分段三次 Hermite 插值

实际应用时要求插值函数在节点处也可导,即要求插值函数有较好的光滑性. 这一性

质,分段线性插值函数并不满足.如果在节点 $x_k(k=0,1,\cdots,n)$ 上除已知函数值 f_i 外,还给出导数值 $f'_k=m_k(k=0,1,\cdots,n)$,则可进行分段 Hermite 插值.我们先给出其定义.

定义 6.3 设函数 $f(x)$ 在节点 $a=x_0<x_1<\cdots<x_n=b$ 上的函数值为 $f_0,f_1,\cdots,f_n$,导数值为 $f'(x_k)=m_k(k=0,1,\cdots,n)$,$h=\max\limits_{0\leqslant k\leqslant n-1}(x_{k+1}-x_k)$.若函数 $I_h(x)$ 满足条件:

(1) $I_h(x)\in C^1[a,b]$;

(2) $I_h(x_k)=f_k,I'_h(x_k)=m_k(k=0,1,\cdots,n)$;

(3) $I_h(x)$ 在每个小区间 $[x_k,x_{k+1}]$ 上为三次多项式.

则称 $I_h(x)$ 是 $f(x)$ 的**分段三次 Hermite 插值函数**.

类似分段线性插值函数的构造,根据上述条件,可构造出相应的插值基函数.

当 $i=0$ 时,

$$\alpha_0(x)=\begin{cases}\left(1+2\dfrac{x-x_0}{x_1-x_0}\right)\left(\dfrac{x-x_1}{x_0-x_1}\right)^2 & x\in[x_0,x_1],\\ 0 & x\in(x_1,x_n].\end{cases}\tag{6.5}$$

$$\beta_0(x)=\begin{cases}(x-x_0)\left(\dfrac{x-x_1}{x_0-x_1}\right)^2 & x\in[x_0,x_1],\\ 0 & x\in(x_1,x_n].\end{cases}\tag{6.6}$$

当 $i=1,2,\cdots,n-1$ 时,

$$\alpha_i(x)=\begin{cases}\left(1+2\dfrac{x-x_i}{x_{i-1}-x_i}\right)\left(\dfrac{x-x_{i-1}}{x_i-x_{i-1}}\right)^2 & x\in[x_{i-1},x_i],\\ \left(1+2\dfrac{x-x_i}{x_{i+1}-x_i}\right)\left(\dfrac{x-x_{i+1}}{x_i-x_{i+1}}\right)^2 & x\in[x_i,x_{i+1}],\\ 0 & x\notin[x_{i-1},x_{i+1}].\end{cases}\tag{6.7}$$

$$\beta_i(x)=\begin{cases}(x-x_i)\left(\dfrac{x-x_{i-1}}{x_i-x_{i-1}}\right)^2 & x\in[x_{i-1},x_i],\\ (x-x_i)\left(\dfrac{x-x_{i+1}}{x_i-x_{i+1}}\right)^2 & x\in(x_i,x_{i+1}],\\ 0 & x\notin[x_{i-1},x_{i+1}].\end{cases}\tag{6.8}$$

当 $i=n$ 时,

$$\alpha_n(x)=\begin{cases}0 & x\in[x_0,x_{n-1}),\\ \left(1+2\dfrac{x-x_n}{x_{n-1}-x_n}\right)\left(\dfrac{x-x_{n-1}}{x_n-x_{n-1}}\right)^2 & x\in[x_{n-1},x_n].\end{cases}\tag{6.9}$$

$$\beta_n(x)=\begin{cases}0 & x\in[x_0,x_{n-1}),\\ (x-x_n)\left(\dfrac{x-x_{n-1}}{x_n-x_{n-1}}\right)^2 & x\in[x_{n-1},x_n].\end{cases}\tag{6.10}$$

定义 6.4 由式(6.5)~式(6.10)所定义的分段三次多项式函数 $\alpha_i(x)$ 与 $\beta_i(x)(0\leqslant i\leqslant n)$,称为以 $x_0,x_1,\cdots,x_n$ 为节点的**分段三次 Hermite 插值基函数**.

$I_h(x)=\sum\limits_{k=0}^{n}[\alpha_k(x)f_k+\beta_k(x)m_k]$ 即为满足定义 6.3 的插值函数,它在子区间

$[x_k, x_{k+1}]$上的具体形式为

$$I_h(x)=\alpha_k(x)f_k+\beta_k(x)m_k+\alpha_{k+1}f_{k+1}+\beta_{k+1}m_{k+1}$$
$$=\left(\frac{x-x_{k+1}}{x_k-x_{k+1}}\right)^2\left(1+2\frac{x-x_k}{x_{k+1}-x_k}\right)f_k+\left(\frac{x-x_k}{x_{k+1}-x_k}\right)^2\left(1+2\frac{x-x_{k+1}}{x_k-x_{k+1}}\right)f_{k+1}+$$
$$\left(\frac{x-x_{k+1}}{x_k-x_{k+1}}\right)^2(x-x_k)m_k+\left(\frac{x-x_k}{x_{k+1}-x_k}\right)^2(x-x_{k+1})m_{k+1}.$$

关于分段三次 Hermite 插值有如下收敛性及误差估计的结论.

定理 6.3　设 $f(x)\in C^1[a,b]$，则当 $h\to 0$ 时，分段三次Hermite插值函数 $I_h(x)$一致收敛于 $f(x)$(证明见参考文献[3]).

定理 6.4　设 $I_h(x)$是 $a=x_0<x_1<\cdots<x_n=b$ 上的分段三次 Hermite 插值函数，$f(x)\in C^3[a,b]$，$f^{(4)}(x)$在$[a,b]$上存在，对任一给定的 $x\in[a,b]$，有

$$|R(x)|=|f(x)-I_h(x)|\leqslant\frac{h^4}{384}M. \tag{6.11}$$

这里 $h=\max\limits_{0\leqslant k\leqslant n-1}h_k$，$h_k=x_{k+1}-x_k$，$M=\max\limits_{x\in[a,b]}|f^{(4)}(x)|$.

估计式(6.11)的证明可由二点三次 Hermite 插值的余项估计得到. 关于分段三次 Hermite 插值还有以下结论.

推论 6.1　已知条件与定理 6.4 相同，还有下式成立：

$$\|D(f-I_h)\|_\infty\leqslant\frac{\sqrt{3}}{216}h^3\|D^4f\|_\infty, \tag{6.12}$$

$$\|D^2(f-I_h)\|_\infty\leqslant\frac{1}{12}h^2\|D^4f\|_\infty, \tag{6.13}$$

$$\|D^3(f-I_h)\|_\infty\leqslant\frac{1}{12}h\|D^4f\|_\infty. \tag{6.14}$$

这里 $D^i(i=1,2,3,4)$表示 i 阶微分算子，$\|f\|_\infty=\max\limits_{x\in[a,b]}|f(x)|$.

估计式(6.12)～式(6.14)的证明见参考文献[4].

§7　样条插值

前面讨论的分段线性和分段三次 Hermite 插值函数都有一致收敛性，但光滑性较差. 分段线性插值函数属于 $C^0[a,b]$，分段三次 Hermite 插值函数属于 $C^1[a,b]$. 而像船体放样等型值线、高速飞机的机翼形线等往往要求具有二阶光滑度，即整体上有二阶连续导数. 早期的绘图员或放样员在制图时用压铁将一种富有弹性的细长木条(即所谓样条——Spline)固定在若干样点上，然后沿其边缘画出曲线，称为样条曲线(又称为力学样条). 这一曲线在本质上是由分段三次曲线拼接而成的，在连接点即样点上要求二阶导数连续. 下面我们从数学角度来讨论三次样条插值函数.

7.1 三次样条插值函数的定义

定义 7.1 设 $a=x_0<x_1<\cdots<x_n=b$ 为区间$[a,b]$上给定的一个划分,若函数 $s(x)$ 满足条件:

(1)$s(x)\in C^2[a,b]$;

(2)在每个小区间$[x_k,x_{k+1}](0\leqslant k\leqslant n-1)$上,$s(x)$为三次多项式.

则称 $s(x)$是关于节点 $x_0,x_1,\cdots,x_n$ 的**三次样条函数**. 又若 $s(x)$还满足插值条件

$$s(x_k)=f(x_k)=y_k \quad (k=0,1,\cdots,n), \tag{7.1}$$

则称 $s(x)$为**三次样条插值函数**.

由定义知,要求出 $s(x)$,已知条件有 $4n-2$ 个,其中插值条件(7.1)有 $n+1$ 个,又根据 $s(x)\in C^2[a,b]$,在内节点 $x_k(k=1,2,\cdots,n-1)$处的连续性条件有 $3n-3$ 个:

$$\begin{aligned} s(x_k-0)&=s(x_k+0),\\ s'(x_k-0)&=s'(x_k+0),\\ s''(x_k-0)&=s''(x_k+0). \end{aligned} \tag{7.2}$$

而 $s(x)$在每个小区间上为三次多项式,则需确定 $4n$ 个参数. 因此,要确定 $s(x)$,还需两个条件,这两个条件可通过在区间$[a,b]$的端点 a,b 处各加上一个条件(边界条件)得到. 常见的边界条件有以下三种.

(i)已知两端点处的一阶导数值:

$$s'(x_0)=f_0'=f'(x_0),\quad s'(x_n)=f_n'=f'(x_n). \tag{7.3}$$

该边界条件称为**固支边界条件**.

(ii)已知两端点处的二阶导数值:

$$s''(x_0)=f_0''=f''(x_0),\quad s''(x_n)=f_n''=f''(x_n), \tag{7.4}$$

其特殊情形为

$$s''(x_0)=s''(x_n)=0. \tag{7.4$'$}$$

该边界条件称为**自然边界条件**,相应的样条称为**自然样条**.

(iii)当 $f(x)$是以 x_n-x_0 为周期的周期函数时,则要求$s(x)$也是周期函数,这时边界条件应满足:

$$s^{(k)}(x_0+0)=s^{(k)}(x_n-0)\quad (k=0,1,2). \tag{7.5}$$

此时插值条件(7.1)中的 y_0 与 y_n 应满足 $y_0=y_n$(已知的插值条件为 n 个). 这样确定的样条函数称为**周期样条函数**.

7.2 插值函数的构造

(1)三转角方程.

为了求出满足插值条件(7.1)和相应边界条件的三次样条函数 $s(x)$,我们假定 $s'(x_k)=m_k(k=0,1,\cdots,n)$,利用分段三次 Hermite 插值,可将 $s(x)$表述如下:

$$s(x) = \sum_{k=0}^{n} [y_k \alpha_k(x) + m_k \beta_k(x)]. \tag{7.6}$$

这里 $\alpha_k(x)$，$\beta_k(x)$ 是分段三次 Hermite 插值基函数(见§6)．显然式(7.6)表述的 $s(x) \in C^1[a,b]$，且满足插值条件(7.1)，其中的未知参数 $m_k(k=0,1,\cdots,n)$ 可由 $s''(x_k-0)=s''(x_k+0)(k=1,2,\cdots,n-1)$ 及边界条件来确定．这里，我们不妨取边界条件(7.3)．具体求解过程如下．

由 Hermite 插值知，若记 $h_k = x_{k+1} - x_k$，则 $s(x)$ 在小区间 $[x_k, x_{k+1}]$ 上为

$$s(x) = \frac{(x-x_{k+1})^2[h_k + 2(x-x_k)]}{h_k^3} y_k + \frac{(x-x_k)^2[h_k + 2(x_{k+1}-x)]}{h_k^3} y_{k+1} + \frac{(x-x_{k+1})^2(x-x_k)}{h_k^2} m_k + \frac{(x-x_k)^2(x-x_{k+1})}{h_k^2} m_{k+1}. \tag{7.7}$$

由式(7.7)可得

$$s''(x) = \frac{6x - 2x_k - 4x_{k+1}}{h_k^2} m_k + \frac{6x - 4x_k - 2x_{k+1}}{h_k^2} m_{k+1} + \frac{6(x_k + x_{k+1} - 2x)}{h_k^3}(y_{k+1} - y_k),$$

则

$$s''(x_k+0) = -\frac{4}{h_k} m_k - \frac{2}{h_k} m_{k+1} + \frac{6}{h_k^2}(y_{k+1} - y_k).$$

同理，由 $s(x)$ 在 $[x_{k-1}, x_k]$ 上的表达式及类似上面的推导可得

$$s''(x_k-0) = \frac{2}{h_{k-1}} m_{k-1} + \frac{4}{h_{k-1}} m_k - \frac{6}{h_{k-1}^2}(y_k - y_{k-1}).$$

利用 $s(x)$ 在内节点 $x_k(k=1,2,\cdots,n-1)$ 处的二阶导数连续性条件 $s''(x_k-0)=s''(x_k+0)$ 得

$$\frac{2}{h_{k-1}} m_{k-1} + 4\left(\frac{1}{h_{k-1}} + \frac{1}{h_k}\right) m_k + \frac{2}{h_k} m_{k+1} = 6\left(\frac{y_{k+1} - y_k}{h_k^2} + \frac{y_k - y_{k-1}}{h_{k-1}^2}\right) \quad (k=1,2,\cdots,n-1), \tag{7.8}$$

引入记号 $\lambda_k = \dfrac{h_k}{h_{k-1} + h_k}$，$\mu_k = \dfrac{h_{k-1}}{h_{k-1} + h_k}$，以及

$$e_k = 3(\lambda_k f[x_{k-1}, x_k] + \mu_k f[x_k, x_{k+1}]) \quad (k = 1,2,\cdots,n-1),$$

则方程组(7.8)可简化为

$$\lambda_k m_{k-1} + 2m_k + \mu_k m_{k+1} = e_k \quad (k = 1,2,\cdots,n-1). \tag{7.9}$$

此处 $f[x_k, x_{k+1}] = \dfrac{y_{k+1} - y_k}{h_k}$，$y_k = f(x_k)$．

式(7.9)给出了关于 $n+1$ 个未知数 $m_0, m_1, \cdots, m_n$ 的 $n-1$ 个方程，若附加边界条件(7.3)，就变成了只含 $n-1$ 个未知数 $m_1, m_2, \cdots, m_{n-1}$ 的方程组，其矩阵形式为

$$\begin{bmatrix} 2 & \mu_1 & 0 & \cdots & 0 & 0 & 0 \\ \lambda_2 & 2 & \mu_2 & \cdots & 0 & 0 & 0 \\ 0 & \lambda_3 & 2 & \cdots & 0 & 0 & 0 \\ \vdots & \vdots & \vdots & & \vdots & \vdots & \vdots \\ 0 & 0 & 0 & \cdots & \lambda_{n-2} & 2 & \mu_{n-2} \\ 0 & 0 & 0 & \cdots & 0 & \lambda_{n-1} & 2 \end{bmatrix} \begin{bmatrix} m_1 \\ m_2 \\ m_3 \\ \vdots \\ m_{n-2} \\ m_{n-1} \end{bmatrix} = \begin{bmatrix} e_1 - \lambda_1 f_0' \\ e_2 \\ e_3 \\ \vdots \\ e_{n-2} \\ e_{n-1} - \mu_{n-1} f_n' \end{bmatrix} \tag{7.10}$$

若附加边界条件(7.4),则有

$$\begin{cases} 2m_0 + m_1 = 3f[x_0, x_1] - \dfrac{h_0}{2} f_0'' \triangleq e_0, \\ m_{n-1} + 2m_n = 3f[x_{n-1}, x_n] + \dfrac{h_{n-1}}{2} f_n'' \triangleq e_n. \end{cases} \tag{7.11}$$

考虑式(7.4)的特殊情形(7.4)′,即 $f_0''=f_n''=0$,仍用同样的记号 e_0,e_n,则矩阵表述形式为

$$\begin{bmatrix} 2 & 1 & 0 & \cdots & 0 & 0 & 0 \\ \lambda_1 & 2 & \mu_1 & \cdots & 0 & 0 & 0 \\ 0 & \lambda_2 & 2 & \cdots & 0 & 0 & 0 \\ \vdots & \vdots & \vdots & & \vdots & \vdots & \vdots \\ 0 & 0 & 0 & \cdots & \lambda_{n-1} & 2 & \mu_{n-1} \\ 0 & 0 & 0 & \cdots & 0 & 1 & 2 \end{bmatrix} \begin{bmatrix} m_0 \\ m_1 \\ m_2 \\ \vdots \\ m_{n-1} \\ m_n \end{bmatrix} = \begin{bmatrix} e_0 \\ e_1 \\ e_2 \\ \vdots \\ e_{n-1} \\ e_n \end{bmatrix}. \tag{7.12}$$

又若附加边界条件(7.5),则有

$$m_0 = m_n,$$
$$\mu_n m_1 + \lambda_n m_{n-1} + 2m_n = e_n,$$

此处 $\mu_n=\dfrac{h_{n-1}}{h_0+h_{n-1}}$,$\lambda_n=\dfrac{h_0}{h_0+h_{n-1}}$,$e_n=3(\mu_n f[x_0,x_1]+\lambda_n f[x_{n-1},x_n])$,则矩阵表述形式为

$$\begin{bmatrix} 2 & \mu_1 & 0 & \cdots & 0 & 0 & 0 \\ \lambda_2 & 2 & \mu_2 & \cdots & 0 & 0 & 0 \\ \vdots & \vdots & \vdots & & \vdots & \vdots & \vdots \\ 0 & 0 & 0 & \cdots & \lambda_{n-1} & 2 & \mu_{n-1} \\ \mu_n & 0 & 0 & \cdots & 0 & \lambda_n & 2 \end{bmatrix} \begin{bmatrix} m_1 \\ m_2 \\ \vdots \\ m_{n-1} \\ m_n \end{bmatrix} = \begin{bmatrix} e_1 \\ e_2 \\ \vdots \\ e_{n-1} \\ e_n \end{bmatrix}. \tag{7.13}$$

至此,附加的边界条件不同则得到三个不同的方程组(7.10),(7.12)和(7.13).但这三个方程组的系数矩阵都是严格对角占优的三对角阵或拟三对角阵,都非奇异,所以它们的解都存在且唯一,可以用追赶法来求解.

上述方法中的 m_i 相应于力学中细梁在 x_i 处截面的转角,且每一个方程中又至多出现了三个 m_i,故通常称为**三转角方程**.

(2)三弯矩方程.

三转角方程中的 $s(x)$ 是用 $s'(x_k)=m_k$ 来表述的,它也可用 $s''(x_k)=M_k$ 来表述.下面我们研究用 $s''(x_k)$ 来表述的 $s(x)$ 的构造.

根据 $s(x)$ 在 $[x_k, x_{k+1}]$ 上为三次多项式，可知：

$s''(x)$ 在 $[x_k, x_{k+1}]$ 上为线性多项式，设为

$$s''(x) = \frac{x_{k+1} - x}{h_k} M_k + \frac{x - x_k}{h_k} M_{k+1}. \tag{7.14}$$

利用插值条件 $s(x_k) = y_k$，$s(x_{k+1}) = y_{k+1}$，对式(7.14)积分，写出积分常数，得

$$s(x) = \frac{(x_{k+1} - x)^3}{6h_k} M_k + \frac{(x - x_k)^3}{6h_k} M_{k+1} + \left(y_k - \frac{M_k h_k^2}{6}\right) \frac{x_{k+1} - x}{h_k} + \left(y_{k+1} - \frac{M_{k+1} h_k^2}{6}\right) \frac{x - x_k}{h_k}$$

$$(k = 0, 1, \cdots, n-1). \tag{7.15}$$

由式(7.14)及式(7.15)可知，$s(x)$ 与 $s''(x)$ 已满足式(7.2)中的连续性条件，剩下还可利用 $s'(x)$ 的连续性条件：

$$s'(x_k - 0) = s'(x_k + 0) \quad (k = 1, 2, \cdots, n-1).$$

类似三转角方程(7.8)的推导，利用式(7.15)求出 $s'(x_k - 0)$ 和 $s'(x_k + 0)$ 以及上述一阶导数连续性条件可得

$$\mu_k M_{k-1} + 2M_k + \lambda_k M_{k+1} = l_k \quad (k = 1, 2, \cdots, n-1). \tag{7.16}$$

此处 μ_k 和 λ_k 与式(7.8)中相同，而

$$l_k = \frac{6}{h_{k-1} + h_k}(f[x_k, x_{k+1}] - f[x_{k-1}, x_k]) = 6f[x_{k-1}, x_k, x_{k+1}].$$

方程组(7.16)中未知数 $M_k (k = 0, 1, \cdots, n)$ 共有 $n+1$ 个，而方程只有 $n-1$ 个，所以同样需附加两个边界条件. 如取边界条件(7.3)，得

$$s'(x_0) = f[x_0, x_1] - \frac{2M_0 + M_1}{6h_0} h_0^2 = f_0',$$

$$s(x_n) = f[x_{n-1}, x_n] + \frac{M_{n-1} + 2M_n}{6h_{n-1}} h_{n-1}^2 = f_n'.$$

整理后为

$$2M_0 + M_1 = \frac{6}{h_0}(f[x_0, x_1] - f_0'),$$

$$M_{n-1} + 2M_n = \frac{6}{h_{n-1}}(f_n' - f[x_{n-1}, x_n]).$$

又若附加边界条件(7.4)，则有

$$M_0 = f_0'', \quad M_n = f_n''.$$

同样，最后所得方程组的系数矩阵严格对角占优，方程组的解存在且唯一，可以用追赶法进行求解. 注意到，此处的 M_k 相应于力学中细梁在 x_k 处截面的弯矩，且每个方程中最多出现三个 M_k，故通常称为**三弯矩方程**.

7.3　三次样条插值的算法

以三转角方程形式的 $s(x)$ 为例(三弯矩形式类似)，列出计算机上求解的算法如下：

(1)输入初始数据 $x_k, y_k (k = 0, 1, \cdots, n)$ 和 n，以及相应边界条件的初始数据；

(2)对 $k = 0, 1, \cdots, n-1$，$h_k = x_{k+1} - x_k$，$f[x_k, x_{k+1}] = \dfrac{y_{k+1} - y_k}{h_k}$；

(3)对 $k=1,2,\cdots,n-1$,依式(7.8)的记号表达式计算 λ_k,μ_k,e_k;

(4)补充计算式(7.10),式(7.12)和式(7.13)中的系数,形成待解的线性代数方程组;

(5)用追赶法(见第四章)求解,解出 $m_k(k=0,1,\cdots,n)$;

(6)计算 $s(x)$在所要求节点上的值,打印结果.

例 7.1 给定函数 $f(x)=\frac{1}{1+25x^2}, x\in[-1,1]$,节点 $x_k=-1+\frac{2}{10}k(k=0,1,\cdots,10)$,用三次样条插值求 $s_{10}(x)$.

取边界条件为 $s'_{10}(-1)=f'(-1), s'_{10}(1)=f'(1)$,上机编程计算出 $s_{10}(x)$在各点处的值,见下表:

x	$\frac{1}{1+25x^2}$	$s_{10}(x)$	$L_{10}(x)$	x	$\frac{1}{1+25x^2}$	$s_{10}(x)$	$L_{10}(x)$
−1.0	0.03846	0.03846	0.03846	−0.5	0.13793	0.13971	0.25376
−0.9	0.04706	0.04248	1.57872	−0.4	0.20000	0.20000	0.20000
−0.8	0.05882	0.05882	0.05882	−0.3	0.30769	0.29744	0.23535
−0.7	0.07547	0.07606	−0.22620	−0.2	0.50000	0.50000	0.50000
−0.6	0.10000	0.10000	0.10000	−0.1	0.80000	0.82051	0.84340

从上述计算结果可知 $s_{10}(x)$能很好逼近 $f(x)$,不会出现 $L_{10}(x)$(Lagrange 插值)的“Runge”现象.

7.4 三次样条插值的收敛性

三次样条插值的收敛估计比较复杂,这里仅给出收敛性的结论,有兴趣的读者可查阅参考文献[4].

定理 7.1 设 $f(x)\in C^4[a,b]$,$s(x)$为对应边界条件(7.3)或(7.4)的三次样条插值函数,则有如下估计成立:

$$\|f^{(k)}-s^{(k)}\|_\infty\leqslant c_k h^{4-k}\|f^{(4)}\|_\infty \quad (k=0,1,2,3), \tag{7.17}$$

这里 $h=\max\limits_{0\leqslant k\leqslant n-1} h_k, h_k=x_{k+1}-x_k, \beta=\frac{h}{\min\limits_{0\leqslant k\leqslant n-1} h_k}$称为划分比,系数 $c_0=\frac{5}{384}, c_1=\frac{1}{24}, c_2=\frac{1}{8}, c_3=\frac{\beta+\beta^{-1}}{2}$.

由上述定理知,$s(x), s'(x), s''(x)$分别一致收敛于 $f(x), f'(x), f''(x)$.另外,若在划分加密过程中,划分比 β 满足 $0\leqslant m\leqslant\beta\leqslant M$($m, M$ 为常数),则有 $s'''(x)$一致收敛于 $f'''(x)$成立.

§8　最小二乘曲线拟合

8.1　问题的引入及最小二乘原理

在科学实验和统计分析研究中，常常需要从一组实验数据$(x_k, y_k)(k=0,1,\cdots,m)$出发，去寻找自变量$x$和因变量$y$的函数关系$y=\varphi(x)$，也即是通过离散数据，建立数学模型. 这一过程有两条途径：一条途径是该曲线必须精确地通过所有的离散点(x_k, y_k)，此即为前面讨论的插值法；另一条途径是由于实验数据往往有不准确性、数据量大、能基本反映因变量随自变量变化的性态等特点，所以要求曲线按一定标准符合离散点分布的总体特征，而不要求曲线精确地通过所有的离散点. 我们称第二条途径为曲线拟合. 在处理大量实验数据时，常采用这种方法.

为了说明问题，我们先看一个简单的例子.

例 8.1　已知一组实验数据

x_i	-1	0	1	2
y_i	-0.9	1	3	5.1

试建立自变量x和因变量y的函数关系.

解 1：为研究自变量x和因变量y之间的关系，我们将这组数据在直角坐标系上描述出来（离散数据用"×"表示，如图 2－5 所示），这种图叫散点图. 从散点图可直观地观察出两个变量之间的关系.

从图 2－5 观察得知，两个变量之间大致呈线性关系，我们就用直线方程来描述. 设

$$y=ax+b.$$

怎样来确定系数a和b呢？由于一般不要求上述方程通过所有点，那么就有误差$\delta_i=y(x_i)-y_i$出现，我们就将误差δ_i的大小作为衡量a和b好坏的主要标志. 确定"最好"的参数有许多途径，常用的是最小二乘原理，即使误差的平方和$\sum\limits_i \delta_i^2$达到最小. 在本例中记

$\varphi(a,b)=\sum\limits_{i=1}^{4}\delta_i^2=\sum\limits_{i=1}^{4}(ax_i+b-y_i)^2$，要求出最好的参数$a$，$b$，根据微积分中求极值的思想，则需满足

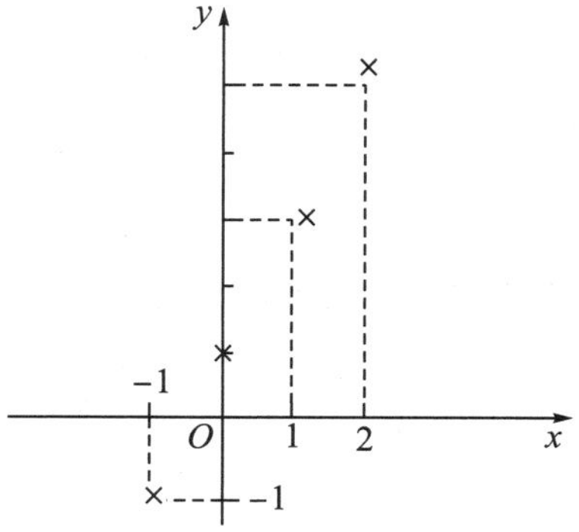

图 2－5

$$\begin{cases}\dfrac{\partial\varphi(a,b)}{\partial a}=12a+4b-28.2=0,\\ \dfrac{\partial\varphi(a,b)}{\partial b}=4a+8b-16.4=0.\end{cases}\tag{8.1}$$

解方程组(8.1)得 $a=2,b=1.05$,则 $y=2x+1.05$. 方程组(8.1)称为**正规方程组**.

解 2:各坐标值大致满足(根据假定模型 $y=ax+b$)

$$\begin{cases}-a+b=-0.9,\\ 0\times a+b=1,\\ a+b=3,\\ 2a+b=5.1.\end{cases}\tag{8.2}$$

方程组(8.2)称为**矛盾方程组**. 利用解系数矩阵为长方阵的线性代数方程组的解法进行求解(见参考文献[5]),先将方程组(8.2)写成矩阵形式

$$\boldsymbol{Ax}=\boldsymbol{b},$$

这里 $\boldsymbol{x}=\begin{bmatrix}a\\ b\end{bmatrix}$, $\boldsymbol{b}=[-0.9,1,3,5.1]^{\mathrm{T}}$, $\boldsymbol{A}=\begin{bmatrix}-1&1\\ 0&1\\ 1&1\\ 2&1\end{bmatrix}$,则相应的正规方程组为 $\boldsymbol{A}^{\mathrm{T}}\boldsymbol{Ax}=\boldsymbol{A}^{\mathrm{T}}\boldsymbol{b}$,即

$$\begin{bmatrix}6&2\\ 2&4\end{bmatrix}\begin{bmatrix}a\\ b\end{bmatrix}=\begin{bmatrix}14.1\\ 8.2\end{bmatrix},$$

解得 $a=2,b=1.05$.

8.2 一般情形的最小二乘曲线拟合

例 8.1 中讨论的是单变量最简单情形的曲线拟合,其中的函数类为线性多项式系 $\{1,x\}$,将这一思想进行推广:已知的数据为 $\{(x_j,y_j)\}_{j=0}^{m}$,取函数类为 $\Phi=\mathrm{Span}\{\varphi_0,\varphi_1,\cdots,\varphi_n\}(n<m)$,求 $y=F^*(x)\in\Phi$,使得误差的平方和

$$\sum_{j=0}^{m}\delta_j^2=\sum_{j=0}^{m}[F^*(x_j)-y_j]^2=\min_{F(x)\in\Phi}\sum_{j=0}^{m}[F(x_j)-y_j]^2.\tag{8.3}$$

此处 $F(x)$ 的形式为基函数 $\varphi_0,\varphi_1,\cdots,\varphi_n$ 的线性组合,即

$$F(x)=\sum_{j=0}^{n}C_j\varphi_j(x)=C_0\varphi_0(x)+C_1\varphi_1(x)+\cdots+C_n\varphi_n(x).\tag{8.4}$$

注:此处用误差的平方和达到最小来作曲线拟合,是因为整体误差 $\boldsymbol{\delta}=[\delta_0,\delta_1,\cdots,\delta_n]^{\mathrm{T}}$ 为一个向量,向量的大小需用范数来进行度量. 这里误差的平方和 $\sum\limits_{j=0}^{m}\delta_j^2$ 就是向量 $\boldsymbol{\delta}$ 的 2-范数(也称为欧氏范数)的平方,即 $\|\boldsymbol{\delta}\|_2^2=\sum\limits_{j=0}^{m}\delta_j^2$. 之所以用 $\|\boldsymbol{\delta}\|_2$,是因为其计算方便,当然也可用其他范数来度量,但计算较复杂.

另外,若每点处的误差 δ_i 对整体误差的贡献大小有区别,即权重不一样时,考虑加权

平方和后，则式(8.3)的更一般情形为

$$\|\boldsymbol{\delta}\|_2^2=\min_{F(x)\in\Phi}\sum_{j=0}^{m}\omega(x_j)[F(x_j)-y_j]^2, \tag{8.5}$$

这里 $\omega(x_j)\geqslant 0$.

最小二乘曲线拟合问题等价于求如下多元函数

$$I(C_0,C_1,\cdots,C_n)=\sum_{j=0}^{m}\omega(x_j)\Big[\sum_{i=0}^{n}C_i\varphi_i(x_j)-y_j\Big]^2 \tag{8.6}$$

的极小值点$(C_0^*,C_1^*,\cdots,C_n^*)$的问题. 根据多元函数求极值的思想可得 $n+1$ 个方程，即

$$\frac{\partial I}{\partial C_k}=2\sum_{j=0}^{m}\omega(x_j)\Big[\sum_{i=0}^{n}C_i\varphi_i(x_j)-y_j\Big]\varphi_k(x_j)=0\quad(k=0,1,\cdots,n). \tag{8.7}$$

方程组(8.7)是关于参数 $C_0,C_1,\cdots,C_n$ 的线性代数方程组，通常称为**正规方程组**或**法方程组**. 若引入记号

$$(\varphi_i,\varphi_k)=\sum_{j=0}^{m}\omega(x_j)\varphi_i(x_j)\varphi_k(x_j),$$

$$b_k=\sum_{j=0}^{m}\omega(x_j)y_j\varphi_k(x_j)\quad(k=0,1,\cdots,n),$$

方程组(8.7)又可简化为

$$\sum_{i=0}^{n}(\varphi_k,\varphi_i)C_i=b_k\quad(k=0,1,\cdots,n). \tag{8.8}$$

其矩阵形式为

$$\boldsymbol{G}_n\boldsymbol{C}=\boldsymbol{b}. \tag{8.9}$$

其中，$\boldsymbol{C}=[C_0,C_1,\cdots,C_n]^{\mathrm{T}}$，$\boldsymbol{b}=[b_0,b_1,\cdots,b_n]^{\mathrm{T}}$；

$$\boldsymbol{G}_n=\begin{bmatrix}(\varphi_0,\varphi_0) & (\varphi_0,\varphi_1) & \cdots & (\varphi_0,\varphi_n)\\ (\varphi_1,\varphi_0) & (\varphi_1,\varphi_1) & \cdots & (\varphi_1,\varphi_n)\\ \vdots & \vdots & & \vdots\\ (\varphi_n,\varphi_0) & (\varphi_n,\varphi_1) & \cdots & (\varphi_n,\varphi_n)\end{bmatrix}$$为离散 Gram 矩阵.

由于 $\varphi_0,\varphi_1,\cdots,\varphi_n$ 是基函数，线性无关，故 $\boldsymbol{G}_n$ 非奇异，则方程组(8.9)的解存在且唯一.

注：这里 $\varphi_0,\varphi_1,\cdots,\varphi_n$ 线性无关，则相应的曲线拟合问题称为线性拟合模型问题. 在数据处理或建模过程中，由于函数类 Φ 的取法不同，则得到的近似模型就不同. 如何衡量不同模型的好与坏？一般来讲，需比较不同模型的均方误差(将 x_j 代入不同模型，计算 $\left(\sum_{j=0}^{m}\delta_j^2\right)^{\frac{1}{2}}$)，选择均方误差较小的即可.

在解决许多实际问题时，线性模型并不能反映实验数据的真实特性，往往会遇到诸如用

$$\frac{1}{y}=a+b\frac{1}{x}, \tag{8.10}$$

或

$$y = C_0 e^{C_1 \frac{1}{x}} \tag{8.11}$$

等非线性模型来拟合实验数据的问题.解决此类问题的基本出发点就是用线性模型来拟合数据,即通过变量替换将非线性模型转化为线性模型来处理.例如,在式(8.10)中,令 $y' = \frac{1}{y}, x' = \frac{1}{x}$,则式(8.10)就变为关于 y' 和 x' 的线性模型

$$y' = a + bx' \tag{8.12}$$

由实验数据 (x_i, y_i) 可计算出 (x'_i, y'_i),再作最小二乘拟合,求出 a, b 即可.对式(8.11)两边取以 e 为底的常用对数,得 $\ln y = \ln C_0 + \frac{C_1}{x}$.令 $Y = \ln y, A = \ln C_0, X = \frac{1}{x}$,则有如下的线性模型

$$Y = A + C_1 X. \tag{8.13}$$

类似地,由实验数据 (x_i, y_i) 计算出 (X_i, Y_i),再用最小二乘原理进行拟合,求出 A 和 C_1,并求出 $C_0 = e^A$,代入式(8.11)即可.

8.3 用关于点集的正交函数系作最小二乘拟合

由 8.2 知,最小二乘曲线拟合问题归结于求解方程组(8.9),而其中的系数矩阵 $\boldsymbol{G}_n$ 是由所选定的基函数产生的,通常是病态的,相应的方程组(8.9)是病态方程组.为避免求解病态方程组,需选择特殊的基函数 $\varphi_0(x), \varphi_1(x), \cdots, \varphi_n(x)$,使其所产生的 $\boldsymbol{G}_n$ 非病态.该组基函数如果是关于点集 $\{x_i\}$ 及权 $\omega(x_i)(i = 0, 1, \cdots, m)$ 正交的函数组,即

$$(\varphi_i, \varphi_j) = \sum_{k=0}^{m} \omega(x_k) \varphi_i(x_k) \varphi_j(x_k) = \begin{cases} 0 & i \neq j, \\ \|\varphi_i\|_2^2 > 0 & i = j, \end{cases} \tag{8.14}$$

则方程组(8.9)中的 $\boldsymbol{G}_n$ 为对角阵

$$\boldsymbol{G}_n = \begin{bmatrix} (\varphi_0, \varphi_0) & & & \\ & (\varphi_1, \varphi_1) & & \\ & & \ddots & \\ & & & (\varphi_n, \varphi_n) \end{bmatrix},$$

拟合曲线为 $\boldsymbol{F}^*(x) = \sum_{j=0}^{n} C_j^* \varphi_j(x) = \sum_{j=0}^{n} \frac{b_j}{(\varphi_j, \varphi_j)} \varphi_j(x).$ (8.15)

这里 b_j 与式(8.8)中 b_k 的表述一致.该拟合曲线的平方误差为

$$\|\boldsymbol{\delta}\|_2^2 = \sum_{j=0}^{m} \omega(x_j) y_j^2 - \sum_{k=0}^{n} \|\varphi_k\|_2^2 (C_j^*)^2.$$

下面就已知节点 $x_0, x_1, \cdots, x_m$ 及权 $\omega(x_i)(i = 0, 1, \cdots, m)$,用递推公式给出带权 $\omega(x_i)$ 的正交多项式列 $\{\varphi_k(x)\}$:

$$\begin{cases} \varphi_0(x) = 1, \\ \varphi_1(x) = (x - \alpha_1) \varphi_0(x), \\ \varphi_{k+1}(x) = (x - \alpha_{k+1}) \varphi_k(x) - \beta_k \varphi_{k-1}(x) \quad (k = 1, 2, \cdots, n-1). \end{cases} \tag{8.16}$$

这里

$$\alpha_{k+1} = \frac{(x\varphi_k,\varphi_k)}{(\varphi_k,\varphi_k)} = \frac{\sum_{i=0}^{m}\omega(x_i)x_i\varphi_k^2(x_i)}{\sum_{i=0}^{m}\omega(x_i)\varphi_k^2(x_i)} \quad (k=0,1,\cdots,n-1),$$

$$\beta_k = \frac{(\varphi_k,\varphi_k)}{(\varphi_{k-1},\varphi_{k-1})} = \frac{\sum_{i=0}^{m}\omega(x_i)\varphi_k^2(x_i)}{\sum_{i=0}^{m}\omega(x_i)\varphi_{k-1}^2(x_i)} \quad (k=1,2,\cdots,n-1).$$

如上给出的多项式$\{\varphi_k(x)\}$是正交的,其证明可见参考文献[1]和[6].

8.4　多变量的最小二乘拟合

如果影响因变量 y 的因素有 k 个,即有 k 个自变量 $x_1,x_2,\cdots,x_k$,经过 N 次实验得一组测量数据$(x_{1i},x_{2i},\cdots,x_{ki},y_i)(i=1,2,\cdots,N)(N>k)$,多变量的最小二乘拟合问题即为求形如

$$F(x_1,x_2,\cdots,x_k) = \sum_{k=1}^{n}C_k\varphi_k(x_1,x_2,\cdots,x_k) \quad (n<N)$$

的函数,使得

$$I(C_1,C_2,\cdots,C_n) = \sum_{j=1}^{N}\omega_j\,[y_j - F(x_{1j},x_{2j},\cdots,x_{kj})]^2$$

达到极小. 求解思路与单变量情形完全相同,即解关于 $C_1,C_2,\cdots,C_n$ 的方程组

$$\frac{\partial I}{\partial C_i} = 0 \quad (i=1,2,\cdots,n).$$

§9　连续函数的最佳平方逼近

在§8讨论的是离散数据的最小二乘曲线拟合问题,本节将这一思路推广到用连续形式表述的函数 $f(x)$的逼近中,考虑连续函数的最佳平方逼近问题.

设函数 $f(x)\in C[a,b]$,$\Phi=\mathrm{Span}\{\varphi_0,\varphi_1,\cdots,\varphi_n\}$为逼近 f 的函数类,$\|\cdot\|_2$ 为积分意义下的带权 $\omega(\omega>0)$的 2-范数,即

$$\|g\|_2 = (g,g)^{\frac{1}{2}} = \left[\int_a^b\omega(x)g^2(x)\mathrm{d}x\right]^{1/2}, \quad \forall g\in C[a,b]. \tag{9.1}$$

这一范数定义了一个距离,对任意的 $g_1(x),g_2(x)\in C[a,b]$,g_1 与 g_2 的距离就为 $\|g_1-g_2\|_2$,则 Φ 中的任一函数 $\varphi=\sum\limits_{i=0}^{n}C_i\varphi_i$ 与 f 的距离为 $\|f-\varphi\|_2$.若记

$$\begin{aligned} I(C_0,C_1,\cdots,C_n) &\triangleq \|f-\varphi\|_2^2 = \int_a^b\omega(x)[f(x)-\varphi(x)]^2\mathrm{d}x \\ &= \int_a^b\omega(x)\left[f(x)-\sum_{i=0}^{n}C_i\varphi_i(x)\right]^2\mathrm{d}x, \end{aligned} \tag{9.2}$$

则称 I 为用 φ 逼近函数 f 的平方误差. 最佳平方逼近问题就是极小化平方误差,即求

$$\varphi^* = \sum_{i=0}^{n} C_i^* \varphi_i \in \Phi,$$

使得

$$I(C_0^*, C_1^*, \cdots, C_n^*) = \inf_{\varphi \in \Phi} I(C_0, C_1, \cdots, C_n), \tag{9.3}$$

也即

$$\| f - \varphi^* \|_2 = \inf_{\varphi \in \Phi} \| f - \varphi \|_2.$$

满足式(9.3)的 φ^* 存在,则称 φ^* 为 f 在$[a,b]$上的**最佳平方逼近函数**.

由于 Φ 是基函数 $\varphi_0, \varphi_1, \cdots, \varphi_n$ 所生成的线性空间,故最佳平方逼近问题的求解就与离散点的最小二乘曲线拟合问题的求解相似,利用求极小值的思想有

$$\frac{\partial I}{\partial C_j} = 0 \quad (j = 0, 1, \cdots, n).$$

再利用式(9.2),并引入记号 $(u,v) = \int_a^b \omega(x) u(x) v(x) \mathrm{d}x$(称为带权 ω 的内积),则关于 $C_0, C_1, \cdots, C_n$ 的 $n+1$ 阶线性代数方程组为

$$\sum_{i=0}^{n} (\varphi_i, \varphi_j) C_i = (f, \varphi_j) \quad (j = 0, 1, \cdots, n). \tag{9.4}$$

最佳平方逼近函数 φ^* 的系数 C_k^* $(k=0,1,\cdots,n)$即为方程组(9.4)的解. 该方程组的系数矩阵为

$$\boldsymbol{G} = \begin{bmatrix} (\varphi_0, \varphi_0) & (\varphi_1, \varphi_0) & \cdots & (\varphi_n, \varphi_0) \\ (\varphi_0, \varphi_1) & (\varphi_1, \varphi_1) & \cdots & (\varphi_n, \varphi_1) \\ \vdots & \vdots & & \vdots \\ (\varphi_0, \varphi_n) & (\varphi_1, \varphi_n) & \cdots & (\varphi_n, \varphi_n) \end{bmatrix}.$$

$\boldsymbol{G}$ 为 Gram 矩阵,而基函数 $\varphi_0, \varphi_1, \cdots, \varphi_n$ 线性无关,故 $\boldsymbol{G}$ 非奇异,方程组(9.4)的解存在且唯一.

这样确定的逼近函数 φ^* 使平方误差达到极小,有如下定理作保证(见参考文献[3]).

定理 9.1　设 $\varphi^* = \sum_{i=0}^{n} C_i^* \varphi_i$, C_i^* $(i = 0, 1, \cdots, n)$ 是正规方程组(9.4)的解,则

$$\| f - \varphi^* \|_2 \leqslant \| f - \varphi \|_2, \quad \forall \varphi \in \Phi, \tag{9.5}$$

且最小平方误差为

$$I(C_0^*, C_1^*, \cdots, C_n^*) = \| f - \varphi^* \|_2^2 = \| f \|_2^2 - (\varphi^*, f). \tag{9.6}$$

关于逼近空间 Φ 的选择有很多种,常见的有利用多项式作平方逼近以及利用正交函数组作平方逼近.

9.1　利用多项式作平方逼近

空间 $\Phi = \mathrm{Span}\{1, x, x^2, \cdots, x^n\}$, $\varphi_i(x) = x^i$ $(i = 0, 1, \cdots, n)$,则相应的逼近函数

$\varphi(x)=\sum_{i=0}^{n}C_i x^i$ 是次数不超过 n 的多项式，方程组(9.4)的系数矩阵 $\boldsymbol{G}$ 的元素为($\boldsymbol{G}$ 为对称阵，计算上三角部分即可)

$$(\varphi_i,\varphi_j)=\int_a^b \omega(x)x^{i+j}\mathrm{d}x \quad (i=j,j+1,\cdots,n;j=0,1,\cdots,n), \tag{9.7}$$

对应的右端向量分量为

$$(f,\varphi_j)=\int_a^b \omega(x)f(x)x^j\mathrm{d}x \quad (j=0,1,\cdots,n). \tag{9.8}$$

由式(9.7)和式(9.8)，当 $\omega(x)=1$ 时，则有

$$\begin{cases}(\varphi_i,\varphi_j)=\displaystyle\int_a^b x^{i+j}\mathrm{d}x=\frac{b^{i+j+1}-a^{i+j+1}}{i+j+1},\\(f,\varphi_j)=\displaystyle\int_a^b f(x)x^j\mathrm{d}x \quad (k=0,1,\cdots,n).\end{cases} \tag{9.9}$$

解形如式(9.4)的正规方程组即得 f 的最佳平方逼近函数 φ^*.

例 9.1　设 $f(x)=\sin \pi x$，求 f 在区间 $[0,1]$ 上的二次最佳平方逼近多项式 $\varphi^*(x)$.

解：取空间 $\Phi=\mathrm{Span}\{1,x,x^2\}$，权 $\omega(x)=1$，按公式(9.9)分别计算得

$$(\varphi_0,\varphi_0)=1,\qquad (\varphi_1,\varphi_0)=\frac{1}{2},\qquad (\varphi_2,\varphi_0)=\frac{1}{3},$$

$$(\varphi_1,\varphi_1)=\frac{1}{3},\qquad (\varphi_2,\varphi_1)=\frac{1}{4},\qquad (\varphi_2,\varphi_2)=\frac{1}{5},$$

$$(f,\varphi_0)=\frac{2}{\pi},\qquad (f,\varphi_1)=\frac{1}{\pi},\qquad (f,\varphi_2)=\frac{\pi^2-4}{\pi^3}.$$

则正规方程组为

$$\begin{cases}C_0+\dfrac{1}{2}C_1+\dfrac{1}{3}C_2=\dfrac{2}{\pi},\\\dfrac{1}{2}C_0+\dfrac{1}{3}C_1+\dfrac{1}{4}C_2=\dfrac{1}{\pi},\\\dfrac{1}{3}C_0+\dfrac{1}{4}C_1+\dfrac{1}{5}C_2=\dfrac{\pi^2-4}{\pi^3}.\end{cases}$$

解得 $C_0=\dfrac{12\pi^2-120}{\pi^3}\approx -0.050465$，$C_1=-C_2=\dfrac{720-60\pi^2}{\pi^3}\approx 4.12251$，则

$$\varphi^*(x)=-4.12251x^2+4.12251x-0.050465.$$

一般地，当区间 $[a,b]=[0,1]$ 时，从公式(9.9)计算求得的系数矩阵为

$$\boldsymbol{H}=\begin{bmatrix}1 & \frac{1}{2} & \cdots & \frac{1}{n+1}\\ \frac{1}{2} & \frac{1}{3} & \cdots & \frac{1}{n+2}\\ \vdots & \vdots & & \vdots\\ \frac{1}{n+1} & \frac{1}{n+2} & \cdots & \frac{1}{2n+1}\end{bmatrix}.$$

该矩阵称为 Hilbert 矩阵. 当 n 较大时，$\boldsymbol{H}$ 是病态矩阵，相应的方程组(9.4)为病态方程组. 和离散数据的最小二乘曲线拟合类似，为避免求解病态方程组，常常用正交多项式

来构造最佳平方逼近函数.

9.2 利用正交函数组作平方逼近

空间 $\Phi=\mathrm{Span}\{\varphi_0,\varphi_1,\cdots,\varphi_n\}$,其中的基函数 $\varphi_i(i=0,1,\cdots,n)$关于权函数 $\omega(x)>0$ 在$[a,b]$上正交,即

$$(\varphi_i,\varphi_j)=\int_a^b\omega(x)\varphi_i(x)\varphi_j(x)\mathrm{d}x=\begin{cases}0 & i\neq j,\\ \|\varphi_i\|_2^2 & i=j.\end{cases}\quad(i,j=0,1,\cdots,n)\tag{9.10}$$

则正规方程组(9.4)就退化为系数矩阵为对角阵的方程组,解为

$$C_k=C_k^*=\frac{(f,\varphi_k)}{(\varphi_k,\varphi_k)}\quad(k=0,1,\cdots,n).\tag{9.11}$$

如果 $\varphi_0,\varphi_1,\cdots,\varphi_n$ 还是规范正交基,即

$$\|\varphi_i\|_2^2=1\quad(i=0,1,\cdots,n),$$

则

$$C_k^*=(f,\varphi_k).$$

关于正交基函数 $\varphi_0,\varphi_1,\cdots,\varphi_n$ 的构造有很多途径,请查阅相关文献[1],[3],[6]等.

§10 傅里叶变换及快速傅里叶变换

实际问题中的振动是由不同频率、不同振幅的简谐振动叠加而成的,即一个复杂的波形可以分解为一系列的谐波. 物理学上有各种谐波分析的方法. 在数学上,波即为周期函数,此时用三角多项式来逼近更为合理. 本节主要讨论用三角多项式作最佳平方逼近和快速傅里叶变换(Fast Fourier Transform,简称 FFT 算法).

10.1 最佳平方三角逼近与离散傅里叶变换

设 $f(x)$是以 2π 为周期的平方可积函数,用三角多项式

$$S_n(x)=\frac{1}{2}a_0+a_1\cos x+b_1\sin x+\cdots+a_n\cos nx+b_n\sin nx\tag{10.1}$$

作 $f(x)$的最佳平方逼近函数,利用三角函数族$\{1,\cos x,\sin x,\cdots,\cos nx,\sin nx\}$在$[0,2\pi]$上的正交性,可得最佳逼近多项式 $S_n(x)$的系数为

$$a_k=\frac{1}{\pi}\int_0^{2\pi}f(x)\cos kx\,\mathrm{d}x\quad(k=0,1,\cdots,n),$$

$$b_k=\frac{1}{\pi}\int_0^{2\pi}f(x)\sin kx\,\mathrm{d}x\quad(k=1,2,\cdots,n).\tag{10.2}$$

与数学分析中的傅里叶级数相比较,公式(10.1)中的最佳平方逼近函数 $S_n(x)$正好

就是傅里叶级数截取前面 n 次三角多项式作成的部分和. 关于上述的最佳平方逼近，有如下收敛结论(证明略).

定理 10.1　若 $f(x)$在$[0,2\pi]$上平方可积，则形如(10.1)的最佳平方三角逼近函数收敛于 $f(x)$，即

$$\lim_{n\to\infty}\| f - S_n \|_2 = 0. \tag{10.3}$$

下面我们讨论离散情形下周期函数逼近问题. 若已知以 2π 为周期的函数 $f(x)$的 N 个观测值为

$$f\left(\frac{2\pi j}{N}\right)\quad (j=0,1,\cdots,N-1).$$

类似地，可以得到离散点集正交性与相应的离散傅里叶系数. 为简单起见，仅考虑奇数个点的情形，即

$$x_j=\frac{2\pi j}{2n+1}\quad (j=0,1,\cdots,2n), \tag{10.4}$$

相应的基函数空间为

$$M=\mathrm{Span}\{1,\cos x,\sin x,\cdots,\cos nx,\sin nx\}. \tag{10.5}$$

关于离散点集(10.4)，有如下正交性成立：

对 $k,l=0,1,\cdots,n$，

$$\sum_{j=0}^{2n}\cos(kx_j)\sin(lx_j)=0$$

$$\sum_{j=0}^{2n}\cos(kx_j)\cos(lx_j)=\begin{cases}0 & k\neq l,\\ \dfrac{2n+1}{2} & k=l\neq 0,\\ 2n+1 & k=l=0,\end{cases}$$

$$\sum_{j=0}^{2n}\sin(kx_j)\sin(lx_j)=\begin{cases}0 & k\neq l,k=l=0,\\ \dfrac{2n+1}{2} & k=l\neq 0.\end{cases}$$

则类似于最佳平方三角逼近，式(10.1)有 $f(x)$的最小二乘三角逼近

$$S_m(x)=\frac{1}{2}a_0+\sum_{j=0}^{m}(a_j\cos jx+b_j\sin jx)\quad (m<n). \tag{10.6}$$

这里

$$\begin{aligned}a_j&=\frac{2}{2n+1}\sum_{k=0}^{2n}f\left(\frac{2k\pi}{2n+1}\right)\cos\frac{2\pi kj}{2n+1}\quad (j=0,1,\cdots,n),\\ b_j&=\frac{2}{2n+1}\sum_{k=0}^{2n}f\left(\frac{2k\pi}{2n+1}\right)\sin\frac{2k\pi j}{2n+1}\quad (j=1,2,\cdots,n).\end{aligned} \tag{10.7}$$

注意，当 $m=n$ 时，式(10.6)被视为三角插值多项式，满足

$$S_n(x_j)=f(x_j)\quad (j=0,1,\cdots,2n).$$

更一般的情形即 $f(x)$是以 2π 为周期的复函数，已知 $f(x)$在区间$[0,2\pi]$上的 N 个等分点 $x_j=\dfrac{2\pi j}{N}(j=0,1,\cdots,N-1)$上的值 $f_j=f\left(\dfrac{2\pi j}{N}\right)$，用形如

$$S(x)=\sum_{k=0}^{n-1}C_k\mathrm{e}^{\mathrm{i}kx}\quad(n\leqslant N)\tag{10.8}$$

的函数作为 $f(x)$ 的最小二乘逼近函数. 这里 $\mathrm{e}^{\mathrm{i}kx}=\cos kx+\mathrm{i}\sin kx\,(\mathrm{i}=\sqrt{-1},k=0,1,\cdots,n-1)$. 而函数族 $\{1,\mathrm{e}^{\mathrm{i}x},\cdots,\mathrm{e}^{\mathrm{i}(N-1)x}\}$ 在区间 $[0,2\pi]$ 上正交. 又若将 $\mathrm{e}^{\mathrm{i}kx}$ 在节点 $x_j=\frac{2\pi}{N}j\,(j=0,1,\cdots,N-1)$ 上的值 $\mathrm{e}^{\mathrm{i}kx_j}$ 组成的向量记为

$$\boldsymbol{\phi}_k=(1,\mathrm{e}^{\mathrm{i}k\frac{2\pi}{N}},\cdots,\mathrm{e}^{\mathrm{i}k\frac{2\pi}{N}(N-1)})^{\mathrm{T}},$$

则当 $k=0,1,\cdots,N-1$ 时, N 个复合向量 $\boldsymbol{\phi}_0,\boldsymbol{\phi}_1,\cdots,\boldsymbol{\phi}_{N-1}$ 具有下面的正交性

$$(\boldsymbol{\phi}_s,\boldsymbol{\phi}_t)=\sum_{j=0}^{N-1}\mathrm{e}^{\mathrm{i}(s-t)\frac{2\pi}{N}j}=\begin{cases}0 & s\neq t,\\ N & s=t.\end{cases}\tag{10.9}$$

关于上述正交性,我们仅对公式(10.9)中 $s\neq t$ 的情形加以证明. 记

$$B=\sum_{j=0}^{N-1}\mathrm{e}^{\mathrm{i}(s-t)\frac{2\pi}{N}j},$$

B 为以 $\mathrm{e}^{\mathrm{i}(s-t)\frac{2\pi}{N}}$ 为公比的等比级数,由于 $0<|s-t|<N$,所以 $\mathrm{e}^{\mathrm{i}(s-t)\frac{\pi}{N}}\neq1$,因此,根据等比级数的求和公式有

$$B=\frac{1-[\mathrm{e}^{\mathrm{i}(s-t)\frac{2\pi}{N}}]^N}{1-\mathrm{e}^{\mathrm{i}(s-t)\frac{2\pi}{N}}}=\frac{1-1}{1-\mathrm{e}^{\mathrm{i}(s-t)\frac{2\pi}{N}}}=0.$$

根据正交性,我们就可以确定式(10.8)中的系数

$$C_k=\frac{1}{N}\sum_{j=0}^{N-1}f_j\mathrm{e}^{-\mathrm{i}kj\frac{2\pi}{N}}\quad(k=0,1,\cdots,N-1).\tag{10.10}$$

若 $n=N$,则式(10.8)确定的 $S(x)$ 为 $f(x)$ 在点 $x_k\,(k=0,1,\cdots,N-1)$ 上的三角插值函数,即满足 $S(x_k)=f_k=f(x_k)$,由式(10.8)得

$$f_j=\sum_{k=0}^{N-1}C_k\mathrm{e}^{\mathrm{i}k\frac{2\pi}{N}j}\quad(j=0,1,\cdots,N-1).\tag{10.11}$$

公式(10.10)及公式(10.11)是 C_k 及 f_j 这两组数据之间的一对互逆的变换关系,由 $\{f_j\}$ 求 $\{C_k\}$ 的过程称为 $f(x)$ 的**离散傅里叶变换**,简称 DFT;反过来,由 $\{C_k\}$ 求 $\{f_j\}$ 的过程称为**反变换**(或逆变换)。这两个变换是用计算机进行傅里叶分析的主要方法,在数字信号处理,光谱和声谱分析,全息技术等众多领域中都有广泛而重要的应用.

10.2　快速傅里叶变换

无论是从式(10.10)由 $\{f_j\}$ 求 $\{C_k\}$,还是从式(10.11)由 $\{C_k\}$ 求 $\{f_j\}$,理论上都是很简单的,只需做许多复数的加法和乘法运算,但在计算机上做实际计算时并不容易. 这是因为,用式(10.10)计算 C_k,需做 N 次复数乘法和 N 次复数除法,称为 N 个操作,计算全部 C_k 共需 N^2 个操作. 当 N 很大时,计算量是相当大的,即使是用高速计算机进行处理,也相当困难. 直到 20 世纪 60 年代,FFT 算法的出现使运算速度得以提高后,傅里叶变换才得到广泛的应用.

FFT 算法的基本思想就是要尽量减少乘法次数,例如计算 $ab+ac=a(b+c)$,左端做两次乘法,而右端仅做一次乘法. 在计算 C_k 的 N 个公式中,表面看需做 N^2 个乘法,实

际上所有$\exp(\mathrm{i}2\pi jk/N)$ $(k,j=0,1,\cdots,N-1)$中，只有 N 个不同的值$\exp(-\mathrm{i}2\pi j/N)$ $(j=0,1,\cdots,N-1)$.（计算 f_j 的公式类似）相同的进行合并，这就可以大大地减少运算次数. 特别是当 $N=2^p$ 时，减少次数更明显. 下面我们以 $N=8=2^3$ 为例，来推导 FFT 算法. 公式(10.10)及(10.11)都可统一为如下形式（注意 $N=2^3$）：

$$C_j=\sum_{k=0}^{7}a_k\omega^{jk}\quad(j=0,1,\cdots,7),\tag{10.12}$$

其中，$\omega=\exp(-\mathrm{i}2\pi/N)$（正变换时）或 $\omega=\exp(\mathrm{i}2\pi/N)$（反变换时）. $\{a_k\}$ $(k=0,1,\cdots,7)$是已知复数列.

设正整数 m 除以 N 的商和余数分别为 q,r，则 $m=qN+r$，称 r 为 m 的 N 同余数，记为 $m\overset{N}{=}r$. 由于 $\omega=\exp(\mathrm{i}2\pi/N)$，所以 $\omega^N=\mathrm{e}^{\mathrm{i}2\pi}=1$，故 $\omega^m=(\omega^N)^q\omega^r=\omega^r$. 当 $N=8$ 时，有 $\omega^0=\omega^8=\omega^{16}=1$（正变换时也有类似结论）.

将 k,j 用二进制表示为

$$k=k_2 2^2+k_1 2^1+k_0 2^0\overset{\triangle}{=\!=}(k_2,k_1,k_0),$$

$$j=j_2 2^2+j_1 2^1+j_0 2^0\overset{\triangle}{=\!=}(j_2,j_1,j_0),$$

其中，k_s,j_s $(s=0,1,2)$取 0 或 1，例如 $0=(0,0,0)$，$2=(0,1,0)$，$7=(1,1,1)$.

我们记

$$C_j=C(j_2,j_1,j_0),\quad a_k=a(k_2,k_1,k_0),$$

则式(10.12)就为

$$\begin{aligned}C(j_2,j_1,j_0)&=\sum_{k_0=0}^{1}\sum_{k_1=0}^{1}\sum_{k_2=0}^{1}a(k_2,k_1,k_0)\omega^{(j_2 2^2+j_1 2^1+j_0 2^0)(k_2 2^2+k_1 2^1+k_0 2^0)}\\&=\sum_{k_0=0}^{1}\left\{\sum_{k_1=0}^{1}\left[\sum_{k_2=0}^{1}a(k_2,k_1,k_0)\omega^{j_0(k_2,k_1,k_0)}\right]\omega^{j_1(k_1,k_0,0)}\right\}\omega^{j_2(k_0,0,0)}.\end{aligned}\tag{10.13}$$

记

$$\begin{cases}A_0(k_2,k_1,k_0)=a(k_2,k_1,k_0),\\ A_1(k_1,k_0,j_0)=\displaystyle\sum_{k_2=0}^{1}A_0(k_2,k_1,k_0)\omega^{j_0(k_2,k_1,k_0)},\\ A_2(k_0,j_1,j_0)=\displaystyle\sum_{k_1=0}^{1}A_1(k_1,k_0,j_0)\omega^{j_1(k_1,k_0,0)},\\ A_3(j_2,j_1,j_0)=\displaystyle\sum_{k_0=0}^{1}A_2(k_0,j_1,j_0)\omega^{j_2(k_0,0,0)}.\end{cases}\tag{10.14}$$

则式(10.13)就为

$$C(j_2,j_1,j_0)=A_3(j_2,j_1,j_0).$$

将每个 C_j 的计算分成三步（A_0 已知），用公式(10.14)来进行计算. 计算每个 A_q $(q=1,2,3)$仅用两次复数乘法（$k_i=0,1$），那么计算每个 C_j 用 2×3 次复数乘法，计算全部 C_j $(j=0,1,\cdots,7)$共用 $2\times3\times8$ 次复数乘法. 又注意到 $\omega^{j_0 2^{p-1}}=\omega^{j_0 N/2}=(-1)^{j_0}$（因

为 $N=2^p$,此处 $p=3$),公式(10.14)还可进一步简化为

$$\begin{aligned}A_1(k_1,k_0,j_0) &= \sum_{k_2=0}^{1} A_0(k_2,k_1,k_0)\omega^{j_0(k_2,k_1,k_0)} \\ &= A_0(0,k_1,k_0)\omega^{j_0(0,k_1,k_0)} + A_0(1,k_1,k_0)\omega^{j_0(1,k_1,k_0)} \\ &= A_0(0,k_1,k_0)\omega^{j_0(0,k_1,k_0)} + A_0(1,k_1,k_0)\omega^{j_0 2^2}\omega^{j_0(0,k_1,k_0)} \\ &= [A_0(0,k_1,k_0) + (-1)^{j_0}A_0(1,k_1,k_0)]\omega^{j_0(0,k_1,k_0)}.\end{aligned}$$

则

$$\begin{aligned}A_1(k_1,k_0,0) &= A_0(0,k_1,k_0) + A_0(1,k_1,k_0), \\ A_1(k_1,k_0,1) &= [A_0(0,k_1,k_0) - A_0(1,k_1,k_0)]\omega^{(0,k_1,k_0)}.\end{aligned}$$

将表达式中的二进制表示还原为十进制表示:记 $k=(0,k_1,k_0)=k_1 2^1+k_0 2^0$,即 $k=0,1,2,3$,那么 $2k=k_1 2^2+k_0 2^1=(k_1,k_0,0)$,$2k+1=(k_1,k_0,1)$,$k+2^2=(1,k_1,k_0)$,则有

$$\begin{cases}A_1(2k) = A_0(k) + A_0(k+2^2), \\ A_1(2k+1) = [A_0(k) - A_0(k+2^2)]\omega^k, \\ k = 0,1,2,3.\end{cases} \tag{10.15}$$

类似地,式(10.14)中的 A_2 也可做如下简化:

$$A_2(k_0,j_1,j_0) = [A_1(0,k_0,j_0) + (-1)^{j_1}A_1(1,k_0,j_0)]\omega^{j_1(0,k_0,0)},$$

则

$$\begin{aligned}A_2(k_0,0,j_0) &= A_1(0,k_0,j_0) + A_1(1,k_0,j_0), \\ A_2(k_0,1,j_0) &= [A_1(0,k_0,j_0) - A_1(1,k_0,j_0)]\omega^{(0,k_0,0)}.\end{aligned}$$

还原为十进制表示,得

$$\begin{cases}A_2(k2^2+j) = A_1(2k+j) + A_1(2k+j+2^2), \\ A_2(k2^2+j+2) = [A_1(2k+j) - A_1(2k+j+2^2)]\omega^{2k}, \\ k = 0,1, j = 0,1.\end{cases} \tag{10.16}$$

同样,式(10.14)中的 A_3 也可做如下简化:

$$A_3(j_2,j_1,j_0) = A_2(0,j_1,j_0) + (-1)^{j_2}A_2(1,j_1,j_0),$$

则

$$\begin{aligned}A_3(0,j_1,j_0) &= A_2(0,j_1,j_0) + A_2(1,j_1,j_0), \\ A_3(1,j_1,j_0) &= A_2(0,j_1,j_0) - A_2(1,j_1,j_0).\end{aligned}$$

还原为十进制表示,得

$$\begin{cases}A_3(j) = A_2(j) + A_2(j+2^2), \\ A_3(j+2^2) = A_2(j) - A_2(j+2^2), \\ j = 0,1,2,3.\end{cases} \tag{10.17}$$

根据公式(10.15),(10.16),(10.17),由 $A_0(k)=a(k)=a_k(k=0,1,\cdots,7)$ 逐次计算到 $A_3(j)$,就求得 $C_j(j=0,1,\cdots,7)$。

上述过程是对 $N=2^3$ 进行推导的,该过程还可类似地推广到 $N=2^p$(N 应充分大,这样才不至于丢失太多高频部分,计算结果才更好)的情形,其 FFT 算法如下:

$$\begin{cases}A_q(k2^q+j)=A_{q-1}(k2^{q-1}+j)+A_{q-1}(k2^{q-1}+j+2^{p-1}),\\A_q(k2^q+j+2^{q-1})=[A_{q-1}(k2^{q-1}+j)],\\q=1,2,\cdots,p;k=0,1,\cdots,2^{p-q}-1;j=0,1,\cdots,2^{q-1}-1.\end{cases}\tag{10.18}$$

计算公式(10.18)仅有二重循环:第一重循环 $q=1,2,\cdots,p$;第二重循环 $k=0,1,\cdots,2^{p-q}-1,j=0,1,\cdots,2^{q-1}-1$. 由该公式可知,每计算一个 A_q 共需 $2^{p-q}\cdot2^{q-1}=2^{p-1}=N/2(N=2^p)$ 次复数乘法;而计算 A_p 时,$p=q,k$ 取 $2^{p-q}-1=0$,所以 $\omega^{k2^{p-1}}=(\omega^{N/2})^0=1$,故共需 $(p-1)N/2$ 次复数乘法,比直接利用公式(10.12)(需 N^2 次复数乘法)快得多. 例如,当 $N=2^{12}$ 时,两种算法的计算量比值为 $N:(p-1)/2\approx744.7$. 式(10.18)的计算步骤如下(见参考文献[1]):

(1)给定数组 $A_1(N),A_2(N)$ 及 $\omega(N/2)$;

(2)将已知的节点组 $\{x_k\}(k=0,1,\cdots,N-1)$ 依次输入到数组 $A_1(N)$;

(3)for $m=0$ to $\left(\frac{N}{2}-1\right)$,计算 $\omega^m=\exp\left(-\mathrm{i}\frac{2\pi}{N}m\right)$ 或 $\omega^m=\exp\left(\mathrm{i}\frac{2\pi}{N}m\right)$ 并存放在数组 $\omega(m)$ 中;

(4)for $q=1$ to p,若 q 为奇数,则转(5),否则转(6);

(5)for $k=0$ to $(2^{p-q}-1)$,$j=0$ to $(2^{q-1}-1)$,计算

$$A_2(k2^q+j)=A_1(k2^{q-1}+j)+A_1(k2^{q-1}+j+2^{p-1}),$$

$$A_2(k2^q+j+2^{q-1})=[A_1(k2^{q-1}+j)-A_1(k2^{q-1}+j+2^{q-1})]\omega^{k2^{q-1}},$$

转(7);

(6)for $k=0$ to $(2^{p-q}-1)$,$j=0$ to 2^{q-1},计算

$$A_1(k2^q+j)=A_2(k2^{q-1}+j)+A_2(k2^{q-1}+j+2^{p-1}),$$

$$A_1(k2^q+j+2^{q-1})=[A_2(k2^{q-1}+j)-A_2(k2^{q-1}+j+2^{p-1})]\omega^{k2^{q-1}},$$

转(7);

(7)若 $p=q$ 转(8),否则 $q\leftarrow q+1$ 转(4);

(8)q 循环结束,若 p 为偶数,将 $A_1(j)\rightarrow A_2(j)$,则 $C_j=A_2(j)(j=0,1,\cdots,N-1)$ 即为所求.

小结

本章重点讲述了函数的插值与逼近,函数的插值是数值微积分、函数逼近、微分方程数值解等的重要基础. 其基本内容包括 Lagrange 插值、逐次线性插值(Aitken 算法及 Neville 算法)、Newton 插值(均差型及等距节点的差分型)、Hermite 插值等. 实际应用时,由于高次插值多项式不一定一致收敛于被插值函数,且往往产生较大的误差(导致数值不稳定)等原因,因而通常采用分段低次插值,如分段线性插值、分段 Hermite 插值以及三次样条插值等. 还有一些在工程应用中比较重要的函数如 B 样条等,可查阅参考文献[2]. 函数的逼近是计算数学的重要研究内容,本章介绍了连续函数的逼近,包括连续函数的最佳一致逼近和最佳平方逼近,以及离散情形的函数逼近,包括最小二乘曲线拟合及离散傅里叶变换,这两类方法都与最佳平方逼近有密切的联系.

习　题

1. (1)设 $x_0,x_1,\cdots,x_{n-1}$ 为互异节点，$\omega_0(x)=1,\omega_k(x)=(x-x_0)(x-x_1)\cdot\cdots\cdot(x-x_{k-1})$，证明 $\{\omega_k(x)\}(k=0,1,\cdots,n)$ 线性无关；

(2)设 $x_j(j=0,1,\cdots,n)$ 为互异节点，$l_j(x)$ 为相应于 x_j 点的 n 次 Lagrange 插值基函数，试证明 $\{l_j(x)\}(j=0,1,\cdots,n)$ 线性无关。

2. 设 $x_j(j=0,1,\cdots,n)$ 为互异节点，试证明：

(1) $\sum\limits_{j=0}^{n}x_j^k l_j(x)\equiv x^k(k=0,1,\cdots,n)$；

(2) $\sum\limits_{j=0}^{n}(x_j-x)^k l_j(x)\equiv 0(k=1,2,\cdots,n)$.

3. 给定 $f(x)=\sqrt{x}$ 在 $x=100,x=121,x=144$ 三点处的值，试以这三点建立 $f(x)$ 的二次插值多项式，并以此求 $\sqrt{115}$ 的近似值，导出误差估计. 用其中的任意两点构造线性插值函数，以此计算 $\sqrt{115}$ 的近似值，并分析结果不同的原因.

4. 设 $f(x)\in C^2[a,b]$，且 $f(a)=f(b)=0$，试证明：

$$\max_{a\leqslant x\leqslant b}|f(x)|\leqslant\frac{1}{8}(b-a)^2\max_{a\leqslant x\leqslant b}|f''(x)|.$$

5. 设给出 $\sin x$ 在 $[-\pi,\pi]$ 上的等距节点函数表，若用分段二次插值进行计算，要使截断误差不超过 10^{-5}，问函数表的步长 h 最大能取多少？

6. 假定 $0<a=x_0<\cdots<x_1<\cdots<x_n=b$，对函数

(1) $f(x)=\dfrac{1}{x}$，(2) $f(x)=\mathrm{e}^x$，(3) $f(x)=x^3\mathrm{e}^x$，

求 n 阶均差 $f[x_0,x_1,\cdots,x_n]$.

7. 设 $f(x)=a_nx^n+a_{n-1}x^{n-1}+\cdots+a_1x+a_0$ 有 n 个不同的实根 $x_1,x_2,\cdots,x_n$，试证明：

$$\sum_{j=1}^{n}\frac{x_j^k}{f'(x_j)}=\begin{cases}0 & 0\leqslant k\leqslant n-2,\\ a_n^{-1} & k=n-1.\end{cases}$$

8. 利用 Aitken 算法以 $f(x)=3^x$ 来计算 $\sqrt{3}$ 的近似值，节点为 $x_0=-2,x_1=-1,x_2=0,x_3=1,x_4=2$.

9. 设 $f(x)=x^2\mathrm{e}^x\cos x$，节点 $x_0=-1.0,x_1=-0.9,x_2=-0.8,x_3=-0.7,x_4=-0.6$. 利用 Neville 算法来计算 $f(-0.78)$ 的近似值(取 6 位有效数字).

10. 设 $f(x)=\dfrac{1}{a-x}$，试证明：

(1) $f[x_0,x_1,\cdots,x_n]=\dfrac{1}{(a-x_0)(a-x_1)\cdot\cdots\cdot(a-x_n)}$；

(2) $\frac{1}{a-x}=\frac{1}{a-x_0}+\frac{x-x_0}{(a-x_0)(a-x_1)}+\cdots+\frac{(x-x_0)\cdot\cdots\cdot(x-x_n)}{(a-x_0)\cdot\cdots\cdot(a-x_n)(a-x)}$.

11. 用 Lagrange 插值和 Newton 插值构造经过点$(-3,-1)$,$(0,2)$,$(3,-2)$,$(6,10)$的三次插值多项式.

12. 求一个次数不高于 4 次的多项式 $p(x)$,使其满足$p(0)=p'(0)=0$,$p(1)=p'(1)=1$,$p(2)=1$.

13. 过 0,1 两点构造一个三次 Hermite 插值多项式 $H(x)$,使其满足

$$H(0)=1,\quad H'(0)=\frac{1}{2},\quad H(1)=2,\quad H'(1)=\frac{1}{2}.$$

14. 给出 $f(x)=\ln x$ 的函数表如下,造出差分表,用线性插值及二次插值计算 $\ln 0.54$的近似值.

x	0.4	0.5	0.6	0.7	0.8
$\ln x$	−0.916291	−0.693147	−0.510826	−0.356675	−0.223144

15. 证明:

(1) $\sum_{j=0}^{n-1}\Delta^2 y_j=\Delta y_n-\Delta y_0$;

(2) $\Delta(f_k g_k)=f_k\Delta g_k+g_{k+1}\Delta f_k$.

16. 证明 n 阶均差具有如下性质:

(1)若 $g(x)=Cf(x)$,则

$$g[x_0,x_1,\cdots,x_n]=Cf[x_0,x_1,\cdots,x_n];$$

(2)若 $g(x)=f_1(x)+f_2(x)$,则

$$g[x_0,x_1,\cdots,x_n]=f_1[x_0,x_1,\cdots,x_n]+f_2[x_0,x_1,\cdots,x_n].$$

17. 设 $f(x)=\frac{1}{1+x^2}$,在区间$[-5,5]$上取等分数 $n=10$,构造分段线性插值函数 $I_h(x)$,并计算两相邻节点中点处的 $I_h(x)$的值,与 $f(x)$做比较.

18. 求下列方程组的最小二乘解.

$$\begin{cases} x_1+2x_2=4, \\ 2x_1+x_2=5, \\ 2x_1+2x_2=6, \\ -x_1+2x_2=2, \\ 3x_1-x_2=4. \end{cases}$$

19. 给出数据

x	−0.5	−0.25	0	0.25	0.5
y	0.8826	1.4392	2.0003	2.5645	3.1334

用一次和二次多项式及最小二乘原理拟合这组数据.

20. 观测物体的直线运动,得到以下数据:

t(s)	0	0.9	1.9	3.0	3.9	5.0
s(m)	0	10	30	51	80	111

求运动方程.

21. 设$M_3=\mathrm{Span}\{1,x^2,x^4\}$,在$M_3$中求$f(x)=|x|$在$[-1,1]$上的最佳平方逼近多项式.

22. 单原子波函数的形式为$y=a\mathrm{e}^{-bx}$,试用最小二乘原理及如下数据确定参数a,b.

x	0	1	2	4
y	2.010	1.210	0.740	0.450

23. 用三次样条函数$s(x)$去模拟汽车门的曲线,汽车门曲线的型值点数据如下:

x_i	0	1	2	3	4	5	6	7	8	9	10
y_i	2.51	3.30	4.04	4.70	5.22	5.54	5.78	5.40	5.57	5.70	5.80

边界条件为$y_0{}'=0.8$,$y_{10}{}'=0.2$.(可画出图形)

24. 构造三次样条函数$s(x)$去模拟一只飞鸟外形的上部,测得的数据如下:

x_i	0.9	1.3	1.9	2.1	2.6	3.0	3.9	4.4	4.7	5.0	6.0	7.0	8.0	9.2
y_i	1.3	1.5	1.85	2.1	2.6	2.7	2.4	2.15	2.05	2.1	2.25	2.3	2.25	1.95
x_i	10.5	11.3	11.6	12.0	12.6	13.0	13.3							
y_i	1.4	0.9	0.7	0.6	0.5	0.4	0.25							

边界条件为自然边界条件,即$s''(0.9)=s''(13.3)=0$.(可画出图形)

25. 区间$[0,2]$上的三次自然样条定义如下:

$$s(x)=\begin{cases}s_0(x)=1+2x-x^3 & (0\leqslant x<1),\\ s_1(x)=2+b(x-1)+c\,(x-1)^2+d\,(x-1)^3 & (1\leqslant x<2).\end{cases}$$

求参数b,c,d.

26. 给出一组记录$\{x_k\}=(4,3,2,1,0,1,2,3)$,用 FFT 算法求$\{x_k\}$的离散频谱$\{c_k\}$ $(k=0,1,\cdots,7)$.

第三章　数值积分与数值微分

在微积分学中，函数 $f(x)$ 的积分与微分是用极限来定义的，在理论上已得到圆满解决. 而在实际问题中，计算函数 $f(x)$ 的积分与微分时就会遇到困难，例如常见的是当 $f(x)$ 由一组测量数据给出时，微积分学中的求导与求积公式就不能使用了，此时必须借助数值积分与数值微分方法.

本章先介绍数值积分的常见方法，然后介绍数值微分的基本方法.

§1　数值积分的基本概念

在微积分学中，对于定积分

$$I = \int_a^b f(x)\mathrm{d}x,$$

若被积函数 $f(x)$ 的原函数为 $F(x)$，则根据 Newton-Leibniz 公式有

$$\int_a^b f(x)\mathrm{d}x = F(b) - F(a).$$

而在实际问题中，往往会遇到如下困难：

(1) 被积函数 $f(x)$ 的原函数无法用初等函数来表示，如 $\frac{\sin x}{x}$，$\sin x^2$ 等；

(2) 函数 $f(x)$ 是由一组数据给出的；

(3) 虽然找到了原函数，但因表达式过于复杂而不便于计算；

(4) 在科学与工程计算中，用 Newton-Leibniz 公式进行准确积分时，通过编程在计算机上实现速度很慢.

基于上述原因，有必要研究定积分的数值计算问题.

1.1　数值求积的基本思想

微积分学中定积分的定义为

$$\int_a^b f(x)\mathrm{d}x = \lim_{\substack{n\to\infty \\ \max\Delta x_k\to 0}} \sum_{k=1}^{n} \Delta x_k f(x_k),$$

此处的 Δx_k 是$[a,b]$的第 k 个分割小区间的长度($[a,b]$被分割为 n 个小区间),它与 $f(x)$无关.我们可用 $\sum\limits_{k=1}^{n}\Delta x_k f(x_k)$ 来作为准确积分的一个近似,即

$$\int_a^b f(x)\mathrm{d}x \approx \sum_{k=1}^{n}\Delta x_k f(x_k).$$

在该近似公式中,准确积分就转化为 $f(x)$在某些节点处函数值的加权平均而近似得到,将该公式进一步推广,得更一般的公式

$$\int_a^b f(x)\mathrm{d}x \approx \sum_{k=0}^{n} A_k f(x_k). \tag{1.1}$$

其中,x_k 称为**求积节点**,A_k 称为**求积系数**(也称为相应于 x_k 的权). A_k 仅与 x_k 的选取有关,与 $f(x)$的具体形式无关.这类数值积分的方法通常称为**机械求积法**,其优点就是将定积分的计算归结为函数值的计算,这样就克服了 Newton-Leibniz 公式需求原函数的困难.

1.2 代数精度的概念

数值求积方法是近似方法,其准确程度是研究的重要问题,为此,引入代数精度的概念来衡量数值求积公式的准确程度.

定义 1.1 若某个求积公式对于次数不超过 m 的代数多项式都能精确成立,但对 $m+1$ 次代数多项式不一定精确成立,则称该求积公式具有 m 次**代数精度**.

确定代数精度可按如下过程进行:

要使求积公式(1.1)具有 m 次代数精度,只要令 $f(x)=1,x,x^2,\cdots,x^m$ 都能精确成立(因为任意的 m 次代数多项式可由 $1,x,x^2,\cdots,x^m$ 线性表出),即要求

$$\begin{cases} \sum\limits_{k=0}^{n} A_k = b-a, \\ \sum\limits_{k=0}^{n} A_k x_k = \dfrac{1}{2}(b^2-a^2), \\ \cdots\cdots\cdots\cdots\cdots\cdots \\ \sum\limits_{k=0}^{m} A_k x_k^m = \dfrac{1}{m+1}(b^{m+1}-a^{m+1}). \end{cases} \tag{1.2}$$

实际上,代数精度这一概念将在后面讲述的构造数值求积方法中起重要作用.

为构造形如(1.1)的求积公式,其基本原则即是如何确定求积节点 x_k 和求积系数 A_k 的代数问题.例如,给定节点 x_k,取 $m=n$ 求解方程组(1.2)即可确定求积系数 A_k,使得求积公式(1.1)具有 n 次代数精度.

1.3 插值型求积公式

设给定一组节点 $a\leqslant x_0<x_1<\cdots<x_n\leqslant b$,且已知函数 $f(x)$在这些节点上的值 $f(x_k)(k=0,1,\cdots,n)$,根据 Lagrange 插值,可得 $f(x)$的 n 次插值多项式$L_n(x)=$

$\sum_{k=0}^{n} f(x_k)l_k(x)$，用 $L_n(x)$ 在 $[a,b]$ 上的积分 I_n 来代替（或近似）准确积分 $I = \int_a^b f(x)\mathrm{d}x$，就可得一类数值积分公式，称为**插值型求积公式**，

$$I_n = \sum_{k=0}^{n} A_k f(x_k). \tag{1.3}$$

其中，求积系数 A_k 通过插值基函数 $l_k(x)$ 积分求得，即

$$A_k = \int_a^b l_k(x)\mathrm{d}x. \tag{1.4}$$

根据插值多项式的余项，可得插值型求积公式(1.3)的余项为

$$R(f) = I - I_n = \int_a^b [f(x) - L_n(x)]\mathrm{d}x = \int_a^b \frac{f^{(n+1)}(\xi)}{(n+1)!}\omega_{n+1}(x)\mathrm{d}x. \tag{1.5}$$

关于插值型求积公式有如下结论.

定理 1.1　形如(1.3)的求积公式至少具有 n 次代数精度的充要条件为该求积公式是插值型的.

证明：充分性　若求积公式(1.3)是插值型的，根据余项式(1.5)可知，对于 $f(x)$ 为次数不超过 n 的多项式，其余项 $R(f)=0$，故该求积公式至少具有 n 次代数精度.

必要性　由求积公式(1.3)至少具有 n 次代数精度可知，对于 n 次 Lagrange 插值基函数 $l_k(x)$ 应精确成立，即有

$$\int_a^b l_k(x)\mathrm{d}x = \sum_{j=0}^{n} A_j l_k(x_j).$$

注意到 $l_k(x_j)=\delta_{kj}$，上式右端就等于 A_k，即

$$A_k = \int_a^b l_k(x)\mathrm{d}x,$$

故该公式此时是插值型求积公式.

注：该定理说明对于积分 $\int_a^b f(x)\mathrm{d}x$，只要求积节点 x_k 以及这些节点处的函数值 $f(x_k)(k=0,1,\cdots,n)$ 已知，则具有 n 次代数精度的求积公式一定存在，而且其求积系数 $A_k = \int_a^b l_k(x)\mathrm{d}x$ 与 $f(x)$ 无关，仅与求积节点有关，也即求积系数 A_k 可与 $f(x)$ 无关而独立预先求得. 当然给出求积系数表，应事先对节点做某些限制，这就是下节要讨论的问题.

§2 等距节点求积公式

2.1 Newton-Cotes 公式

Ⅰ Newton-Cotes 公式

设将求积区间$[a,b]$分为 n 等份,步长 $h=\frac{b-a}{n}$,选取等距节点 $x_k=a+kh(k=0,1,\cdots,n)$,构造插值型求积公式为

$$I_n=(b-a)\sum_{k=0}^{n}c_k^{(n)}f(x_k), \tag{2.1}$$

称作 Newton-Cotes **公式**. 式中,$c_k^{(n)}$ 称作 Cotes 系数. 引进变换 $x=a+th$,则有

$$c_k^{(n)}=\frac{h}{b-a}\int_0^n\prod_{\substack{j=0\\j\neq k}}^{n}\frac{t-i}{k-j}\mathrm{d}t=\frac{(-1)^{n-k}}{nk!(n-k)!}\int_0^n\prod_{\substack{j=0\\j\neq k}}^{n}(t-j)\mathrm{d}t. \tag{2.2}$$

其中,$c_k^{(n)}$ 与公式(1.4)中的 A_k 有如下对应关系:

$$A_k=(b-a)c_k^{(n)}. \tag{2.3}$$

实际上,式(2.3)可根据式(1.3)及变换 $x=a+th$ 和式(2.2)导出.

公式(2.2)是关于多项式的积分,Cotes 系数的计算较为简单.

当 $n=1$ 时,

$$c_0^{(1)}=c_1^{(1)}=\frac{1}{2},$$

对应的求积公式即为**梯形公式**,即

$$I_1\triangleq T=\frac{b-a}{2}[f(a)+f(b)]. \tag{2.4}$$

其几何意义如图 3-1 所示,即利用$[a,b]$上的直线 $L_1(x)$的积分近似代替准确积分 I.

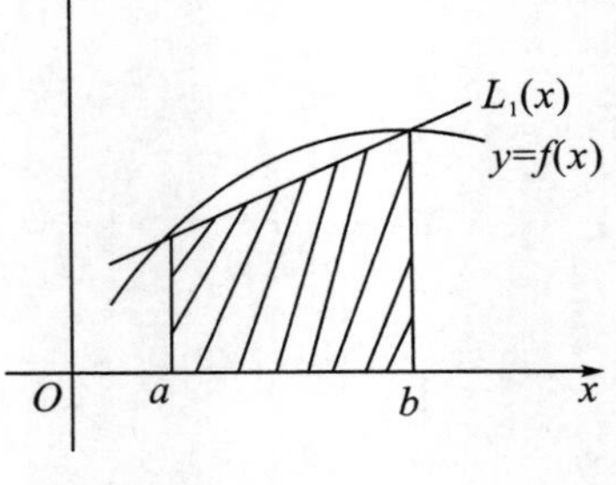

图 3-1

当 $n=2$ 时,Cotes 系数为

$$c_0^{(2)}=\frac{1}{6},\quad c_1^{(2)}=\frac{4}{6},\quad c_2^{(2)}=\frac{1}{6},$$

相应的求积公式称作 Simpson **公式**，即

$$I_2 \triangleq S=\frac{b-a}{6}\left[f(a)+4f\left(\frac{a+b}{2}\right)+f(b)\right]. \tag{2.5}$$

当 $n=4$ 时，Newton-Cotes 公式称为 Cotes **公式**，其具体形式为

$$I_4 \triangleq C=\frac{b-a}{90}[7f(x_0)+32f(x_1)+12f(x_2)+32f(x_3)+7f(x_4)], \tag{2.6}$$

其中，$x_k=a+kh, h=\frac{b-a}{4}$.

下面列出 Cotes 系数表开头的一部分.

表 3.1

n	$c_k^{(n)}$								
1	$\frac{1}{2}$	$\frac{1}{2}$							
2	$\frac{1}{6}$	$\frac{2}{3}$	$\frac{1}{6}$						
3	$\frac{1}{8}$	$\frac{3}{8}$	$\frac{3}{8}$	$\frac{1}{8}$					
4	$\frac{7}{90}$	$\frac{16}{45}$	$\frac{2}{15}$	$\frac{16}{45}$	$\frac{7}{90}$				
5	$\frac{19}{288}$	$\frac{25}{96}$	$\frac{25}{144}$	$\frac{25}{144}$	$\frac{25}{96}$	$\frac{19}{288}$			
6	$\frac{41}{840}$	$\frac{9}{35}$	$\frac{9}{280}$	$\frac{34}{105}$	$\frac{9}{280}$	$\frac{9}{35}$	$\frac{41}{840}$		
7	$\frac{751}{17280}$	$\frac{3577}{17280}$	$\frac{1323}{17280}$	$\frac{2989}{17280}$	$\frac{2989}{17280}$	$\frac{1323}{17280}$	$\frac{3577}{17280}$	$\frac{751}{17280}$	
8	$\frac{989}{28350}$	$\frac{5888}{28350}$	$\frac{-928}{28350}$	$\frac{10496}{28350}$	$\frac{-4540}{28350}$	$\frac{10496}{28350}$	$\frac{-928}{28350}$	$\frac{5888}{28350}$	$\frac{989}{28350}$

Cotes 系数有如下性质：

(1) $\sum_{k=0}^{n} c_k^{(n)}=1.$ (2.7)

该性质可由式(1.2)的第一个等式及 $c_k^{(n)}$ 与 A_k 的关系式(2.3)得到.

(2)对称性 $c_k^{(n)}=c_{n-k}^{(n)}$. (2.8)

该性质利用 $c_k^{(n)}$ 的表达式，并作代换 $u=n-t$，即可得证.

$$c_k^{(n)}=\frac{(-1)^{n-k}}{nk!(n-k)!}\int_0^n t(t-1)\cdot\cdots\cdot(t-k+1)(t-k-1)\cdot\cdots\cdot(t-n)\mathrm{d}t$$

$$=\frac{(-1)^{n-(n-k)}}{n(n-k)!k!}\int_0^n u(u-1)\cdot\cdots\cdot[u-(n-k)+1]\cdot[u-(n-k)-1]\cdot\cdots\cdot$$

$$(u-n)\mathrm{d}u$$

$= c_{n-k}^{(n)}$.

(3)Cotes 系数有正有负.

注:从表 3.1 看到,$n=8$ 时,Cotes 系数有正有负,实际计算时将使舍入误差增大,稳定性得不到保证,因而,一般不用高阶的 Newton-Cotes 公式.这与第二章函数的插值中一般不用高次Lagrange插值在本质上是一致的.

Ⅱ 偶数阶求积公式的代数精度

由定理 1.1 知,作为插值型的求积公式,n 阶 Newton-Cotes 公式至少具有 n 次代数精度.那么,实际的代数精度是否可提高呢?

我们先来看二阶 Newton-Cotes 公式即 Simpson 公式(2.5),它至少具有二次代数精度,又当取 $f(x)=x^3$ 时,由 Simpson 公式得

$$S=\frac{b-a}{6}\left[a^3+4\left(\frac{a+b}{2}\right)^3+b^3\right]=\frac{1}{4}(b^4-a^4),$$

与准确积分 $I=\int_a^b x^3\mathrm{d}x=\frac{1}{4}(b^4-a^4)$ 相等,这就说明 Simpson 公式至少具有三次代数精度.进一步取 $f(x)=x^4$ 时,S 一般不等于 I,则 Simpson 公式只具有三次代数精度.

一般地,有如下结论成立.

定理 2.1 当 n 为偶数时,Newton-Cotes 公式(2.1)至少具有 $n+1$ 次代数精度.

证明:仅需验证当 n 为偶数时,Newton-Cotes 公式对于函数 $f(x)=x^{n+1}$,余项 $R(f)=0$.

由余项式(1.5)及 $f^{(n+1)}(x)=(n+1)!$ 可得

$$R(f)=\int_a^b\prod_{j=0}^n(x-x_j)\mathrm{d}x,$$

引入变换 $x=a+th$,并注意到 $x_j=a+jh(j=0,1,\cdots,n)$,则

$$R(f)=h^{n+2}\int_0^n\prod_{j=0}^n(t-j)\mathrm{d}t,$$

若 n 为偶数,则$\frac{n}{2}$为整数,又令 $t=u+\frac{n}{2}$,则有

$$R[f]=h^{n+2}\int_{-\frac{n}{2}}^{\frac{n}{2}}\prod_{j=0}^n\left(u+\frac{n}{2}-j\right)\mathrm{d}u,$$

若记上式中的被积函数为

$$\begin{aligned}F(u)&=\prod_{j=0}^n\left(u+\frac{n}{2}-j\right)\\&=\left(u+\frac{n}{2}\right)\left(u+\frac{n}{2}-1\right)\cdot\cdots\cdot(u+1)u(u-1)\cdot\cdots\cdot\left(u-\frac{n}{2}+1\right)\left(u-\frac{n}{2}\right)\\&=\left[u^2-\left(\frac{n}{2}\right)^2\right]\left[u^2-\left(\frac{n}{2}-1\right)^2\right]\cdot\cdots\cdot(u^2-1)u,\end{aligned}$$

则 $F(-u)=-F(u)$,即 $F(u)$是奇函数,故 $R(f)=0$.

应当指出,实际计算时,考虑到计算量和稳定性的问题,一般使用低阶求积公式,而常用的低阶 Newton-Cotes 公式有梯形公式($n=1$),Simpson 公式($n=2$)以及 Cotes 公式

($n=4$)三种.

Ⅲ　几种低阶求积公式的余项

(1)梯形公式.

梯形公式(2.4)的余项为

$$R_T=I-T=\int_a^b \frac{f''(\xi)}{2!}(x-a)(x-b)\mathrm{d}x \quad \xi\in[a,b]$$

由于$(x-a)(x-b)$在$[a,b]$上“保号”(非正),若假设$f(x)\in C^2[a,b]$,根据积分中值定理可得

$$R_T=\frac{f''(\eta)}{2}\int_a^b (x-a)(x-b)\mathrm{d}x=-\frac{f''(\eta)}{12}(b-a)^3 \quad \eta\in[a,b]. \tag{2.9}$$

(2)Simpson 公式.

因为 Simpson 公式具有三次代数精度,此时利用余项式(1.5)不能完全反映该公式的误差,所以得寻找其他途径.为此构造次数不超过 3 的多项式$H(x)$,满足插值条件

$$\begin{gathered}H(a)=f(a),\quad H(b)=f(b),\\ H\left(\frac{a+b}{2}\right)=f\left(\frac{a+b}{2}\right),\quad H'\left(\frac{a+b}{2}\right)=f'\left(\frac{a+b}{2}\right),\end{gathered} \tag{2.10}$$

而 Simpson 公式对任意的三次多项式都精确成立,那么对$H(x)$也如此,于是有

$$\begin{aligned}\int_a^b H(x)\mathrm{d}x&=\frac{b-a}{6}\left[H(a)+4H\left(\frac{a+b}{2}\right)+H(b)\right]\\&=\frac{b-a}{6}\left[f(a)+4f\left(\frac{a+b}{2}\right)+f(b)\right]\\&=S.\end{aligned}$$

余项$R_S=I-S=\int_a^b[f(x)-H(x)]\mathrm{d}x$.根据第二章插值理论不难得出满足条件(2.10)的$H(x)$的插值余项为

$$f(x)-H(x)=\frac{f^{(4)}(\xi)}{4!}(x-a)\left(x-\frac{a+b}{2}\right)^2(x-b),$$

所以

$$R_S=\int_a^b \frac{f^{(4)}(\xi)}{4!}(x-a)\left(x-\frac{a+b}{2}\right)^2(x-b)\mathrm{d}x.$$

而$(x-a)\left(x-\frac{a+b}{2}\right)^2(x-b)$在$[a,b]$上“保号”(非正)且可积,若再假设$f(x)\in C^4[a,b]$,则根据积分中值定理有

$$\begin{aligned}R_S&=\frac{f^{(4)}(\eta)}{4!}\int_a^b (x-a)\left(x-\frac{a+b}{2}\right)^2(x-b)\mathrm{d}x\\&=-\frac{b-a}{180}\left(\frac{b-a}{2}\right)^4 f^{(4)}(\eta) \quad \eta\in[a,b].\end{aligned} \tag{2.11}$$

(3)Cotes 公式.

Cotes 公式具有五次代数精度,这里仅列出其余项

$$R_C = I - C = -\frac{2(b-a)}{945}\left(\frac{b-a}{4}\right)^6 f^{(6)}(\eta) \quad \eta \in [a,b]. \tag{2.12}$$

Ⅳ Newton-Cotes 公式的数值稳定性

所谓数值稳定性,是指讨论舍入误差对计算结果产生的影响. 假设计算函数值 $f(x_k)$ 有舍入误差 ε_k 出现,Newton-Cotes 公式(2.1)的右端

$$(b-a)\sum_{k=0}^{n} c_k^{(n)} f(x_k)$$

实际就为

$$(b-a)\sum_{k=0}^{n} c_k^{(n)} [f(x_k)+\varepsilon_k],$$

两者误差记为 e_n,得

$$\begin{aligned} e_n &= (b-a)\left|\sum_{k=0}^{n} c_k^{(n)}[f(x_k)+\varepsilon_k] - \sum_{k=0}^{n} c_k^{(n)} f(x_k)\right| \\ &= (b-a)\left|\sum_{k=0}^{n} c_k^{(n)}\varepsilon_k\right| \leqslant (b-a)\sum_{k=0}^{n} |c_k^{(n)}| \cdot |\varepsilon_k|. \end{aligned}$$

若 $\varepsilon = \max\limits_{0\leqslant k\leqslant n} |\varepsilon_k|$,则当 Cotes 系数 $c_k^{(n)}$ 全为正时,

$$e_n \leqslant \varepsilon(b-a)\sum_{k=0}^{n} c_k^{(n)} = (b-a)\varepsilon,$$

舍入误差得到了控制,说明 Newton-Cotes 公式当系数 $c_k^{(n)}$ 全为正时是稳定的.

Ⅴ 其他一些简单的求积公式

由积分学知,定积分实际是用小区间上的矩形面积求和,且当区间长度趋近于 0 时来定义的. 根据这一思想,可导出如下几种简单的求积公式:

(1)左矩形公式

$$I_L = (b-a)f(a). \tag{2.13}$$

(2)中矩形公式

$$I_M = (b-a)f\left(\frac{a+b}{2}\right). \tag{2.14}$$

(3)右矩形公式

$$I_R = (b-a)f(b). \tag{2.15}$$

这三种公式也可用微分中值定理来近似解释(见参考文献[1]),还可用 Taylor 级数展开加以证明(见习题).

2.2 复化求积法及其收敛性

实际计算时常见三种低阶 Newton-Cotes 公式($n=1,2,4$),但从余项可知,若积分区间较大,则精度难以保证;若增加节点,使用高阶的 Newton-Cotes 公式,则对被积函数的光滑性要求就更高,且计算量大,稳定性又得不到保证. 为了克服这一困难,常常将积分区

间分成若干小区间，在每个小区间上采用低次插值多项式来代替被积函数积分，然后把它们加起来就得到整个区间上的求积公式，这就是复化求积法的基本思想. 这一思想与插值理论中不采用高次多项式插值，而采用分段低次插值的思想相一致.

将区间$[a,b]$分成 n 等分，节点为 $x_k=a+kh(k=0,1,\cdots,n)$，步长 $h=\dfrac{b-a}{n}$，在每个子区间$[x_k,x_{k+1}]$上先用低阶Newton-Cotes公式求得积分近似值 I_k，再用 $\sum\limits_{k=0}^{n-1}I_k$ 作为准确积分 I 的近似值，这种求积法称为**复化求积法**.

Ⅰ　复化梯形公式

根据上述思想，可得复化梯形求积公式

$$T_n=\sum_{k=0}^{n-1}\frac{h}{2}[f(x_k)+f(x_{k+1})]=\frac{h}{2}\left[f(a)+2\sum_{k=1}^{n-1}f(x_k)+f(b)\right]. \tag{2.16}$$

由余项式(2.9)及连续函数的介值定理，可知复化梯形公式余项为

$$I-T_n=\sum_{k=0}^{n-1}\left[-\frac{h^3}{12}f''(\eta_k)\right]=-\frac{b-a}{12}h^2f''(\eta)\quad \eta\in[a,b]. \tag{2.17}$$

Ⅱ　复化 Simpson 公式

记子区间$[x_k,x_{k+1}]$的中点为 $x_{k+\frac{1}{2}}$，则复化 Simpson 公式为

$$\begin{aligned}S_n&=\sum_{k=0}^{n-1}\frac{h}{6}[f(x_k)+4f(x_{k+\frac{1}{2}})+f(x_{k+1})]\\&=\frac{h}{6}\left[f(a)+4\sum_{k=0}^{n-1}f(x_{k+\frac{1}{2}})+2\sum_{k=1}^{n-1}f(x_k)+f(b)\right],\end{aligned} \tag{2.18}$$

其余项为

$$I-S_n=\sum_{k=0}^{n-1}\left(-\frac{h}{180}\right)\left(\frac{h}{2}\right)^4f^{(4)}(\eta_k)=-\frac{b-a}{180}\left(\frac{h}{2}\right)^4f^{(4)}(\eta)\quad \eta\in[a,b]. \tag{2.19}$$

Ⅲ　复化 Cotes 公式

若将每个子区间$[x_k,x_{k+1}]$4 等分，内分点依次记为 $x_{k+\frac{1}{4}},x_{k+\frac{1}{2}},x_{k+\frac{3}{4}}$，则复化 Cotes 公式为

$$C_n=\frac{h}{90}\left[7f(a)+32\sum_{k=0}^{n-1}f(x_{k+\frac{1}{4}})+12\sum_{k=0}^{n-1}f(x_{k+\frac{1}{2}})+32\sum_{k=0}^{n-1}f(x_{k+\frac{3}{4}})+14\sum_{k=1}^{n-1}f(x_k)+7f(b)\right], \tag{2.20}$$

其余项为

$$I-C_n=-\frac{2(b-a)}{945}\left(\frac{h}{4}\right)^6f^{(6)}(\eta)\quad \eta\in[a,b]. \tag{2.21}$$

其他求积公式，如左矩形公式、中矩形公式等的复化公式可类似求得，这里不再赘述.

例 2.1　利用函数表 3.2 计算积分 $I=\int_0^1\dfrac{\sin x}{x}\mathrm{d}x$，表中$f(x)=\dfrac{\sin x}{x}$.

表 3.2

x	0	$\frac{1}{8}$	$\frac{1}{4}$	$\frac{3}{8}$	$\frac{1}{2}$	$\frac{5}{8}$	$\frac{3}{4}$	$\frac{7}{8}$	1
$f(x)$	1	0.9973978	0.9896158	0.9767267	0.9588510	0.9361556	0.9088516	0.8771925	0.8414709

解:根据表 3.2,取 $n=8$,利用复化梯形公式得

$$T_8 = 0.9456909,$$

若取 $n=4$,利用复化 Simpson 公式得

$$S_4 = 0.9460832.$$

比较 T_8 和 S_4 两个结果,它们都需要提供 9 个点上的函数值,因而计算量基本相同,但精度差别很大,与积分准确值 $I=0.9460831$(每一位都是有效数字)比较,T_8 只有两位有效数字,S_4 具有 6 位有效数字,结果表明复化 Simpson 公式精度较高. 这一结论可从各自的余项估计看出. 复化梯形公式的余项为 $O(h^2)$,而复化 Simpson 公式的余项为 $O(h^4)$,当 $h\to 0$ 时,$\{S_n\}$应比$\{T_n\}$收敛快. 以下予以简单证明,同时也考察当 h 很小时误差的渐近性态.

对于复化梯形公式,由式(2.17)有

$$\frac{I-T_n}{h^2}=-\frac{1}{12}\sum_{k=0}^{n-1}hf''(\eta_k)\xrightarrow{h\to 0}-\frac{1}{12}\int_a^b f''(x)\mathrm{d}x,$$

即有渐近关系式

$$\lim_{h\to 0}\frac{I-T_n}{h^2}=-\frac{1}{12}[f'(b)-f'(a)].$$

类似地,由式(2.19)及式(2.21)可分别得到复化 Simpson 公式和复化 Cotes 公式的渐近关系式

$$\lim_{h\to 0}\frac{I-S_n}{h^4}=-\frac{1}{180\times 2^4}[f'''(b)-f'''(a)],$$

$$\lim_{h\to 0}\frac{I-C_n}{h^6}=-\frac{2}{945\times 4^6}[f^{(5)}(b)-f^{(5)}(a)].$$

定义 2.1　若一种复化求积公式 I_n 当 $h\to 0$ 时有渐近关系式

$$\frac{I-I_n}{h^p}\to C(C\text{ 为非零常数})$$

成立,则称该求积公式 I_n 为 p 阶收敛.

根据定义 2.1,复化梯形公式、复化 Simpson 公式及复化 Cotes 公式分别具有 2 阶、4 阶和 6 阶收敛性. 当 h 很小时,分别有如下误差估计式:

$$I-T_n\approx -\frac{h^2}{12}[f'(b)-f'(a)], \tag{2.22}$$

$$I-S_n\approx -\frac{1}{180}\left(\frac{h}{2}\right)^4[f'''(b)-f'''(a)], \tag{2.23}$$

$$I-C_n\approx -\frac{2}{945}\left(\frac{h}{4}\right)^6[f^{(5)}(b)-f^{(5)}(a)]. \tag{2.24}$$

由此可知,若将步长 h 减半(等分数 n 变为 $2n$),则复化梯形公式、复化 Simpson 公式

和复化 Cotes 公式的误差分别为原有误差的$\frac{1}{4}$，$\frac{1}{16}$和$\frac{1}{64}$.

2.3　求积步长的自适应选取

由前述讨论知，加密节点，采用复化求积公式可以提高精度，但由于截断误差（或余项）与被积函数 $f(x)$的 2 阶、4 阶及 6 阶导数有关，很难确定，因此根据误差要求事先确定出节点个数或步长 h 就很困难. 为避免事先给出积分步长这一困难，实际计算时常常采用把区间逐次二分，反复利用复化求积公式进行计算，直至二分前后的两次积分近似值之差符合精度要求为止. 这就是利用误差的“事后估计”方法来自动选择步长，使近似值自动适应精度要求. 为此，我们有必要深入讨论复化求积公式的计算规律.

以最简单的复化求积公式——复化梯形公式为例，设将求积区间$[a,b]n$ 等分，共有 $n+1$ 个互异节点 $x_k(k=0,1,\cdots,n)$，按公式(2.16)计算 T_n，共需 $n+1$ 个节点处的函数值 $f(x_k)(k=0,1,\cdots,n)$. 若将求积区间再二分一次，则分点为 $2n+1$ 个，新增n 个节点. 记$[x_k,x_{k+1}](k=0,1,\cdots,n-1)$为二分前的求积子区间，二分后新增节点为 $x_{k+\frac{1}{2}}=\frac{1}{2}(x_k+x_{k+1})(k=0,1,\cdots,n-1)$. 利用复化梯形公式计算$[x_k,x_{k+1}]$上的积分近似值为

$$\frac{h}{4}[f(x_k)+2f(x_{k+\frac{1}{2}})+f(x_{k+1})].$$

这里 $h=\frac{b-a}{n}$代表二分前的步长，将每个子区间的积分近似值相加得

$$T_{2n}=\frac{h}{4}\sum_{k=0}^{n-1}[f(x_k)+f(x_{k+1})]+\frac{h}{2}\sum_{k=0}^{n-1}f(x_{k+\frac{1}{2}}),$$

利用 T_n 的计算公式，可得递推公式

$$T_{2n}=\frac{1}{2}T_n+\frac{h}{2}\sum_{k=0}^{n-1}f(x_{k+\frac{1}{2}}).\tag{2.25}$$

由该公式知，用 T_n 计算 T_{2n} 仅需计算新增节点处的函数值，计算量减少了一半. 同时，当 $f''(x)$在$[a,b]$上变化不大时由误差估计式(2.17)可得

$$\frac{I-T_n}{I-T_{2n}}\approx 4,$$

解得

$$I\approx T_{2n}+\frac{1}{3}(T_{2n}-T_n).\tag{2.26}$$

这说明用 T_{2n} 作准确积分 I 的近似值时，其误差约为$\frac{1}{3}(T_{2n}-T_n)$，因此，实际计算时常用

$$|T_{2n}-T_n|<\varepsilon\text{（允许误差）}\tag{2.27}$$

是否满足来控制计算精度. 若满足，则取 T_{2n} 为 I 的近似值；否则，再将区间二分一次进行计算，直到满足误差要求为止.

类似地，当 $f^{(4)}(x)$在$[a,b]$上变化不大时，对于复化 Simpson 公式有

$$I\approx S_{2n}+\frac{1}{15}(S_{2n}-S_n),\tag{2.28}$$

若 $f^{(6)}(x)$在$[a,b]$上变化不大,则对于复化 Cotes 公式有

$$I \approx C_{2n} + \frac{1}{63}(C_{2n} - C_n). \tag{2.29}$$

同样,也可用类似式(2.27)的估计来自动选取积分步长.

例 2.2 用复化梯形法及自适应选取步长计算积分

$$I = \int_0^1 \frac{\sin x}{x} \mathrm{d}x,$$

取 $\varepsilon = 10^{-7}$.

解:被积函数 $f(x) = \frac{\sin x}{x}$,定义 $f(0)=1$,计算 $f(1)=0.8414710$,则

$$T_1 = \frac{1}{2}[f(0) + f(1)] = 0.9207355.$$

将[0,1]二分一次,计算中点处的函数值 $f\left(\frac{1}{2}\right)=0.9588510$,由递推公式(2.25),得

$$T_2 = \frac{1}{2}T_1 + \frac{1}{2}f\left(\frac{1}{2}\right) = 0.9397933.$$

将上述子区间再二分一次,计算中点处的函数值 $f\left(\frac{1}{4}\right)=0.9896158$,$f\left(\frac{3}{4}\right)=0.9088517$.递推计算,得

$$T_4 = \frac{1}{2}T_2 + \frac{1}{4}\left[f\left(\frac{1}{4}\right) + f\left(\frac{3}{4}\right)\right] = 0.9445135.$$

如此继续下去,计算结果见表 3.3(表中 k 表示二分次数,区间等分数 $n=2^k$).

表 3.3

k	T_n	k	T_n
0	0.92073555	6	0.9460769
1	0.9397933	7	0.9460815
2	0.9445135	8	0.9460827
3	0.9456909	9	0.9460830
4	0.9459850	10	0.9460831
5	0.9460596		

由计算知,$|T_2^{10} - T_2^9| \leqslant 10^{-7} = \varepsilon$,满足精度要求,取 $T_2^{10} = 0.9460831$ 作为近似值,与 7 位有效数字的准确值完全一致.

§3 Romberg 求积法

复化梯形法虽然精度差、收敛速度较慢,但其最大的优点是算法简单、计算量小.因此,如何利用梯形法的优点,克服其缺点,提高收敛速度、节省计算量,是研究的主要课题.

3.1 Romberg 求积公式

设 T_n 和 T_{2n} 分别为二分前后利用复化梯形求积公式求得的积分近似值，根据式(2.26)，有

$$I - T_{2n} \approx \frac{1}{3}(T_{2n} - T_n),$$

当 T_n 与 T_{2n} 相当接近时，即可保证 T_{2n} 的误差很小. 这种直接利用计算结果来估计误差的方法称为误差的**事后估计法**. 利用误差 $\frac{1}{3}(T_{2n} - T_n)$ 作为 T_{2n} 的补偿（误差补偿思想），可望得到更好的结果。此时，记

$$\widetilde{T} = T_{2n} + \frac{1}{3}(T_{2n} - T_n) = \frac{4}{3}T_{2n} - \frac{1}{3}T_n. \tag{3.1}$$

在例 2.2 中，$T_2 = 0.9397933$，$T_4 = 0.9445135$（分别精确到小数点第 1 或第 2 位数字），而按式(3.1)计算得

$$\widetilde{T} = \frac{4}{3}T_4 - \frac{1}{3}T_2 = 0.9460869,$$

精确到小数点后第 5 位数字，明显提高了精度. 这一现象并不是偶然的，经验证有

$$S_n = \frac{4}{3}T_{2n} - \frac{1}{3}T_n, \tag{3.2}$$

即用复化梯形法求出的二分前后两个积分近似值 T_n 与 T_{2n} 按式(3.1)作线性组合，所得结果就是复化 Simpson 公式求得的积分近似值 S_n.

类似地，根据式(2.28)，可验证 S_n 与 S_{2n} 线性组合得

$$C_n = \frac{16}{15}S_{2n} - \frac{1}{15}S_n, \tag{3.3}$$

即由复化 Simpson 公式组合得到了复化 Cotes 公式.

又根据式(2.29)，C_n 与 C_{2n} 作线性组合得 Romberg 公式

$$R_n = \frac{64}{63}C_{2n} - \frac{1}{63}C_n. \tag{3.4}$$

由上述过程可知，根据精度较差的梯形值 T_n，步长逐次二分，通过一些线性组合（加速），可得到精度逐步提高的积分近似值 S_n，C_n 及 R_n 等.

例 3.1　利用例 2.2 的结果及公式(3.2)，(3.3)和(3.4)，计算积分近似值，见表 3.4.

表 3.4

二分次数 k	T_2^k	S_2^{k-1}	C_2^{k-2}	R_2^{k-3}
0	0.9207355			
1	0.9397933	0.9461459		
2	0.9445135	0.9460869	0.9460830	
3	0.9456909	0.9460833	0.9460831	0.9460831

由表 3.4 看出,二分 3 次所得 T_8 只精确到小数点后 2 位数,通过 3 次加速所得的 R_1 能精确到小数点后 7 位数,加速效果十分明显.并且 Romberg 方法的工作量主要在求 T_2^k 时需要计算新增节点处的函数值,其余运算都是作线性组合,计算量不大,而用复化梯形法计算要得到 7 位有效数字的近似值需二分 10 次.可见,Romberg 方法在达到同样精度的前提下,大大节省了计算量.

3.2 Richardson 外推加速技术

上述加速过程的理论根据是复化梯形公式可展开成如下级数形式:

定理 3.1 设 $f(x)\in C^{\infty}[a,b]$,则有

$$T(h)=I+\alpha_1 h^2+\alpha_2 h^4+\alpha_3 h^6+\cdots+\alpha_k h^{2k}+\cdots \tag{3.5}$$

其中,系数 $\alpha_k(k=1,2,\cdots)$与步长 h 无关.

证明:将 $f(x)$ 在$[x_k,x_{k+1}]$的中点 $x_{k+\frac{1}{2}}$ 处 Taylor 级数展开,并记 $f_{k+\frac{1}{2}}^{(j)}=f^{(j)}(x_{k+\frac{1}{2}})$,有

$$\begin{aligned}f(x)=&f_{k+\frac{1}{2}}+(x-x_{k+\frac{1}{2}})f'_{k+\frac{1}{2}}+\frac{(x-x_{k+\frac{1}{2}})^2}{2!}f''_{k+\frac{1}{2}}+\frac{(x-x_{k+\frac{1}{2}})^3}{3!}f^{(3)}_{k+\frac{1}{2}}+\\&\frac{(x-x_{k+\frac{1}{2}})^4}{4!}f^{(4)}_{k+\frac{1}{2}}+\frac{(x-x_{k+\frac{1}{2}})^5}{5!}f^{(5)}_{k+\frac{1}{2}}+\frac{(x-x_{k+\frac{1}{2}})^6}{6!}f^{(6)}_{k+\frac{1}{2}}+\cdots\end{aligned} \tag{3.6}$$

根据式(3.6),可得

$$\frac{h}{2}[f(x_k)+f(x_{k+1})]=hf_{k+\frac{1}{2}}+\frac{h}{2!}\left(\frac{h}{2}\right)^2 f''_{k+\frac{1}{2}}+\frac{h}{4!}\left(\frac{h}{2}\right)^4 f^{(4)}_{k+\frac{1}{2}}+\frac{h}{6!}\left(\frac{h}{2}\right)^6 f^{(6)}_{k+\frac{1}{2}}+\cdots$$

则

$$\begin{aligned}T(h)&=\frac{h}{2}\sum_{k=0}^{n-1}[f(x_k)+f(x_{k+1})]\\&=h\sum_{k=0}^{n-1}f_{k+\frac{1}{2}}+\frac{h^3}{2!\times 2^2}\sum_{k=0}^{n-1}f''_{k+\frac{1}{2}}+\frac{h^5}{4!\times 2^4}\sum_{k=0}^{n-1}f^{(4)}_{k+\frac{1}{2}}+\frac{h^7}{6!\times 2^6}\sum_{k=0}^{n-1}f^{(6)}_{k+\frac{1}{2}}+\cdots\end{aligned} \tag{3.7}$$

又将式(3.6)两端在$[x_k,x_{k+1}]$上积分(注意到奇函数的积分),并求和,得

$$\begin{aligned}I&=\int_a^b f(x)\mathrm{d}x=\sum_{k=0}^{n-1}\int_{x_k}^{x_{k+1}}f(x)\mathrm{d}x\\&=h\sum_{k=0}^{n-1}f_{k+\frac{1}{2}}+\frac{h^3}{3!\times 2^2}\sum_{k=0}^{n-1}f''_{k+\frac{1}{2}}+\frac{h^5}{5!\times 2^4}\sum_{k=0}^{n-1}f^{(4)}_{k+\frac{1}{2}}+\frac{h^7}{7!\times 2^6}\sum_{k=0}^{n-1}f^{(6)}_{k+\frac{1}{2}}+\cdots\end{aligned} \tag{3.8}$$

利用式(3.8)消去式(3.7)中的 $h\sum\limits_{k=0}^{n-1}f_{k+\frac{1}{2}}$,得

$$T(h)=I+\frac{h^3}{2!\times 6}\sum_{k=0}^{n-1}f''_{k+\frac{1}{2}}+\frac{h^5}{4!\times 20}\sum_{k=0}^{n-1}f^{(4)}_{k+\frac{1}{2}}+\frac{3h^7}{6!\times 224}\sum_{k=0}^{n-1}f^{(6)}_{k+\frac{1}{2}}+\cdots \tag{3.9}$$

将 $f''(x)$代替 $f(x)$,类似式(3.6)的 Taylor 级数展开,两端在$[a,b]$上积分,得

$$f'(b)-f'(a)=h\sum_{k=0}^{n-1}f''_{k+\frac{1}{2}}+\frac{h^3}{3!\times 2^2}\sum_{k=0}^{n-1}f^{(4)}_{k+\frac{1}{2}}+\frac{h^5}{5!\times 2^4}\sum_{k=0}^{n-1}f^{(6)}_{k+\frac{1}{2}}+\cdots$$

利用该式消去式(3.9)中的 $h\sum\limits_{k=0}^{n-1}f''_{k+\frac{1}{2}}$,得

$$T(h)=I+\frac{h^2}{2!\times 6}[f'(b)-f'(a)]-\frac{h^5}{4!\times 30}\sum_{k=0}^{n-1}f_{k+\frac{1}{2}}^{(4)}-\frac{h^7}{6!\times 56}\sum_{k=0}^{n-1}f_{k+\frac{1}{2}}^{(6)}+\cdots$$

重复上述过程,可分别消去 $h\sum\limits_{k=0}^{n-1}f_{k+\frac{1}{2}}^{(4)}$, $h\sum\limits_{k=0}^{n-1}f_{k+\frac{1}{2}}^{(6)}$ 等,即可得到余项展开式(3.5).

注:复化梯形公式的余项展开式(3.5)是 Romberg 求积法以及 Richardson 外推加速技术的基本依据.

根据余项展开式(3.5),可得

$$T\left(\frac{h}{2}\right)=I+\frac{\alpha_1}{4}h^2+\frac{\alpha_2}{16}h^4+\frac{\alpha_3}{64}h^6+\cdots \tag{3.10}$$

由式(3.5)及式(3.10)可构造

$$T_1(h)=\frac{4}{3}T\left(\frac{h}{2}\right)-\frac{1}{3}T(h),$$

$T_1(h)$即为复化 Simpson 公式,经计算可知

$$T_1(h)=I+\beta_1h^4+\beta_2h^6+\beta_3h^8+\cdots \tag{3.11}$$

类似地,构造

$$T_2(h)=\frac{16}{15}T_1\left(\frac{h}{2}\right)-\frac{1}{15}T_1(h),$$

此即为复化 Cotes 公式,经计算知

$$T_2(h)=I+\gamma_1h^6+\gamma_2h^8+\gamma_3h^{10}+\cdots$$

同理,可构造

$$T_3(h)=\frac{64}{63}T_2\left(\frac{h}{2}\right)-\frac{1}{63}T_2(h),$$

此即为 Romberg 公式,并有

$$T_3(h)=I+\eta_1h^8+\eta_2h^{10}+\cdots$$

如此继续下去,每加速一次,误差的量级便提高二阶,则 Romberg 求积就具有 8 阶收敛性. 一般地,若记 $T_0(h)=T(h)$,则经过 m 次($m=1,2,\cdots$)加速后,即

$$T_m(h)=\frac{4^m}{4^m-1}T_{m-1}\left(\frac{h}{2}\right)-\frac{1}{4^m-1}T_{m-1}(h), \tag{3.12}$$

余项展开式为

$$T_m(h)=I+\sigma_1h^{2(m+1)}+\sigma_2h^{2(m+2)}+\cdots \tag{3.13}$$

加速过程(3.12)称为 Richardson **外推加速技术**.

为了获得可在计算机上实现的简明算法,我们记 $T_0^{(k)}$ 表示二分 k 次后求得的梯形值,以 $T_m^{(k)}$ 表示$\{T_0^{(k)}\}$经过 m 次加速后的值,由式(3.12)得

$$T_m^{(k)}=\frac{4^m}{4^m-1}T_{m-1}^{(k+1)}-\frac{1}{4^m-1}T_{m-1}^{(k)}\quad(k=0,1,\cdots), \tag{3.14}$$

则可逐行构造出如下的三角形数表——T **数表**(表 3.5). 相应的算法为 Romberg **算法**.

表 3.5

$T_0^{(0)}$			
$T_0^{(1)}$	$\to T_1^{(0)}$		
$T_0^{(2)}$	$\to T_1^{(1)}$	$\to T_2^{(0)}$	
$T_0^{(3)}$	$\to T_1^{(2)}$	$\to T_2^{(1)}$	$\to T_3^{(0)}$
	……		

Romberg 算法步骤如下:

(1)赋初值,计算

$$T_0^{(0)}=\frac{b-a}{2}[f(a)+f(b)],$$

并将 $1\to k$(k 为二分次数);

(2)求梯形值,按递推公式(2.25)计算 $T_0^{(k)}$;

(3)外推计算,求加速值,按公式(3.14)依次求出 T 数表中第 k 行的其余元素 $T_i^{(k-i)}$ $(i=1,2,\cdots,k)$;

(4)精度控制,对给定误差 ε,若对角线上相邻元素满足

$$|T_k^{(0)}-T_{k-1}^{(0)}|<\varepsilon,$$

则停止计算,取 $T_k^{(0)}$ 作为满足精度要求的近似值;否则将 $k+1\to k$,转(2),继续计算.

需要指出,Richardson 外推加速过程的收敛性是有理论保证的,即:若 $f(x)$ 充分光滑,则 T 数表的每一列及对角线上的元素都收敛到积分准确值 I.

注:(1)实际计算时,一般加速三次,即 $m=3$ 已足够,因为若 $m\geqslant 4$,此时系数

$$\frac{4^m}{4^m-1}\approx 1,\quad \frac{1}{4^m-1}\leqslant\frac{1}{255},$$

则加速的效果不太明显.

(2)外推法不只用在积分的计算中,还可用在数值微分、微分方程数值解等诸多问题中.只要有类似的余项展开,即可利用外推的思想来构造新的数值计算公式,请查阅参考文献[2],[9]等.

§4　Gauss 型求积公式

前述构造 Newton-Cotes 公式时,求积节点采用等分点,只需确定求积系数,这类方法虽然简化了处理过程,却是以牺牲代数精度为代价的.本节着重讨论将求积节点和求积系数同时作为待定参数,以期得到代数精度尽量高的求积公式.

4.1　Gauss 型求积公式的一般理论

Ⅰ　Gauss 型求积公式

考虑更一般的带权积分

$$I=\int_a^b \omega(x)f(x)\mathrm{d}x, \tag{4.1}$$

其中，$\omega(x)\geqslant 0$ 为$[a,b]$上的权函数，当权函数 $\omega(x)=1$ 时，即为前面几节讨论的积分. 当取插值节点 $x_k(k=0,1,2,\cdots,n)$为已知时，类似前面插值型求积公式的构造，求积分(4.1)的插值型求积公式为

$$\int_a^b \omega(x)f(x)\mathrm{d}x\approx\sum_{k=0}^{n}A_kf(x_k), \tag{4.2}$$

其中，

$$A_k=\int_a^b \omega(x)l_k(x)\mathrm{d}x. \tag{4.3}$$

公式(4.2)及(4.3)是通过已知节点 x_k 作 $f(x)$的 n 次Langrange插值多项式并积分得到，求积系数取为式(4.3)的形式，$l_k(x)$为 Langrange 插值基函数，不难推导其余项为

$$R=\int_a^b \omega(x)f(x)\mathrm{d}x-\sum_{k=0}^{n}A_kf(x_k)=\int_a^b \omega(x)\frac{f^{(n+1)}(\xi)}{(n+1)!}\omega_{n+1}(x)\mathrm{d}x. \tag{4.4}$$

由式(4.4)知，求积公式(4.2)和(4.3)至少具有 n 次代数精度. 但如果将求积节点和求积系数作为待定参数，则共有 $2n+2$ 个未知量，恰当选择这些参数可使公式(4.2)对 $f(x)=1,x,x^2,\cdots,x^{2n+1}$精确成立，也即公式(4.2)此时具有 $2n+1$ 次代数精度.

定义 4.1　若求积公式

$$\int_a^b \omega(x)f(x)\mathrm{d}x\approx\sum_{k=0}^{n}A_kf(x_k) \tag{4.5}$$

具有 $2n+1$ 次代数精度，则称公式(4.5)为 Gauss **型求积公式**，对应的求积节点 $x_k(k=0,1,\cdots,n)$为 Gauss **点**，求积系数 A_k 为 Gauss **系数**.

例 4.1　求下列积分公式中的待定参数，使其代数精度尽量高.

$$\int_{-1}^{1} f(x)\mathrm{d}x\approx A_0f(x_0)+A_1f(x_1).$$

解：取 $f(x)=1,x,x^2,x^3$ 分别代入该公式，使其精确成立，即有

$$\begin{cases}A_0+A_1=2,\\ A_0x_0+A_1x_1=0,\\ A_0x_0^2+A_1x_1^2=\dfrac{2}{3},\\ A_0x_0^3+A_1x_1^3=0.\end{cases}$$

由此可唯一解出 $A_0=A_1=1,x_1=-x_0=\dfrac{\sqrt{3}}{3}$. 根据代数精度的定义，该积分公式至少具有 3 次代数精度；当取 $f(x)=x^4$ 时，左$\neq$右，故该公式只有 3 次代数精度.

注:(1)Gauss 型求积公式一定是插值型求积公式. 这是因为 Gauss 型求积公式(4.5)具有 $2n+1$ 次代数精度,则对 $f(x)=1,x,x^2,\cdots,x^n$ 都精确成立,Gauss 系数可通过 Gauss 点和公式(4.3)唯一确定.

(2)Gauss 型求积公式是具有最高代数精度的求积公式. 因为当取 $f(x)=\omega_{n+1}^2(x)$ 时,公式(4.5)的左端为 $\int_a^b \omega(x)\omega_{n+1}^2(x)\mathrm{d}x>0$,而右端为 $\sum\limits_{k=0}^{n}A_k\omega_{n+1}^2(x_k)=0$,左 $\neq$ 右,也即达不到 $2n+2$ 次代数精度.

(3)确定 Gauss 型求积公式的求积节点及系数的一般方法是利用其具有 $2n+1$ 次代数精度解方程组的待定系数法.

定理 4.1　对于插值型求积公式(4.2),其节点 $x_k(k=0,1,2,\cdots,n)$ 为 Gauss 点的充要条件是在 $[a,b]$ 上以这些点为零点的 $n+1$ 次多项式 $\omega_{n+1}(x)=(x-x_0)(x-x_1)\cdot\cdots\cdot(x-x_n)$ 与任意次数不超过 n 的多项式 $p(x)$ 关于权函数 $\omega(x)$ 正交,即

$$\int_a^b \omega(x)\omega_{n+1}(x)p(x)\mathrm{d}x=0. \tag{4.6}$$

证明:先证必要性. 设 $p(x)$ 是任意的次数不超过 n 的多项式,若 $x_k(k=0,1,2,\cdots,n)$ 为 Gauss 点,则公式(4.2)对任意的次数不超过 $2n+1$ 的多项式精确成立. 取 $f(x)=\omega_{n+1}(x)p(x)$,其次数不超过 $2n+1$,则有

$$\int_a^b \omega(x)\omega_{n+1}(x)p(x)\mathrm{d}x=\sum_{k=0}^{n}A_k\omega_{n+1}(x_k)p(x_k)=0.$$

再证充分性. 对任意给定的次数不超过 $2n+1$ 的多项式 $f(x)$,用 $\omega_{n+1}(x)$ 除 $f(x)$,记商和余项分别为 $p(x)$,$q(x)$,且 $p(x)$ 和 $q(x)$ 都是次数不超过 n 的多项式,

$$f(x)=p(x)\omega_{n+1}(x)+q(x),$$

则有

$$\int_a^b \omega(x)f(x)\mathrm{d}x=\int_a^b \omega(x)p(x)\omega_{n+1}(x)\mathrm{d}x+\int_a^b \omega(x)q(x)\mathrm{d}x.$$

利用条件(4.6),由于插值型求积公式(4.2)对次数不超过 n 的多项式 $q(x)$ 精确成立,以及 $f(x_k)=q(x_k)$,则

$$\int_a^b \omega(x)f(x)\mathrm{d}x=\int_a^b \omega(x)q(x)\mathrm{d}x=\sum_{k=0}^{n}A_kq(x_k)=\sum_{k=0}^{n}A_kf(x_k),$$

即公式(4.2)对任意的 $2n+1$ 次多项式都精确成立,因此 $x_k(k=0,1,\cdots,n)$ 是 Gauss 点.

该定理说明,$[a,b]$ 上关于权函数 $\omega(x)$ 正交的 $n+1$ 次多项式的零点即为 Gauss 点.

Ⅱ　Gauss 型求积公式的稳定性

在本章第二节讲述 Newton-Cotes 公式时已经知道,当 $n=8$ 时,Cotes 系数有正有负,数值稳定性得不到保证,而 Gauss 型求积公式(4.5)不论 n 多大都是稳定的.

定理 4.2　Gauss 型求积公式(4.5)总是稳定的.

类似 Newton-Cotes 公式的稳定性讨论,只需证明 Gauss 系数全为正即可. 由于公式(4.5)具有 $2n+1$ 次代数精度,故当 $f(x)=l_k^2(x)$ 时,该公式精确成立,即

$$\int_a^b \omega(x)l_k^2(x)\mathrm{d}x=\sum_{i=0}^{n}A_il_k^2(x_i)=A_k>0\quad(k=0,1,2,\cdots,n),$$

则定理 4.2 成立.

Ⅲ　Gauss 型求积公式的收敛性

关于 Gauss 型求积公式的收敛性及余项估计有以下结论成立.

定理 4.3　若 $f(x)\in C[a,b]$，则 Gauss 型求积公式(4.5)是收敛的.

证明：略(详见参考文献[6]).

定理 4.4　若 $f(x)\in C^{2n+2}[a,b]$，则 Gauss 型求积公式(4.5)的余项为

$$R=\int_a^b \omega(x)f(x)\mathrm{d}x-\sum_{k=0}^{n}A_k f(x_k)=\frac{f^{(2n+2)}(\xi)}{(2n+2)!}\int_a^b \omega(x)\omega_{n+1}^2(x)\mathrm{d}x \quad \xi\in(a,b). \tag{4.7}$$

证明：构造 $2n+1$ 次 Hermite 插值多项式 $H_{2n+1}(x)$，满足条件

$$H_{2n+1}(x_i)=f(x_i),\quad H'_{2n+1}(x_i)=f'(x_i)\quad (i=0,1,\cdots,n),$$

则插值余项为

$$f(x)-H_{2n+1}(x)=\frac{f^{(2n+2)}(\eta)}{(2n+2)!}\omega_{n+1}^2(x)\quad \eta\in(a,b).$$

又因 Gauss 型求积公式对 $2n+1$ 次多项式 $H_{2n+1}(x)$ 精确成立，则

$$\int_a^b \omega(x)H_{2n+1}(x)\mathrm{d}x=\sum_{k=0}^{n}A_k H_{2n+1}(x_k)=\sum_{k=0}^{n}A_k f(x_k),$$

故有

$$\begin{aligned}R&=\int_a^b \omega(x)f(x)\mathrm{d}x-\sum_{k=0}^{n}A_k f(x_k)\\&=\int_a^b \omega(x)[f(x)-H_{2n+1}(x)]\mathrm{d}x\\&=\int_a^b \omega(x)\frac{f^{(2n+2)}(\eta)}{(2n+2)!}\omega_{n+1}^2(x)\mathrm{d}x.\end{aligned}$$

由于 $f^{(2n+2)}\in C[a,b]$，且 $\omega(x)\omega_{n+1}^2(x)$ 在 $[a,b]$ 上保号，故由积分中值定理得

$$R=\frac{f^{(2n+2)}(\xi)}{(2n+2)!}\int_a^b \omega(x)\omega_{n+1}^2(x)\mathrm{d}x\quad \xi\in(a,b).$$

Gauss 型求积公式的最大优点就是精度高，并且总是收敛和稳定的. 在实际应用中，例如在有限元解偏微分方程时，常常出现大量的积分问题，根据精度采用一定数目节点的 Gauss 型求积公式进行计算，会大大提高计算速度.

4.2　几种常见的 Gauss 型求积公式

根据权函数 $\omega(x)$ 及区间 $[a,b]$ 的不同取法，有几种常见的 Gauss 型求积公式.

Ⅰ　Gauss-Legendre 求积公式

设 $[a,b]=[-1,1]$，$\omega(x)=1$，Legendre 多项式族(见附录)是 $[-1,1]$ 上的正交多项式族，Gauss 点 $x_k(k=0,1,\cdots,n)$ 为 $n+1$ 次 Legendre 多项式

$$p_{n+1}(x) = \frac{1}{(n+1)!2^{n+1}} \frac{\mathrm{d}^{n+1}}{\mathrm{d}x^{n+1}} (x^2-1)^{n+1}$$

的零点,此时公式(4.5)称为 Gauss-Legendre 求积公式,又称为 Gauss 公式,其系数 A_k 可表示为

$$A_k = \int_{-1}^{1} l_k(x)\mathrm{d}x \quad (k=0,1,\cdots,n),$$

或根据代数精度在已知 Gauss 点的基础上解方程组,求得

$$A_k = \frac{2}{(1-x_k^2)[p'_{n+1}(x_k)]^2} \quad (k=0,1,\cdots,n).$$

该求积公式的余项为

$$R = \frac{2^{2n+3}[(n+1)!]^4}{(2n+3)[(2n+2)!]^3} f^{(2n+2)}(\xi) \quad \xi \in (-1,1).$$

表 3.6 给出了部分 Gauss-Legendre 求积公式的节点及系数.

表 3.6

n	x_k	A_k	n	x_k	A_k
0	0	2	5	±0.9324695142 ±0.6612093865 ±0.2386191861	0.1713244924 0.3607615730 0.4679139346
1	±0.5773502692	1			
2	±0.7745966692 0	0.5555555556 0.8888888889	6	±0.9491079123 ±0.7415311856 ±0.4058451514 0	0.1294849662 0.2797053915 0.3818300505 0.4179591837
3	±0.8611363116 ±0.3399810436	0.3478548451 0.6521451549			
4	±0.9061798459 ±0.5384693101 0	0.2369268851 0.4786286705 0.568888889	7	±0.9602898566 ±0.7966664774 ±0.5255324099 ±0.1834346425	0.1012285363 0.2223810345 0.3137066459 0.3626837834

例 4.1 即为 $n=1$ 时的 Gauss-Legendre 求积公式,对一般的区间 $[a,b]$ 作变换 $x=\frac{a+b}{2}+\frac{b-a}{2}t$,则 $t\in[-1,1]$,即可利用Gauss-Legendre求积公式进行计算.

例 4.2 利用两点 Gauss-Legendre 求积公式计算积分

$$I = \int_0^{\frac{\pi}{2}} \sin x\mathrm{d}x.$$

解:作变换 $x=\frac{\pi(t+1)}{4}$,则

$$I = \int_0^{\frac{\pi}{2}} \sin x\mathrm{d}x = \int_{-1}^{1} \frac{\pi}{4}\sin\frac{\pi(t+1)}{4}\mathrm{d}t,$$

而 $t_0=-0.5773503, t_1=0.5773503$,则 $f(t_0)=0.32589, f(t_1)=0.94541$,应用两点 Gauss-Legendre 求积公式得

$$[f(t_0)+f(t_1)]\times\frac{\pi}{4}=0.99848.$$

若将 $\left[0,\frac{\pi}{2}\right]$ 6 等分,利用复化梯形公式求得 $T_6=0.99429$,不如上面的结果好.

Ⅱ　Gauss-切比雪夫求积公式

取$[a,b]=[-1,1]$，$\omega(x)=(1-x^2)^{-\frac{1}{2}}$，切比雪夫多项式族(见附录)是$[-1,1]$上关于权函数$\omega(x)$的正交多项式族，求积公式(4.5)的 Gauss 点是 $n+1$ 次切比雪夫多项式的零点，即为

$$x_k=\cos\left(\frac{2k+1}{2n+2}\pi\right)\quad(k=0,1,\cdots,n),$$

求积系数 $A_k=\frac{\pi}{n+1}$，**Gauss-切比雪夫求积公式**，即为

$$\int_{-1}^{1}\frac{1}{\sqrt{1-x^2}}f(x)\mathrm{d}x\approx\sum_{k=0}^{n}A_kf(x_k),\tag{4.8}$$

其余项为

$$R=\frac{\pi}{2^{2n+1}(2n+2)!}f^{(2n+2)}(\xi)\quad\xi\in(-1,1).$$

Ⅲ　Gauss-Laguerre 求积公式

积分区间为$[0,+\infty)$，权函数$\omega(x)=\mathrm{e}^{-x}$，Laguerre 多项式族(见附录)是$[0,+\infty)$上关于权函数 e^{-x} 的正交多项式族. 求积公式(4.5)的 Gauss 点 $x_k(k=0,1,\cdots,n)$为 $n+1$ 次 Laguerre 多项式

$$L_{n+1}(x)=\mathrm{e}^x\frac{\mathrm{d}^{n+1}}{\mathrm{d}x^{n+1}}(x^{n+1}\mathrm{e}^{-x})$$

的零点，求积系数 A_k 为

$$A_k=\frac{[(n+1)!]^2}{x_k[L'_{n+1}(x_k)]^2}\quad(k=0,1,\cdots,n),$$

相应的求积公式

$$\int_0^{+\infty}\mathrm{e}^{-x}f(x)\mathrm{d}x\approx\sum_{k=0}^{n}A_kf(x_k)\tag{4.9}$$

称为 Gauss-Laguerre **求积公式**，其余项为

$$R=\frac{[(n+1)!]^2}{(2n+2)!}f^{(2n+2)}(\xi)\quad\xi\in(0,+\infty).$$

表 3.7 列出了部分 Gauss-Laguerre 求积公式的节点及系数.

表 3.7

n	x_k	A_k
0	1	1
1	0.5757864376 3.4142136624	0.8535533906 0.1464466094
2	0.4157745568 2.2942803603 6.2899450829	0.7110930099 0.2785177336 0.0103892565

续表3.7

n	x_k	A_k
3	0.3225476896 1.7457611012 4.5366202969 9.3950709123	0.6031541043 0.3564186924 0.0388879085 0.0005392947
4	0.2635603197 1.4134030591 3.5964257710 7.0858100059 12.6408008443	0.5217556106 0.3986668111 0.0759424497 0.0036117587 0.0000233700

例 4.3　用两点及四点 Gauss-Laguerre 求积公式计算积分

$$I=\int_0^{+\infty}\mathrm{e}^{-x}\sin x\,\mathrm{d}x.$$

解:该积分准确值 $I=\frac{1}{2}$,利用两点($n=1$)及四点($n=3$)Gauss-Laguerre 求积公式求出两个近似值,$I_1=0.432459$,$I_2=0.513877$.

Ⅳ　Gauss-Hermite 求积公式

积分区间为$(-\infty,+\infty)$,权函数 $\omega(x)=\mathrm{e}^{-x^2}$,Hermite 多项式族(见附录)是$(-\infty,+\infty)$上关于权函数 e^{-x^2} 的正交多项式族,求积公式(4.5)的 Gauss 点 x_k ($x_k=0,1,\cdots,n$)为 $n+1$ 次Hermite多项式 $H_{n+1}(x)=(-1)^{n+1}\mathrm{e}^{x^2}=\frac{\mathrm{d}^{n+1}}{\mathrm{d}x^{n+1}}\mathrm{e}^{-x^2}$ 的零点,系数 A_k 为

$$A_k=\frac{2^{n+2}(n+1)!}{[H'_{n+1}(x_k)]^2}\sqrt{\pi},$$

相应的求积公式

$$\int_{-\infty}^{+\infty}\mathrm{e}^{-x^2}f(x)\mathrm{d}x\approx\sum_{k=0}^{n}A_kf(x_k)\tag{4.10}$$

称为 Gauss-Hermite **求积公式**,其余项为

$$R=\frac{(n+1)!\sqrt{\pi}}{2^{n+1}(2n+2)!}f^{(2n+2)}(\xi)\quad \xi\in(-\infty,+\infty).$$

表 3.8 列出了部分 Gauss-Hermite 求积公式的节点和系数.

表 3.8

n	x_k	A_k
0	0	1.7724538509
1	±0.7071067812	0.8862269255
2	±1.2247448714 0	0.2954089752 1.1816359006

续表3.8

n	x_k	A_k
3	±1.6506801239 ±0.5246476233	0.08131283545 0.8049140900
4	±2.0201828705 ±0.9585724646 0	0.01995324206 0.3936193232 0.9453087205
5	±2.3506049737 ±1.3358490740 ±0.4360774119	0.00453000906 0.1570673203 0.7246295952
6	±2.6519613568 ±1.6735516288 ±0.8162878829 0	0.00097178125 0.05451558282 0.4256072526 0.8102646176

§5　奇异积分和振荡函数积分的计算

5.1　奇异积分的计算

奇异性是指:(1)有些被积函数在$[a,b]$中的某些点处具有奇异性,从而导致被积函数在$[a,b]$上无界;(2)积分区间为无穷区间.实际应用时,会遇到计算这类积分的问题,在假定所求积分存在的前提下,介绍几种处理奇异积分的常用方法.

Ⅰ　变量代换法

通过变量代换消除奇点,使无界函数变为有界函数.

例如,对积分

$$I=\int_0^1 x^{-\frac{1}{3}}\sin x\,\mathrm{d}x,$$

$x=0$ 为奇点,若令 $x=t^3$,则有

$$I=\int_0^1 3t\sin t^3\,\mathrm{d}t,$$

即为通常的积分.又如

$$I=\int_{-1}^1 \frac{\mathrm{e}^x}{\sqrt{1-x^2}}\mathrm{d}x,$$

$x=\pm 1$ 为奇点,而令 $x=\cos\theta,\theta\in[0,\pi]$时,奇异性被消除,变为通常有界函数的积分

$$I=\int_0^\pi \mathrm{e}^{\cos\theta}\,\mathrm{d}\theta.$$

Ⅱ 适当划分子区间

当$[a,b]$中的某些点为奇点或拐点时,应当将$[a,b]$上的积分分为子区间上的积分.

例如,对积分 $I=\int_a^b f(x)\mathrm{d}x$,$a$ 为奇点,应将 I 分为

$$I=\int_a^{a+\eta} f(x)\mathrm{d}x+\int_{a+\eta}^b f(x)\mathrm{d}x.$$

若第一部分的积分绝对值很小,则有

$$I\approx\int_{a+\eta}^b f(x)\mathrm{d}x.$$

又如函数$\sqrt{|x-0.6|}$在$[0,1]$上有一拐点 0.6,此时用 Gauss 积分公式或 Simpson 公式等来计算积分$\int_0^1\sqrt{|x-0.6|}\,\mathrm{d}x$ 的效果不好,可将该积分分成两个子区间$[0,0.6]$及$[0.6,1]$上的积分来计算,即

$$\int_0^1\sqrt{|x-0.6|}\,\mathrm{d}x=\int_0^{0.6}\sqrt{|x-0.6|}\,\mathrm{d}x+\int_{0.6}^1\sqrt{|x-0.6|}\,\mathrm{d}x.$$

Ⅲ 无穷区间积分的处理

对无穷区间上的积分可用类似上述两种有限区间无界函数积分的处理办法来处理.

(1)变量代换法,即作适当的变量代换将无穷区间化为有限区间,一些常用的变换如下:

$$x=\frac{t}{1-t},\quad x\in[0,+\infty)\to t\in[0,1],$$

$$x=-\ln t,\quad x\in[0,+\infty)\to t\in[0,1],$$

$$x=\tan t,\quad x\in(-\infty,+\infty)\to t\in\left(-\frac{\pi}{2},\frac{\pi}{2}\right).$$

(2)区间截断法,类似处理方法 2 中的第 2 种情形. 例如,对给定的误差限 $\varepsilon>0$,若存在正数 $M>0$,使得 $\left|\int_M^{+\infty} g(x)\mathrm{d}x\right|\leqslant\varepsilon$,则有

$$I=\int_0^{+\infty} g(x)\mathrm{d}x=\int_0^M g(x)\mathrm{d}x+\int_M^{+\infty} g(x)\mathrm{d}x\approx\int_0^M g(x)\mathrm{d}x.$$

(3)利用无穷区间上的 Gauss 型求积公式进行处理,常用的是 Gauss-Laguerre 及 Gauss-Hermite 求积公式.

Ⅳ 奇点的解析处理

前面的第 2 种处理办法是将积分小量忽略的近似处理,这里提供的是解析处理方法. 设区间$[a,b]$的一个端点是奇点,将积分区间分为两个子区间,只有一个子区间包含奇点,例如

$$\int_0^a\sqrt{x}\sin x\,\mathrm{d}x,$$

$x=0$ 为被积函数 $f(x)=\sqrt{x}\sin x$ 的一阶导数的奇点,将该积分分为

$$\int_0^a \sqrt{x}\sin x\,\mathrm{d}x = \int_0^\eta \sqrt{x}\sin x\,\mathrm{d}x + \int_\eta^a \sqrt{x}\sin x\,\mathrm{d}x \quad (\eta > 0).$$

上式右端第二部分的积分可按标准数值积分进行计算，而在第一部分中，将 $\sin x$ 用 Taylor 级数展开，再积分，即

$$\int_0^\eta \sqrt{x}\sin x\,\mathrm{d}x = \int_0^\eta \sqrt{x}\left(x - \frac{x^3}{3!} + \cdots\right)\mathrm{d}x = \sum_{k=0}^{\infty}(-1)^k \frac{\eta^{2k+\frac{5}{2}}}{(2k+1)!\left(2k+\frac{5}{2}\right)}.$$

这是一个交错级数，当 η 充分小时，取较少的项即得较好的结果. 当然，η 不能取得太小，否则，计算第二部分积分又有困难.

解析处理的另一条途径是将准确积分减去一个易于计算的积分，而其被积函数与原来的被积函数有相同的奇点，例如

$$\int_0^a \sqrt{x}\sin x\,\mathrm{d}x = \int_0^a \sqrt{x}(\sin x - x)\,\mathrm{d}x + \int_0^a x\sqrt{x}\,\mathrm{d}x = \int_0^a \sqrt{x}(\sin x - x)\,\mathrm{d}x + \frac{2}{5}b^{\frac{5}{2}},$$

上式右端第一项积分的被积函数有三阶连续导数，可利用标准的数值积分方法.

5.2　振荡函数积分的计算

在物理学、材料学等实际工程问题中常常需要计算如下形式的积分

$$I(t) = \int_a^b g(x)k(x,t)\,\mathrm{d}x, \tag{5.1}$$

其中，$k(x,t)$ 为关于 x 的振荡函数，也称为振荡核，$g(x)$ 为非振荡函数. 例如 Fourier 变换中的积分

$$\int_a^b f(x)\cos nx\,\mathrm{d}x \text{ 或} \int_a^b f(x)\sin nx\,\mathrm{d}x,$$

某些数学物理问题中的积分

$$\int_0^1 f(x)xJ_n(\alpha_m x)\,\mathrm{d}x,$$

其中，$J_n(t)$ 为 n 阶 Bessel 函数，等等，均为(5.1)型的积分.

计算式(5.1)的积分，由于振荡性质，被积函数与 x 轴的交点较多，若用 Lagrange 型插值多项式来逼近 $g(x)k(x,t)$，则需要利用高次 Lagrange 插值多项式，其缺点是显然的；若用分段低次多项式插值，例如用复化 Simpson 公式，误差项则含有 $h^4 f^{(4)}(\eta)$，此时若计算

$$\int_0^{2\pi} \cos mx\,\mathrm{d}x,$$

则误差项就含有 $h^4 m^4$，当 m 较大时(即被积函数的零点较多时)，h 就必须较小，这就增加了计算量，故这类积分需要做如下特殊处理.

Ⅰ　Lobatto 方法

设振荡函数在 $[a,b]$ 上的零点为 $a \leqslant x_1 < x_2 < \cdots < x_p \leqslant b$，则将 $[a,b]$ 上的积分分为 $[x_k, x_{k+1}]$ 上的积分之和. 在每个小区间上，由于被积函数在端点处的值为 0，可采用 Labatto **积分公式**(详见参考文献[12]).

设 $f(x) \in C^{2n}[-1,1]$,则

$$\int_{-1}^{1} f(x)\mathrm{d}x \approx \frac{2}{n(n+1)}[f(-1)+f(1)] + \sum_{k=1}^{n-1} \frac{2}{n(n+1)[p_n(x_k)]^2} f(x_k), \tag{5.2}$$

其余项为

$$R = -\frac{n^3(n+1)2^{2n+1}[(n-1)!]^4}{(2n+1)[(2n)!]^3} f^{(2n)}(\eta) \quad \eta \in [-1,1].$$

其中,$x_1, x_2, \cdots, x_{n-1}$ 为 n 次 Legendre 多项式 $p_n(x)$ 的一阶导数 $p_n'(x)$ 的零点.

采用 Labatto 积分公式不必增加计算量就可获得较高的精度,例如:

$$\int_0^{2\pi} f(x)\sin nx\,\mathrm{d}x = \sum_{j=0}^{2n-1} \int_{j\pi/n}^{(j+1)\pi/n} f(x)\sin nx\,\mathrm{d}x,$$

等号右端的被积函数在端点处取值为 0,若用 5 点 Labatto 公式(2 个端点,3 个内点),在每个区间只需计算 3 个函数值.

Ⅱ Filon 方法

Filon 方法的主要特点是对被积函数中的非振荡部分 $g(x)$ 用插值函数 $p(x)$ 来近似,然后与振荡核相乘,再进行积分,可得较好的结果.

(1)用分段插值代替 $g(x)$.

若 $g(x)$ 的分段插值函数为

$$p(x) = \sum_{j=0}^{n} \beta_j \phi_j(x) \quad (a \leqslant x \leqslant b),$$

则有

$$\sum_{j=0}^{n} \beta_j \int_a^b \phi_j(x)k(x,t)\mathrm{d}x \approx \int_a^b g(x)k(x,t)\mathrm{d}x,$$

此处基函数 $\phi_k(x)$ 可以是代数多项式、三角多项式以及指数函数或分段多项式等,只要

$$\int_a^b \phi_k(x)k(x,t)\mathrm{d}x$$

能用初等积分方法或数值积分方法处理即可. 例如,计算积分

$$I(t) = \int_a^b g(x)\sin nx\,\mathrm{d}x,$$

可将$[a,b]$区间 $2N$ 等分,步长 $h=\dfrac{b-a}{2N}$,节点 $x_i = a+ih\,(i=0,1,\cdots,2N)$. 在每个子区间上用 Lagrange 二次插值多项式来近似 $g(x)$,则有

$$\int_a^b g(x)\sin nx\,\mathrm{d}x \approx h\{-\beta_1[g(b)\cos nb - g(a)\cos na] + \beta_2 F_{2N} + \beta_3 F_{2N-1}\}. \tag{5.3}$$

其中,

$$F_{2N} = \frac{1}{2}\left[g(a)\sin na + \frac{1}{2}g(b)\sin nb\right] + \sum_{j=1}^{N} g(a+2jh)\sin(a+2jh),$$

$$F_{2N-1}=\sum_{j=1}^{N}g[a+(2j-1)h]\sin[a+(2j-1)h],$$
$$\beta_1=(\theta^2+\theta\sin\theta\cos\theta-2\sin^2\theta)/\theta^3,$$
$$\beta_2=2[\theta(1+\cos^2\theta)-2\sin\theta\cos\theta]/\theta^3,$$
$$\beta_3=4(\sin\theta-\theta\cos\theta)/\theta^3,$$
$$\theta=nh.$$

(2)用三次样条插值函数代替 $g(x)$.

设$[a,b]$上的 $N+1$ 个节点为 $a=x_0<x_1<\cdots<x_{N-1}<x_N=b$，$s(x)$为 $g(x)$的相应于这些节点的三次样条插值函数，其边界条件为 $s''(a)=g''(a)=M_0$，$s''(b)=g''(b)=M_N$，由三弯矩法计算出参数 $M_1,M_2,\cdots,M_{N-1}$，可得 $s(x)$，则反复利用分步积分可得

$$\int_a^b g(x)\sin nx\,\mathrm{d}x\approx\int_a^b s(x)\sin nx\,\mathrm{d}x$$
$$=\left[-\frac{1}{n}s(x)\cos nx+\frac{1}{n^2}s'(x)\sin nx+\frac{1}{n^3}s''(x)\cos nx\right]\Bigg|_a^b-\frac{1}{n^3}\int_a^b s'''(x)\cos nx\,\mathrm{d}x,$$

而 $s'''(x)$在每一小区间$[x_{k-1},x_k]$上是常数，则上式右端最后一项为

$$-\frac{1}{n^3}\int_a^b s'''(x)\cos nx\,\mathrm{d}x=-\frac{1}{n^3}\sum_{k=1}^{N}\int_{x_{k-1}}^{x_k}s'''(x)\cos nx\,\mathrm{d}x$$
$$=-\frac{1}{n^4}\sum_{k=1}^{N}\frac{M_k-M_{k-1}}{h_k}(\sin nx_k-\sin nx_{k-1}),$$

则有

$$\int_a^b g(x)\sin nx\,\mathrm{d}x\approx\left[-\frac{1}{n}s(x)\cos nx+\frac{1}{n^2}s'(x)\sin nx+\frac{1}{n^3}s''(x)\cos nx\right]\Bigg|_a^b-\frac{1}{n^4}\sum_{k=1}^{N}\frac{M_k-M_{k-1}}{h_k}(\sin nx_k-\sin nx_{k-1}),\tag{5.4}$$

其中，$h_k=x_k-x_{k-1}$.

§6 多重积分的计算

前述几节讨论的方法都是针对一维情形的积分问题，所介绍的数值积分方法都可用于多重积分的计算.

6.1 基本思想

考虑积分

$$I=\iint_{\Omega}f(x,y)\mathrm{d}x\mathrm{d}y,\tag{6.1}$$

其中积分区域 Ω 由两条曲线 $y=g_1(x)$和 $y=g_2(x)$以及直线 $x=a$ 和 $x=b$ 所围成，如

图 3-2 所示，$f(x,y)$为 Ω 上可积函数.

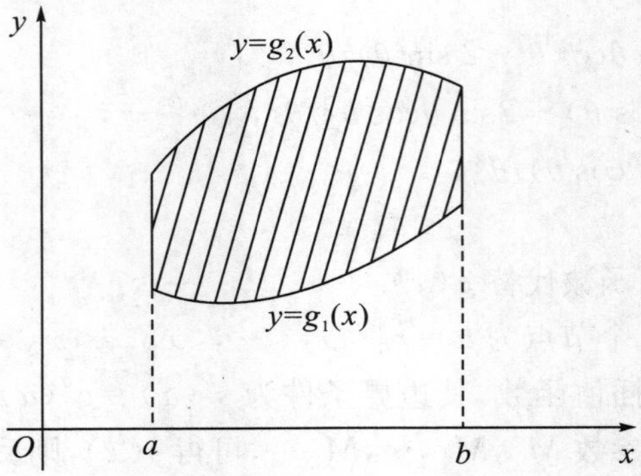

图 3-2

二重积分可转化成单重积分进行计算：

$$\iint_{\Omega} f(x,y)\mathrm{d}x\mathrm{d}y=\int_a^b\left[\int_{g_1(x)}^{g_2(x)} f(x,y)\mathrm{d}y\right]\mathrm{d}x$$

记

$$F(x)=\int_{g_1(x)}^{g_2(x)} f(x,y)\mathrm{d}y,$$

则利用单重积分的数值求积公式可得

$$\iint_{\Omega} f(x,y)\mathrm{d}x\mathrm{d}y=\int_a^b F(x)\mathrm{d}x\approx\sum_{k=0}^{n} A_k F(x_k). \tag{6.2}$$

其中，$F(x_k)(k=0,1,\cdots,n)$又为单重积分，利用数值求积公式有

$$F(x_k)=\int_{g_1(x_k)}^{g_2(x_k)} f(x_k,y)\mathrm{d}y\approx\sum_{j=0}^{m(k)} B_{kj} f(x_k,y_j),$$

代入式(6.2)，有

$$\iint_{\Omega} f(x,y)\mathrm{d}x\mathrm{d}y\approx\sum_{k=0}^{n}\sum_{j=0}^{m(k)} A_k B_{kj} f(x_k,y_j). \tag{6.3}$$

此即为二重积分的数值求积公式，若利用一维积分的不同数值积分公式，则可得到不同的二重求积公式.

若考虑的是三重积分

$$I=\iiint_{\Omega} f(x,y,z)\mathrm{d}x\mathrm{d}y\mathrm{d}z,$$

其数值求积的思想与二重积分类似.

6.2 复化求积公式

考虑二重积分

$$\iint_{\Omega} f(x,y)\mathrm{d}x\mathrm{d}y=\int_a^b\left[\int_c^d f(x,y)\mathrm{d}y\right]\mathrm{d}x, \tag{6.4}$$

其中，Ω 为矩形区域，$\Omega=\{(x,y)\mid a\leqslant x\leqslant b,c\leqslant y\leqslant d\}$，将$[a,b]n$ 等分. 节点 $x_k=a+$

kh_x，步长 $h_x=\dfrac{b-a}{n}$，$k=0,1,\cdots,n$；将$[c,d]m$ 等分，节点 $y_j=c+jh_y$，步长 $h_y=\dfrac{d-c}{m}$，$j=0,1,\cdots,m$.

Ⅰ　复化梯形求积公式

$$\iint\limits_{\Omega} f(x,y)\mathrm{d}x\mathrm{d}y=\int_a^b\left[\int_c^d f(x,y)\mathrm{d}y\right]\mathrm{d}x\approx\frac{h_1h_2}{4}\sum_{k=0}^{n}\sum_{j=0}^{m}A_kB_jf(x_k,y_j)$$
$$=\frac{h_1h_2}{4}\sum_{k=0}^{n}\sum_{j=0}^{m}\lambda_{kj}f(x_k,y_j).\tag{6.5}$$

其中，系数 $A_0=A_n=1$，$A_k=2(k=1,2,\cdots,n-1)$，$B_0=B_m=1$，$B_j=2(j=1,2,\cdots,m-1)$，$\lambda_{kj}=A_kB_j$，见表 3.9.

表 3.9

λ_{kj} \ A_k / B_j	1	2	2	…	2	1
1	1	2	2	…	2	1
2	2	4	4	…	4	2
2	2	4	4	…	4	2
⋮	⋮	⋮	⋮			⋮
2	2	4	4	…	4	2
1	1	2	2	…	2	1

Ⅱ　复化 Simpson 求积公式

设等分数 n 和 m 都为偶数，在 x,y 方向都采用单方向的复化 Simpson 公式，则可导出二重积分式(6.4)的复化 Simpson 求积公式

$$\iint\limits_{\Omega} f(x,y)\mathrm{d}x\mathrm{d}y=\int_a^b\left[\int_c^d f(x,y)\mathrm{d}y\right]\mathrm{d}x\approx\frac{h_1h_2}{9}\sum_{k=0}^{n}\sum_{j=0}^{m}\lambda_{kj}f(x_k,y_j),\tag{6.6}$$

其系数 λ_{kj} 见表 3.10.

表 3.10

λ_{kj} \ A_k / B_j	1	4	2	4	…	4	2	4	1
1	1	4	2	4	…	4	2	4	1
4	4	16	8	16	…	16	8	16	4
2	2	8	4	8	…	8	4	8	2
4	4	16	8	16	…	16	8	16	4
⋮	⋮	⋮	⋮	⋮		⋮	⋮	⋮	⋮

续表3.10

λ_{kj} \ A_k / B_j	1	4	2	4	…	4	2	4	1
4	4	16	8	16	…	16	8	16	4
2	2	8	4	8	…	8	4	8	2
4	4	16	8	16	…	16	8	16	4
1	1	4	2	4	…	4	2	4	1

三重积分的复化公式可类似式(6.5)及式(6.6)求得.

6.3 Gauss 型求积公式

若分别在 x,y 方向(二维)或 x,y,z 方向(三维)使用单方向的 Gauss-Legendre 求积公式,则可得二维和三维 Gauss-Legendre 求积公式(简称 Gauss 公式)(详见参考文献[11]).

(1)二维情形.

$$I=\int_{-1}^{1}\int_{-1}^{1}f(x,y)\mathrm{d}x\mathrm{d}y\approx\sum_{k=0}^{n}\sum_{j=0}^{n}H_kH_jf(x_k,y_j),\tag{6.7}$$

其中,H_k,H_j 即为一维 Gauss 积分系数,若 $f(x,y)=\sum\limits_{i,j=0}^{n}\alpha_{ij}x^iy^j$,且 $i,j\leqslant 2n+1$,则式(6.7)能给出积分的准确值。

(2)三维情形.

$$I=\int_{-1}^{1}\int_{-1}^{1}\int_{-1}^{1}f(x,y,z)\mathrm{d}x\mathrm{d}y\mathrm{d}z\approx\sum_{i=0}^{n}\sum_{j=0}^{n}\sum_{k=0}^{n}H_iH_jH_kf(x_i,y_j,z_k),\tag{6.8}$$

若 $f(x,y,z)=\sum\alpha_{ijk}x^iy^jz^k$,且 $i,j,k\leqslant 2n+1$,则式(6.8)能给出积分的准确值,另外还有更高效率的 Irons 积分公式可查阅参考文献[11].

注:Gauss 型求积公式(6.7)及(6.8)在用四边形(或六面体)有限元方法求解微分方程时非常有用,因其精度高且计算量相对较小.若用三角形(或四面锥)有限元法时,可见参考文献[11]中的二维三角形单元和三维四面锥单元的 Hammer 积分.

§7 数值微分

由微积分学可知,一些初等函数表述的函数 $f(x)$ 的导数 $f'(x)$ 容易求得.但实际应用中,函数 $f(x)$ 若由一些离散数据给出,则求 $f'(x)$ 就比较困难.本节主要研究通过已知函数值来表示函数导数的方法,这种方法称为**数值微分**.

7.1　Taylor 级数展开法

要计算 $f'(x_0)$，可通过如下的 Taylor 级数展开获得近似计算公式，即

$$f(x_0+h)=f(x_0)+hf'(x_0)+\frac{h^2}{2!}f''(\xi),$$

其中，ξ 在 x_0 与 x_0+h 之间，则有

$$f'(x_0)=\frac{f(x_0+h)-f(x_0)}{h}+O(h),$$

这样可得到一个计算 $f'(x_0)$ 的公式

$$f'(x_0)\approx\frac{f(x_0+h)-f(x_0)}{h}. \tag{7.1}$$

类似地，还可得出

$$f'(x_0)\approx\frac{f(x_0)-f(x_0-h)}{h}, \tag{7.2}$$

以及

$$f'(x_0)\approx\frac{f(x_0+h)-f(x_0-h)}{2h}. \tag{7.3}$$

公式(7.1)、(7.2)和(7.3)可理解为分别用一阶向前差商、一阶向后差商和二阶中心差商代替微商所得，其误差余项分别为 $O(h)$，$O(h)$ 及 $O(h^2)$. 理论上，步长 h 越小，计算结果越准确，但是从计算误差来看，h 越小，上述三个计算公式的分子就为两个很接近的数相减，容易造成有效数字的严重损失. 例如，用式(7.3)来求 $f(x)=\sqrt{x}$ 在 $x=2$ 处的一阶导数值 $f'(2)$（$f'(2)=\frac{1}{2\sqrt{2}}\approx 0.353553$）：

$$f'(2)=\frac{\sqrt{2+h}-\sqrt{2-h}}{2h},$$

取 5 位有效数字计算，对不同的步长 h，其结果见表 3.11.

表 3.11

h	1	0.5	0.1	0.05	0.01	0.005	0.001	0.0001
$f'(2)$	0.3660	0.3564	0.3535	0.3530	0.3550	0.3500	0.3500	0.3000

由表 3.11 可以看出，$h=0.1$ 时的计算结果最好，h 越小，效果越差. 因此，利用公式(7.1)、(7.2)或(7.3)进行计算时，步长不宜取得太小.

要克服上述方法的缺陷，可用外推方法来提高精度，由Taylor展开式有

$$f(x_0\pm h)=f(x_0)\pm hf'(x_0)+\frac{h^2}{2!}f''(x_0)\pm\frac{h^3}{3!}f'''(x_0)+\frac{h^4}{4!}f^{(4)}(x_0)\pm\frac{h^5}{5!}f^{(5)}(x_0)+\cdots$$

则

$$G(h)=\frac{f(x_0+h)-f(x_0-h)}{2h}$$
$$=f'(x_0)+\left[\frac{h^2}{3!}f'''(x_0)+\frac{h^4}{5!}f^{(5)}(x_0)+\frac{h^6}{7!}f^{(7)}(x_0)+\cdots\right]$$

类似数值积分的 Richardson 外推,可建立如下的外推方法:

$$\begin{cases}G_1(h)=G(h),\\ G_{m+1}(h)=\left[4^mG_m\left(\frac{h}{2}\right)-G_m(h)\right]/(4^m-1),\\ m=1,2,\cdots\end{cases}\tag{7.4}$$

则外推 m 次之后,$f'(x_0)$的余项为 $f'(x_0)-G_{m+1}(h)=O(h^{2(m+1)})$.

不管是由 Taylor 级数展开还是由差商代替微商导出公式(7.1)~(7.4),实质上都是微分离散化得到的. 众所周知,微分是积分的逆运算,而数值积分的方法已很成熟,因此,可将数值微分问题转化为数值积分问题. 例如,对区间$[a,b]$ n 等分,节点 $x_k=a+ih(i=0,1,\cdots,n)$,$h=\frac{b-a}{n}$,由于

$$f(x_{k+1})-f(x_{k-1})=\int_{x_{k-1}}^{x_{k+1}}f'(t)\mathrm{d}t\quad(k=1,2,\cdots,n-1),$$

对右端用 Simpson 公式积分,得

$$f(x_{k+1})-f(x_{k-1})\approx\frac{h}{3}[f'(x_{k-1})+4f'(x_k)+f'(x_{k+1})]$$
$$(k=1,2,\cdots,n-1).$$

记 m_k 为 $f'(x_k)$的近似值,给定边界 $m_0=f'(x_0)$,$m_n=f'(x_n)$,则有

$$\begin{cases}m_{k-1}+4m_k+m_{k+1}=\frac{3}{h}[f(x_{k+1})-f(x_{k-1})],\\ m_0=f'(x_0),\\ m_n=f'(x_n)\quad(k=1,2,\cdots,n-1).\end{cases}\tag{7.5}$$

上述方程组共有 $n-1$ 个方程,$n-1$ 个未知量 $m_1,m_2,\cdots,m_{n-1}$,其系数矩阵严格对角占优(见第五章),因而存在唯一解. 方程组(7.5)通常称为**数值微分的隐格式**,其逼近阶为 $O(h^4)$(见参考文献[2]).

7.2 插值型求导公式

这一部分介绍利用插值的思想来导出节点处微分的方法,主要包括基于 Lagrange 插值和三次样条插值的两类方法.

Ⅰ 基于 Lagrange 插值的方法

函数 $f(x)$由一组离散数据给出,即由 $f(x_k)(k=0,1,\cdots,n)$确定,利用插值原理,可建立 n 次 Lagrange 插值多项式 $P_n(x)$,则

$$f(x)=P_n(x)+\frac{f^{(n+1)}(\xi)}{(n+1)!}\omega_{n+1}(x)\quad\xi\in(x_0,x_n),$$

两端求导一次得

$$f'(x)=P_n'(x)+\frac{f^{(n+1)}(\xi)}{(n+1)!}\omega_{n+1}'(x)+\frac{\omega_{n+1}(x)}{(n+1)!}\frac{\mathrm{d}}{\mathrm{d}x}f^{(n+1)}(\xi).$$

由于ξ是x的未知函数，故无法对$\frac{\mathrm{d}}{\mathrm{d}x}f^{(n+1)}(\xi)$做估计. 为了避免对此项的讨论，利用节点处$\omega_{n+1}(x_k)=0(k=0,1,\cdots,n)$，限定求节点$x_k$处的导数值，则有

$$f'(x_k)-P_n'(x_k)=\frac{f^{(n+1)}(\xi)}{(n+1)!}\omega_{n+1}'(x_k).\tag{7.6}$$

若$|f^{(n+1)}(x)|\leqslant M, x\in[a,b]$，节点$x_k\in[a,b], k=0,1,\cdots,n$，则

$$|f'(x_k)-P_n'(x_k)|\leqslant\frac{M}{(n+1)!}(b-a)^n\xrightarrow{n\to\infty}0,$$

从而有

$$f'(x_k)\approx P_n'(x_k)\quad(k=0,1,\cdots,n).$$

根据式(7.6)，给出以下等距节点处的常用数值微分公式.

(1)一阶两点公式($n=1$).

$$f'(x_0)=\frac{1}{h}[f(x_1)-f(x_0)]-\frac{h}{2}f''(\xi_1)\quad\xi_1\in(x_0,x_1),\tag{7.7}$$

$$f'(x_1)=\frac{1}{h}[f(x_1)-f(x_0)]+\frac{h}{2}f''(\xi_2)\quad\xi_2\in(x_0,x_1).\tag{7.8}$$

(2)一阶三点公式($n=2$).

$$f'(x_0)=\frac{1}{2h}[-3f(x_0)+4f(x_1)-f(x_2)]+\frac{h^2}{3}f'''(\xi_1)\quad\xi_1\in(x_0,x_1),\tag{7.9}$$

$$f'(x_1)=\frac{1}{2h}[-f(x_0)+f(x_2)]-\frac{h^2}{6}f'''(\xi_2)\quad\xi_2\in(x_0,x_1),\tag{7.10}$$

$$f'(x_2)=\frac{1}{2h}[f(x_0)-4f(x_1)+3f(x_2)]+\frac{h^2}{3}f'''(\xi_3)\quad\xi_3\in(x_0,x_1).\tag{7.11}$$

(3)二阶三点公式($n=2$).

$$f''(x_0)=\frac{1}{h^2}[f(x_0)-2f(x_1)+f(x_2)]-hf'''(\xi_1)+\frac{h^2}{6}f^{(4)}(\xi_2),$$

$$f''(x_1)=\frac{1}{h^2}[f(x_0)-2f(x_1)+f(x_2)]-\frac{h^2}{12}f^{(4)}(\xi_3),$$

$$f''(x_2)=\frac{1}{h^2}[f(x_0)-2f(x_1)+f(x_2)]+hf'''(\xi_4)-\frac{h^2}{6}f^{(4)}(\xi_5),$$

其中，$\xi_i\in(x_0,x_2)(i=1,2,\cdots,5)$.

Ⅱ　基于三次样条插值的方法

由第二章定理 7.1 知，三次样条插值函数$s(x)$作为$f(x)$的近似函数，不仅函数值很接近，而且导数值也很接近，有如下估计：

$$\|f^{(k)}(x)-s^{(k)}(x)\|_\infty\leqslant C_kh^{4-k}\|f^{(4)}(x)\|_\infty\quad(k=0,1,2,3).$$

因此，用三次样条插值函数来建立数值微分公式是可行的，并有

$$f^{(k)}(x)\approx s^{(k)}(x)\quad(k=0,1,2,3).\tag{7.12}$$

需注意,前述插值型微分公式(7.6)只能用来求节点处的近似微分,而样条微分公式(7.12)可用来求插值范围内任意点 x(包含节点)处的近似微分.

将区间$[a,b]$ n 等分,节点 $x_k=a+kh$(其中 $k=0,1,\cdots,n;h=\frac{b-a}{n}$),三次样条插值函数 $s(x)$在节点处的导数值 $s'(x_k)=m_k$,满足

$$m_{k-1}+4m_k+m_{k+1}=3(y_{k+1}-y_{k-1})/h. \tag{7.13}$$

若给定边界条件 $m_0=f'(x_0)$,$m_n=f'(x_n)$,则解方程组(7.13)得到的 m_k 即可作为 $f'(x_k)$的近似值.

小结

本章主要介绍了积分和微分的数值计算方法,数值积分和数值微分方法,其基本思想都是通过逼近原理,将积分和微分归结为函数值的四则运算问题.

数值积分公式主要介绍了插值型求积公式,包括等距节点的 Newton-Cotes 公式和非等距节点的 Gauss 型求积公式. Newton-Cotes公式主要有梯形求积公式,Simpson 求积公式和 Cotes 求积公式,以及相应的复化求积公式等. 另外,在复化梯形求积公式的基础上,介绍了自适应选取积分步长的方法,以及一类非常重要的加速技术——Richardson 外推加速技术,并由此导出了 Romberg 求积公式. Gauss 型求积公式主要有 Gauss-Legendre 求积公式、Gauss-Laguerre 求积公式、Gauss-Hermite 求积公式及 Gauss-切比雪夫求积公式等. 误差补偿思想作为一类重要的思想,在数值方法的构造中有很重要的作用,希望读者能理解掌握.

另外,在数值积分部分还简略介绍了处理奇异积分和振荡函数积分的基本方法与技巧. 对实际应用中经常出现的二重积分和三重积分的数值计算方法也作了简单介绍.

数值微分的计算主要介绍了基于 Taylor 级数展开和基于插值的两类方法,其中还介绍了两种技巧,即外推技术和将数值微分转化为数值积分来处理.

习　题

1. 确定下列求积公式中的待定参数,使其代数精度尽量地高.

(1) $\int_{-h}^{h}f(x)\mathrm{d}x\approx A_{-1}f(-h)+A_0f(0)+A_1f(h)$.

(2) $\int_{-1}^{1}f(x)\mathrm{d}x\approx\frac{1}{3}[f(-1)+2f(x_1)+3f(x_2)]$.

(3) $\int_{-2h}^{2h}f(x)\mathrm{d}x\approx A_{-1}f(-h)+A_0f(0)+A_1f(h)$.

(4) $\int_{0}^{h}f(x)\mathrm{d}x\approx\frac{h}{2}[f(0)+f(h)]+\alpha h^2[f'(0)-f'(h)]$.

2. 若 $x\in[a,b]$,$f''(x)>0$,证明用梯形求积公式计算积分 $\int_a^b f(x)\mathrm{d}x$ 所得结果比准

确值大，并说明其几何意义.

3. 推导下列三种矩形求积公式及其余项，并说明几何意义.

(1) $\int_a^b f(x)\mathrm{d}x \approx (b-a)f(a)$，余项 $R=\frac{f'(\xi)}{2}(b-a)^2, \xi \in (a,b)$.

(2) $\int_a^b f(x)\mathrm{d}x \approx (b-a)f(a)$，余项 $R=-\frac{f'(\xi)}{2}(b-a)^2, \xi \in (a,b)$.

(3) $\int_a^b f(x)\mathrm{d}x \approx (b-a)f\left(\frac{a+b}{2}\right)$，余项 $R=\frac{f''(\xi)}{24}(b-a)^3, \xi \in (a,b)$.

4. 已知函数 $f(x)=\frac{4}{1+x^2}$ 的一组数据如下：

x_k	0	1/8	1/4	3/8	1/2	5/8	3/4	7/8	1
$f(x_k)$	4.00000	3.93846	3.76470	3.50685	3.20000	2.87640	2.56000	2.26549	2.00000

试分别用复化梯形公式，复化 Simpson 公式及 Romberg 公式计算积分

$$I=\int_0^1 \frac{4}{1+x^2}\mathrm{d}x,$$

并与准确值 $I=\pi=3.1415926\cdots$ 比较.

5. 设 $a=x_0<x_1<\cdots<x_n=b$ 为区间 $[a,b]$ 的任意划分，试证明对任意次数不超过 n 的多项式 $P_n(x)$，存在唯一的组数 $\alpha_0,\alpha_1,\cdots,\alpha_n$，使得

$$\sum_{i=0}^{n}\alpha_i P_n(x_i)=\int_a^b P_n(x)\mathrm{d}x.$$

6. 假定函数 $f(x)$ 在 $[a,b]$ 上可积，证明复化梯形公式及复化 Simpson 公式当 $n\to\infty$ 时收敛到积分 $\int_a^b f(x)\mathrm{d}x$.

7. 分别利用梯形公式及 Simpson 公式计算下列积分.

(1) $\int_1^9 \sqrt{x}\,\mathrm{d}x \quad (n=4)$,

(2) $\int_0^{\frac{\pi}{6}} \sqrt{4-\sin^2\theta}\,\mathrm{d}\theta \quad (n=6)$,

(3) $\int_0^1 x^2\mathrm{e}^x\,\mathrm{d}x \quad (n=8)$.

8. 利用复化梯形公式及复化 Simpson 公式计算积分 $\int_1^3 \mathrm{e}^x\sin x\,\mathrm{d}x$，要求误差不超过 10^{-3}，问分别将 $[1,3]$ 分成多少等分？

9. 用 Romberg 公式计算下列积分，要求误差不超过 10^{-5}.

(1) $\int_1^3 \frac{\mathrm{d}x}{x}$,

(2) $\int_1^{10} \ln x\,\mathrm{d}x$,

(3) $\frac{2}{\sqrt{\pi}}\int_0^1 \mathrm{e}^{-x}\,\mathrm{d}x$.

10. 用 Gauss 型积分公式计算下列积分.

(1) $\int_0^{+\infty} e^{-x}\sqrt{x}\,dx$,

(2) $\int_{-\infty}^{+\infty} e^{-x^2}\sin^2 x\,dx$,

(3) $\int_{-4}^{4}\frac{dx}{1+x^2}$.

11. 证明等式

$$n\sin\frac{\pi}{n}=\pi-\frac{\pi^3}{3!n^2}+\frac{\pi^5}{5!n^4}-\cdots$$

试用 $n\sin\frac{\pi}{n}(n=3,6,12)$ 的值,用 Richardson 外推加速技术求 π 的近似值.

12. 试建立两点 Gauss 型求积公式

$$\int_0^1\frac{1}{\sqrt{x}}f(x)\,dx\approx A_0f(x_0)+A_1f(x_1).$$

13. 用下列方法计算积分 $\int_1^2\frac{1}{x}dx$,并与准确值 ln 2 比较.

(1)用 Romberg 方法.

(2)用三点及五点 Gauss-Legendre 公式.

(3)将积分区间[1,2]4 等分,用复化两点 Gauss-Legendre公式.

14. 函数 $f(x)=\frac{1}{(1+x)^2}$的值由下表给出:

x	1.0	1.1	1.2
$f(x)$	0.2500	0.2268	0.2066

试用一阶两点公式及一阶三点公式分别计算 $f'(1.0)$,$f'(1.1)$ 及 $f'(1.2)$.

第四章 解线性代数方程组的直接法

许多科学与工程的实际问题最终都归结为线性代数方程组的求解，例如电路分析，最小二乘法数据拟合，解非线性方程组的广义 Newton 法，用有限差分法和有限元法求微分方程的数值解，等等，最后都是求解线性代数方程组. 在线性代数中已经详细讨论了这类方程组解的存在唯一性及结构等理论，并且介绍了解线性代数方程组的 Gramer（克莱姆）法则，但该方法的运算量极大，不适合在计算机上编程计算. 本书将介绍解线性代数方程组的两大类方法，即直接法和迭代法。**直接法**是在没有舍入误差的前提下，通过有限步运算求得方程组精确解的方法. 但实际计算时，由于舍入误差的影响，直接法往往只能求得近似解，包括 Gauss 消去法及其变形等常用的有效方法，将在本章予以介绍. **迭代法**是从一个初始向量出发，按照某种方法产生方程组的近似解序列 $\{x^{(k)}\}$，使其收敛到方程组精确解的方法. 迭代法主要有 Jacob 迭代法、Gauss-Seidel迭代法、超松弛迭代法和共轭梯度法等，这些方法将在下一章详细介绍.

§1 Gauss 消去法

设有线性代数方程组

$$\begin{cases} a_{11}x_1 + a_{12}x_2 + \cdots + a_{1n}x_n = b_1, \\ a_{21}x_1 + a_{22}x_2 + \cdots + a_{2n}x_n = b_2, \\ \cdots\cdots\cdots\cdots\cdots\cdots \\ a_{n1}x_1 + a_{n2}x_2 + \cdots + a_{nn}x_n = b_n. \end{cases} \tag{1.1}$$

其矩阵及向量形式为

$$\boldsymbol{Ax} = \boldsymbol{b}, \qquad (1.1)'$$

其中，系数矩阵 $\boldsymbol{A} = (a_{ij})_{n\times n}$ 非奇异，$\boldsymbol{x} = (x_1, x_2, \cdots, x_n)^{\mathrm{T}}$. 右端项 $\boldsymbol{b} = (b_1, b_2, \cdots, b_n)^{\mathrm{T}}$. Gauss 消去法的基本思想是将方程组(1.1)或(1.1)′转化为一个等价（即解相同）的上三角形方程组

$$\begin{cases} u_{11}x_1 + u_{12}x_2 + \cdots + u_{1n}x_n = g_1, \\ \qquad u_{22}x_2 + \cdots + u_{2n}x_n = g_2, \\ \qquad\qquad \cdots\cdots \\ \qquad\qquad u_{nn}x_n = g_n. \end{cases} \tag{1.2}$$

然后进行求解,包括**消元**和**回代**两大过程.

Ⅰ 消元过程

为叙述方便,将方程组(1.1)记为 $\boldsymbol{A}^{(1)}\boldsymbol{x} = \boldsymbol{b}^{(1)}$,其中 $\boldsymbol{A}^{(1)} = (a_{ij}^{(1)})_{n\times n} = (a_{ij})_{n\times n}$,$\boldsymbol{b}^{(1)} = \boldsymbol{b}$.

第 1 步,设 $a_{11}^{(1)} \neq 0$,记 $l_{i1} = a_{i1}^{(1)}/a_{11}^{(1)}$,用 $-l_{i1}$ 乘方程组(1.1)的第 1 个方程,加到第 i 个方程($i=2,3,\cdots,n$),消去方程组(1.1)的第 2 个直到第 n 个方程中含有 x_1 的项,得到一个与(1.1)等价的方程组

$$\begin{cases} a_{11}^{(1)}x_1 + a_{12}^{(1)}x_2 + \cdots + a_{1n}^{(1)}x_n = b_1^{(1)}, \\ \qquad a_{22}^{(2)}x_2 + \cdots + a_{2n}^{(2)}x_n = b_2^{(2)}, \\ \qquad\qquad \cdots\cdots \\ \qquad a_{n2}^{(2)}x_2 + \cdots + a_{nn}^{(2)}x_n = b_n^{(2)}. \end{cases} \tag{1.3}$$

用矩阵符号记为

$$\boldsymbol{A}^{(2)}\boldsymbol{x} = \boldsymbol{b}^{(2)}, \tag{1.3$'$}$$

其中,

$$a_{ij}^{(2)} = a_{ij}^{(1)} - l_{i1}a_{1j}^{(1)}, b_i^{(2)} = b_i^{(1)} - l_{i1}b_1^{(1)} \quad (i,j = 2,3,\cdots,n).$$

第 2 步,设 $a_{22}^{(2)} \neq 0$,记 $l_{i2} = a_{i2}^{(2)}/a_{22}^{(2)}$,用 $-l_{i2}$ 乘方程组(1.3)的第 2 个方程,加到第 i 个方程($i=3,4,\cdots,n$),即可消去方程组(1.3)中后面 $n-2$ 个方程中含有 x_2 的项,得到一个与(1.3)等价的方程组

$$\begin{cases} a_{11}^{(1)}x_2 + a_{12}^{(1)}x_2 + a_{13}^{(1)}x_3 + \cdots + a_{1n}^{(1)}x_n = b_1^{(1)}, \\ \qquad a_{22}^{(2)}x_2 + a_{23}^{(2)}x_3 + \cdots + a_{2n}^{(2)}x_n = b_2^{(2)}, \\ \qquad\qquad a_{33}^{(3)}x_3 + \cdots + a_{3n}^{(3)}x_n = b_3^{(3)}, \\ \qquad\qquad\qquad \cdots\cdots \\ \qquad\qquad a_{n3}^{(3)}x_3 + \cdots + a_{nn}^{(3)}x_n = b_n^{(3)}. \end{cases} \tag{1.4}$$

简记为

$$\boldsymbol{A}^{(3)}\boldsymbol{x} = \boldsymbol{b}^{(3)}, \tag{1.4$'$}$$

其中,

$$a_{ij}^{(3)} = a_{ij}^{(2)} - l_{i2}a_{2j}^{(2)}, b_i^{(3)} = b_i^{(2)} - l_{i2}b_2^{(2)} \quad (i,j = 3,4,\cdots,n).$$

类似地,若 $a_{ii}^{(i)} \neq 0$($i=3,4,\cdots,n-1$),完成第 $n-1$ 步后,则可得一个等价的上三角形方程组

$$\begin{cases} a_{11}^{(1)}x_1 + a_{12}^{(1)}x_2 + a_{13}^{(1)}x_3 + \cdots + a_{1n}^{(1)}x_n = b_1^{(1)}, \\ \qquad a_{22}^{(2)}x_2 + a_{23}^{(2)}x_3 + \cdots + a_{2n}^{(2)}x_n = b_2^{(2)}, \\ \qquad\qquad a_{33}^{(3)}x_3 + \cdots + a_{3n}^{(3)}x_n = b_3^{(3)}, \\ \qquad\qquad\qquad \cdots\cdots\cdots\cdots \\ \qquad\qquad\qquad a_{nn}^{(n)}x_n = b_n^{(n)}. \end{cases} \tag{1.5}$$

简记为

$$\boldsymbol{A}^{(n)}\boldsymbol{x} = \boldsymbol{b}^{(n)}. \tag{1.5$'$}$$

由方程组(1.1)转化为方程组(1.5)是 Gauss 消去法的**消元过程**,该过程的计算公式为

对 $k=1,2,\cdots,n-1$,

$$\begin{cases} l_{ik} = a_{ik}^{(k)}/a_{kk}^{(k)} & (i=k+1,k+2,\cdots,n), \\ a_{ij}^{(k+1)} = a_{ij}^{(k)} - l_{ik}a_{kj}^{(k)} & (i,j=k+1,k+2,\cdots,n), \\ b_i^{(k+1)} = b_i^{(k)} - l_{ik}b_k^{(k)} & (i=k+1,k+2,\cdots,n). \end{cases} \tag{1.6}$$

Ⅱ　回代过程

通过消元过程,将原来的方程组(1.1)转化为上三角形方程组(1.5),当 $a_{nn}^{(n)} \neq 0$ 时,该上三角形方程组可通过如下公式求解.

$$\begin{cases} x_n = b_n^{(n)}/a_{nn}^{(n)}, \\ x_k = \left[b_k^{(k)} - \sum\limits_{j=k+1}^{n} a_{kj}^{(k)}x_j\right]/a_{kk}^{(k)} & (k=n-1,n-2,\cdots,1). \end{cases} \tag{1.7}$$

这一过程称为**回代过程**.

可以计算出,消元过程所需乘除法次数为$\frac{n^3}{3}+\frac{n^2}{2}-\frac{5}{6}n$,回代过程所需乘除法次数为$\frac{n(n+1)}{2}$,则 Gauss 消去法求解方程组所需乘除法次数总量为$\frac{n^3}{3}+n^2-\frac{n}{3}$,所需加减法次数总量为$\frac{n^3}{3}+\frac{n^2}{2}-\frac{5}{6}n$. 在计算机运算中,完成一次乘除法所花费的时间比完成一次加减法所需时间多得多,所以,当一个算法所需的加减法次数与乘除法次数相差无几时,往往将乘除法次数作为该算法的运算量. 因此,Gauss 消去法的运算量为 $\frac{n^3}{3}+n^2-\frac{n}{3}$. 这一运算量与用 Gramer 法则解方程组的运算量相比要小得多. 例如,$n=10$ 时,用 Gauss 消去法需作 430 次乘除法,而用 Gramer 法则需作 $11!=39916800$ 次乘除法.

实现方程组(1.1)转化为方程组(1.5)的消元过程的充要条件是主元素 $a_{ii}^{(i)} \neq 0(i=1,2,\cdots,n-1)$,而这一条件与原方程组(1.1)的系数矩阵 $\boldsymbol{A}$ 的联系由以下结论反映出来.

定理 1.1　主元素 $a_{ii}^{(i)} \neq 0(i=1,2,\cdots,k)$的充要条件是矩阵 $\boldsymbol{A}$ 的顺序主子式 $\boldsymbol{D}_i \neq 0(i=1,2,\cdots,k;k\leqslant n)$.

证明:利用数学归纳法进行证明.

充分性　当 $k=1$ 时,$\boldsymbol{D}_1=a_{11}\neq 0$,结论成立.

假设 $k-1$ 时结论也成立,则 Gauss 消去法可完成前 $k-1$ 步,相应的矩阵 $\boldsymbol{A}^{(1)}$ 变为

$\boldsymbol{A}^{(k)}$,即

$$\boldsymbol{A}^{(1)} \to \boldsymbol{A}^{(k)} = \begin{bmatrix} a_{11}^{(1)} & a_{12}^{(1)} & \cdots & \cdots & a_{1n}^{(1)} \\ & a_{22}^{(2)} & \cdots & \cdots & a_{2n}^{(2)} \\ & & \ddots & & \vdots \\ & & & a_{kk}^{(k)} \quad \cdots & a_{kn}^{(k)} \\ & & & \vdots & \vdots \\ & & & a_{nk}^{(k)} \quad \cdots & a_{nn}^{(n)} \end{bmatrix},$$

所以

$$\boldsymbol{D}_k = \begin{vmatrix} a_{11}^{(1)} & \cdots & a_{1k}^{(1)} \\ & \ddots & \vdots \\ & & a_{kk}^{(k)} \end{vmatrix} = a_{11}^{(1)} a_{22}^{(2)} \cdots a_{kk}^{(k)}. \tag{1.8}$$

因为 $\boldsymbol{D}_i \neq 0 (i=1,2,\cdots,k)$,$a_{ii}^{(i)} \neq 0 (i=1,2,\cdots,k-1)$及式(1.8),故 $a_{kk}^{(k)} \neq 0$,即充分性对 k 时也成立,充分性结论成立.

必要性　由假设 $a_{ii}^{(i)} \neq 0 (i=1,2,\cdots,k)$,则由式(1.8)可得 $\boldsymbol{D}_i \neq 0 (i=1,2,\cdots,k)$,即必要性结论成立.

推论　若 $\boldsymbol{A}$ 的顺序主子式 $\boldsymbol{D}_i \neq 0 (i=1,2,\cdots,n-1)$,则

$$a_{11}^{(1)} = \boldsymbol{D}_1,$$

$$a_{kk}^{(k)} = \frac{\boldsymbol{D}_k}{\boldsymbol{D}_{k-1}} \quad (k = 2,3,\cdots,n).$$

§2　主元素消去法

主元素消去法是为控制舍入误差而提出的算法,在 Gauss 消去法的消元过程中,若某个主元 $a_{kk}^{(k)}=0$,则消元无法进行;或者某主元 $a_{kk}^{(k)} \neq 0$,但相对很小,以它为除数,就会导致其他元素数量级的巨大增长,舍入误差就会扩散,计算结果严重失真.

例 2.1　用 Gauss 消去法解方程组

$$\begin{cases} 0.0003x_1 + 3.0000x_2 = 2.0001, \\ 1.0000x_1 + 1.0000x_2 = 1.0000. \end{cases}$$

取五位有效数字.

解:按 Gauss 消去法,消元一次后,得如下方程组

$$\begin{cases} 0.0003x_1 + 3.0000x_2 = 2.0001, \\ \qquad\qquad -9999.0x_2 = -6666.0. \end{cases}$$

解得 $x_2=0.6667$,$x_1=0$,而原方程组的准确解 $x_1=\dfrac{1}{3}$,$x_2=\dfrac{2}{3}$,相差很大,这是用 0.0003 作除数,导致舍入误差扩散造成的.因此,控制舍入误差的扩散非常重要.通常,控制舍入误差有两条途径:一是增加计算数字的位数(例如采用双倍位字长计算),可使最终结果中

的误差积累减小，但这是以牺牲机器时间为代价的；二是选取绝对值最大的元素作分母，这是主元素消去法的基本思想.

主元素消去法是 Gauss 消去法的改进，它全部或部分地选取绝对值最大的元素为主元素，仅对 Gauss 消去法的步骤做某些修改，使之成为一种有效(或稳定)的算法.

2.1　全主元素消去法

设方程组(1.1)的增广矩阵为

$$\boldsymbol{B}=\left[\begin{array}{cccc:c} a_{11} & a_{12} & \cdots & a_{1n} & b_1 \\ a_{21} & a_{22} & \cdots & a_{2n} & b_2 \\ \vdots & \vdots & & \vdots & \vdots \\ a_{n1} & a_{n2} & \cdots & a_{nn} & b_n \end{array}\right], \tag{2.1}$$

第 1 步，在 $\boldsymbol{A}$ 的元素中选取绝对值最大的元作为主元，即

$$|a_{i_1,j_1}|=\max_{1\leqslant i,j\leqslant n}|a_{ij}|\neq 0,$$

将 a_{i_1,j_1} 换到第 1 步主元的位置，即交换 $\boldsymbol{B}$ 的第 1 行与第 i_1 行，第 1 列与第 j_1 列，然后进行消元，得

$$\boldsymbol{B}=[\boldsymbol{A},\boldsymbol{b}]\rightarrow[\boldsymbol{A}^{(2)},\boldsymbol{b}^{(2)}].$$

重复上述过程，直至完成第 $k-1$ 步选主元，交换行列，消元后得

$$[\boldsymbol{A}^{(k)},\boldsymbol{b}^{(k)}]=\left[\begin{array}{ccccc:c} a_{11} & a_{12} & \cdots & \cdots & a_{1n} & b_1 \\ & a_{22} & \cdots & \cdots & a_{2n} & b_2 \\ & & \ddots & & \vdots & \vdots \\ & & a_{kk} & \cdots & a_{kn} & b_k \\ & & \vdots & & \vdots & \vdots \\ & & a_{nk} & \cdots & a_{nn} & b_n \end{array}\right], \tag{2.2}$$

其中，$\boldsymbol{A}^{(k)}$ 及 $\boldsymbol{b}^{(k)}$ 的元素仍分别记为 a_{ij}，b_i.

第 k 步，在 $\boldsymbol{A}^{(k)}$ 的第 k 行至第 n 行，第 k 列至第 n 列，共 $(n-k+1)^2$ 个元素中选绝对值最大的元 a_{i_k,j_k} 作为主元，

$$|a_{i_k,j_k}|=\max_{k\leqslant i,j\leqslant n}|a_{ij}|\neq 0,$$

交换$[\boldsymbol{A}^{(k)},\boldsymbol{b}^{(k)}]$中的第 k 行与第 i_k 行、第 k 列与第 j_k 列，将 a_{i_k,j_k} 交换到第 k 步主元的位置，然后消元，直至第 $n-1$ 步完成，将原方程组转化为如下的上三角形方程组(省略上标记号).

$$\begin{bmatrix} a_{11} & a_{12} & \cdots & a_{1n} \\ & a_{21} & \cdots & a_{2n} \\ & & \ddots & \vdots \\ & & & a_{nn} \end{bmatrix}\begin{bmatrix} y_1 \\ y_2 \\ \vdots \\ y_n \end{bmatrix}=\begin{bmatrix} b_1 \\ b_2 \\ \vdots \\ b_n \end{bmatrix},$$

这里 $y_1,y_2,\cdots,y_n$ 为 $x_1,x_2,\cdots,x_n$ 的某一个排列(因为有列的交换).

例 2.2　用全主元素消去法解方程组

$$\begin{cases}12x_1-3x_2+3x_3=15,\\-18x_1+3x_2-x_3=-15,\\x_1+x_2+x_3=6.\end{cases}$$

取四位有效数字.

解:第 1 步,选主元为−18,交换第一、二个方程,消元得

$$\begin{cases}-18x_1+3x_2-x_3=-15,\\-x_2+2.333x_3=5.000,\\1.167x_2+0.944x_3=5.167.\end{cases}$$

第 2 步,在上述方程组的后面两个方程的四个系数中,选主元为 2.333,则交换未知数 x_2 和 x_3 的次序,消元得

$$\begin{cases}-18x_1-x_3+3x_2=-15,\\2.333x_3-x_2=5.000,\\1.572x_2=3.144.\end{cases}$$

解得 $x_2=2.000$,$x_3=3.000$,$x_1=1.000$,原方程组的准确解 $x_1=1$,$x_2=2$,$x_3=3$,由此可见,主元素消去法的效果很好.

算法 2.1(全主元素消去法)

(1)消元过程.

对 $k=1,2,\cdots,n-1$,有:

①选主元 a_{i_k,j_k},$|a_{i_k,j_k}|=\max\limits_{k\leqslant i,j\leqslant n}|a_{ij}|$;

②若 $a_{i_k,j_k}=0$,则停止计算(此时 $\det(\boldsymbol{A})=0$);

③(i)若 $i_k=k$,则转(ii),否则换行

$$a_{kj}\leftrightarrow a_{i_kj}\ (j=k,k+1,\cdots,n),b_k\leftrightarrow b_{i_k},$$

(ii)若 $j_k=k$,则转④,否则换列

$$a_{ik}\leftrightarrow a_{ijk}\ (i=1,2,\cdots,n),$$

交换未知数排列顺序 $Z[k]\leftrightarrow Z[j_k]$;

④消元,对 $i=k+1,\cdots,n$,

$$l_{ik}=a_{ik}/a_{kk}\quad(|l_{ik}|\leqslant 1);$$

对 $j=k+1,\cdots,n$,

$$a_{ij}\leftarrow a_{ij}-l_{ik}a_{kj},$$
$$b_i\leftarrow b_i-l_{ik}b_k.$$

(2)回代过程.

①若 $a_{nn}=0$,则停止计算,$\det(\boldsymbol{A})=0$,否则

$$b_n\leftarrow b_n/a_{nn};$$

②对 $i=n-1,n-2,\cdots,1$,

$$b_i\leftarrow\left(b_i-\sum_{j=i+1}^{n}a_{ij}b_j\right)/a_{ii};$$

③还原未知数排列顺序,

对 $i=1,2,\cdots,n$，

$$x_{z_i} \leftarrow y_i.$$

注：上述算法中省略了元素上标记号.

2.2　列主元素消去法

全主元素消去法在选主元时要花费很多机器时间，而列主元素消去法依次按列选主元，花费时间相对较少，具体过程如下：

第 1 步，在增广矩阵(2.1)的第 1 列中选绝对值最大的元 $a_{i_1 1}$ 为主元，$|a_{i_1 1}|=\max\limits_{1\leqslant i\leqslant n}|a_{i1}|$. 若 $i_1\neq 1$，则交换 $\boldsymbol{B}$ 的第 1 行和第 i_1 行，然后消元计算得

$$\boldsymbol{B}=[\boldsymbol{A},\boldsymbol{b}]\rightarrow[\boldsymbol{A}^{(2)},\boldsymbol{b}^{(2)}].$$

重复上述过程，直至完成第 $k-1$ 步选主元，换行，消元得增广矩阵(2.2)的形式.

第 k 步，在 $\boldsymbol{A}^{(k)}$ 的第 k 列中，从第 k 行至第 n 行选主元 $a_{i_k k}$，即

$$|a_{i_k k}|=\max_{k\leqslant i\leqslant n}|a_{ik}|,$$

交换第 k 行和第 i_k 行，然后消元，直到第 $n-1$ 步完成，将原方程组转化为如下等价的上三角形方程组

$$\begin{bmatrix} a_{11} & a_{12} & \cdots & a_{1n} \\ & a_{21} & \cdots & a_{2n} \\ & & \ddots & \vdots \\ & & & a_{nn} \end{bmatrix}\begin{bmatrix} x_1 \\ x_2 \\ \vdots \\ x_n \end{bmatrix}=\begin{bmatrix} b_1 \\ b_2 \\ \vdots \\ b_n \end{bmatrix},$$

回代求解即可得原方程组(1.1)的解. 这里，为书写方便，仍省略上标记号，上述方程组的系数矩阵和右端项已不是原方程组的写法.

仍考虑例 2.1，用列主元素消去法求解，过程如下：

第 1 步，按列选主元为 1.000，交换两个方程次序，消元得

$$\begin{cases} 1.0000x_1+1.0000x_2=1.0000, \\ \qquad\qquad\quad 2.9997x_2=1.9998. \end{cases}$$

解得 $x_2=0.6667, x_1=0.3333$，与准确解 $x_1=\dfrac{1}{3}, x_2=\dfrac{2}{3}$ 相比，误差很小.

算法 2.2(列主元素消去法)

(1)消去过程.

对 $k=1,2,\cdots,n-1$，有：

①按列选主元 $a_{i_k k}$，即

$$|a_{i_k k}|=\max_{k\leqslant i\leqslant n}|a_{ik}|;$$

②若 $a_{i_k k}=0$，则停止计算(此时 $\det(\boldsymbol{A})=0$)；

③若 $i_k=k$，则转④，否则换行，即

$$a_{kj}\leftrightarrow a_{i_k j}\,(j=k,k+1,\cdots,n), b_k\leftrightarrow b_{i_k};$$

④消元计算.

对 $i=k+1,k+2,\cdots,n$,

$$l_{ik}=a_{ik}/a_{kk}\quad (|l_{ik}|\leqslant 1);$$

对 $j=k+1,k+2,\cdots,n$,

$$a_{ij}\leftarrow a_{ij}-l_{ik}a_{kj},$$

$$b_i\leftarrow l_{ik}b_k.$$

(2)回代过程.

①若 $a_{nn}=0$,则停止计算,$\det(\boldsymbol{A})=0$,否则

$$b_n\leftarrow b_n/a_{nn};$$

②对 $i=n-1,n-2,\cdots,1$,

$$b_i\leftarrow(b_i-\sum_{j=i+1}^{n}a_{ij}b_j)/a_{ii}.$$

由全主元素消去法和列主元素消去法过程可知,两种方法中的 l_{ik} 都满足 $|l_{ik}|\leqslant 1$,从而可保证算法是稳定的.但是,全主元素消去法选主元所需时间更多,所以实际计算中常采用列主元素消去法.

§3 矩阵三角分解法

前述几种方法的消元过程,都是将原方程组转化为一个等价的上三角形方程组,相应的原系矩阵就转化为一个上三角形矩阵,或者说实现了一个矩阵三角分解.本节将介绍几种基于矩阵三角分解来解线性代数方程组的方法.

3.1 Doolittle 分解法(*LU* 分解)

Gauss 消去法的消元过程能完成的充要条件是主元 $a_{ii}^{(i)}\neq 0$ 或系数矩阵 $\boldsymbol{A}$ 的顺序主子式 $\boldsymbol{D}_i\neq 0(i=1,2,\cdots,n-1)$,这一过程的实现,完成了 $\boldsymbol{A}$ 的一个三角分解,即

$$\boldsymbol{A}=\boldsymbol{L}\boldsymbol{U}.\tag{3.1}$$

这里 $\boldsymbol{L}$ 为单位下三角阵,$\boldsymbol{U}$ 为上三角阵,该分解唯一.若 $\boldsymbol{A}$ 非奇异,则 $\boldsymbol{U}$ 也非奇异.

这是因为消元的第 1 步对应将系数矩阵 $\boldsymbol{A}^{(1)}$ 和右端项 $\boldsymbol{b}^{(1)}$ 左乘一个初等变换阵,即

$$\boldsymbol{A}^{(2)}=\boldsymbol{L}_1^{-1}\boldsymbol{A}^{(1)},\quad \boldsymbol{b}^{(2)}=\boldsymbol{L}_1^{-1}\boldsymbol{b}^{(1)},$$

其中,

$$\boldsymbol{L}_1^{-1}=\begin{bmatrix}1 & & & & \\ -l_{21} & 1 & & & \\ -l_{31} & 0 & 1 & & \\ \vdots & \vdots & \vdots & \ddots & \\ -l_{n1} & 0 & 0 & \cdots & 1\end{bmatrix},$$

$$l_{i1}=\frac{a_{i1}^{(1)}}{a_{11}^{(1)}}\quad (i=2,3,\cdots,n).$$

消元的第 2 步对应为

$$\boldsymbol{A}^{(3)}=\boldsymbol{L}_2^{-1}\boldsymbol{A}^{(2)},\quad \boldsymbol{b}^{(3)}=\boldsymbol{L}_2^{-1}\boldsymbol{b}^{(2)},$$

其中，

$$\boldsymbol{L}_2^{-1}=\begin{bmatrix}1 & & & & \\ 0 & 1 & & & \\ 0 & -l_{32} & 1 & & \\ \vdots & \vdots & \vdots & \ddots & \\ 0 & -l_{n2} & 0 & \cdots & 1\end{bmatrix},$$

$$l_{i2}=\frac{a_{i2}^{(2)}}{a_{22}^{(2)}}\quad (i=3,4,\cdots,n).$$

如此继续 $n-1$ 步消元后，得

$$\boldsymbol{L}_{n-1}^{-1}\boldsymbol{A}^{(n-1)}=\boldsymbol{A}^{(n)}=\boldsymbol{U},\quad \boldsymbol{L}_{n-1}^{-1}\boldsymbol{b}^{(n-1)}=\boldsymbol{b}^{(n)},$$

则消去过程对应的矩阵变换为

$$\begin{cases}\boldsymbol{L}_{n-1}^{-1}\boldsymbol{L}_{n-2}^{-1}\cdots\boldsymbol{L}_2^{-1}\boldsymbol{L}_1^{-1}\boldsymbol{A}^{(1)}=\boldsymbol{U},\\ \boldsymbol{L}_{n-1}^{-1}\boldsymbol{L}_{n-2}^{-1}\cdots\boldsymbol{L}_2^{-1}\boldsymbol{L}_1^{-1}\boldsymbol{b}^{(1)}=\boldsymbol{b}^{(n)}.\end{cases}\tag{3.2}$$

由式(3.2)即可导出 $\boldsymbol{LU}$ 分解式(3.1). 此处 $\boldsymbol{L}=\boldsymbol{L}_1\boldsymbol{L}_2\cdots\boldsymbol{L}_{n-1}$ 仍是单位下三角阵，$\boldsymbol{U}$ 为上三角阵，其具体形式为

$$\boldsymbol{L}=\begin{bmatrix}1 & & & & \\ l_{21} & 1 & & & \\ l_{31} & l_{32} & 1 & & \\ \vdots & \vdots & & \ddots & \\ l_{n1} & l_{n2} & \cdots & l_{n,n-1} & 1\end{bmatrix},\quad \boldsymbol{U}=\begin{bmatrix}u_{11} & u_{12} & u_{13} & \cdots & u_{1n}\\ & u_{22} & u_{23} & \cdots & u_{2n}\\ & & u_{33} & \cdots & u_{3n}\\ & & & \ddots & \vdots\\ & & & & u_{nn}\end{bmatrix}.$$

关于 $\boldsymbol{LU}$ 分解有如下结论成立.

定理 3.1　若 n 阶矩阵 $\boldsymbol{A}$ 的顺序主子式 $\boldsymbol{D}_i\neq 0(i=1,2,\cdots,n-1)$，则 $\boldsymbol{A}$ 有唯一的 $\boldsymbol{LU}$ 分解.

实际计算时只需要最终的两个矩阵 $\boldsymbol{L}$ 和 $\boldsymbol{U}$，此时，原方程组 $\boldsymbol{Ax}=\boldsymbol{b}$ 的求解就转化为两个三角形方程组的求解

$$\begin{cases}\boldsymbol{Ly}=\boldsymbol{b}\quad (\text{下三角形方程组}),\\ \boldsymbol{Ux}=\boldsymbol{y}\quad (\text{上三角形方程组}).\end{cases}\tag{3.3}$$

求解方程组(3.3)就容易得多，即由下述回代公式计算即可.

$$\begin{cases}y_1=b_1,\\ y_i=b_i-\displaystyle\sum_{j=1}^{i-1}l_{ij}y_j\quad (i=2,3,\cdots,n).\end{cases}\tag{3.4}$$

$$\begin{cases}x_n=y_n/u_{nn},\\ x_i=\left(y_i-\displaystyle\sum_{j=i+1}^{n}u_{ij}x_j\right)/u_{ii}\quad (i=n-1,n-2,\cdots,1).\end{cases}\tag{3.5}$$

在方程组(3.5)中假设 $u_{nn}\neq 0$,即 $\boldsymbol{A}$ 非奇异.

Doolittle 分解(或 $\boldsymbol{LU}$ 分解)可直接通过矩阵乘法导出计算过程. 设 $\boldsymbol{A}=\boldsymbol{LU}$,即

$$\begin{bmatrix} a_{11} & a_{12} & \cdots & a_{1n} \\ a_{21} & a_{22} & \cdots & a_{2n} \\ \vdots & \vdots & & \vdots \\ a_{n1} & a_{n2} & \cdots & a_{nn} \end{bmatrix} = \begin{bmatrix} 1 & & & \\ l_{21} & 1 & & \\ \vdots & \vdots & \ddots & \\ l_{n1} & l_{n2} & \cdots & 1 \end{bmatrix} \begin{bmatrix} u_{11} & u_{12} & \cdots & u_{1n} \\ & u_{22} & \cdots & u_{2n} \\ & & \ddots & \vdots \\ & & & u_{nn} \end{bmatrix}, \tag{3.6}$$

由矩阵乘法及两矩阵相等,可得

第 1 步,因 $l_{11}=1$,故 $u_{1j}=a_{1j}(j=1,2,\cdots,n)$,且 $a_{i1}=l_{i1}u_{11}$,则 $l_{i1}=a_{i1}/u_{11}(i=2,3,\cdots,n)$,由此计算出 $\boldsymbol{U}$ 的第 1 行及 $\boldsymbol{L}$ 的第 1 列元素.

一般地,若 $\boldsymbol{U}$ 的前 $i-1$ 行及 $\boldsymbol{L}$ 的前 $i-1$ 列元素已计算出来,则

第 i 步,由 $a_{ij}=\sum\limits_{k=1}^{i} l_{ik}u_{kj}=\sum\limits_{k=1}^{i-1} l_{ik}u_{kj}+u_{ij}(j=i,i+1,\cdots,n)$,得

$$u_{ij}=a_{ij}-\sum_{k=1}^{i-1} l_{ik}u_{kj} \quad (j=i,i+1,\cdots,n).$$

又由 $a_{ji}=\sum\limits_{k=1}^{i} l_{jk}u_{ki}=\sum\limits_{k=1}^{i-1} l_{jk}u_{ki}+l_{ji}u_{ii}(j=i+1,i+2,\cdots,n)$,得

$$l_{ji}=\left(a_{ji}-\sum_{k=1}^{i-1} l_{jk}u_{ki}\right)/u_{ii} \quad (j=i+1,i+2,\cdots,n).$$

综上可得,$\boldsymbol{A}$ 的 $\boldsymbol{LU}$ 分解公式如下:

对 $i=1,2,\cdots,n$,

$$\begin{cases} a_{ij}\leftarrow u_{ij}=a_{ij}-\sum\limits_{k=1}^{i-1} l_{ik}u_{kj} & (j=i,i+1,\cdots,n). \\ a_{ji}\leftarrow l_{ji}=\left(a_{ji}-\sum\limits_{k=1}^{i-1} l_{jk}u_{ki}\right)/u_{ii} & (j=i+1,i+2,\cdots,n). \end{cases} \tag{3.7}$$

由式(3.7)计算出的 $\boldsymbol{L}$ 和 $\boldsymbol{U}$ 可分别存储在 $\boldsymbol{A}$ 的严格下三角部分和上三角部分.

有了 $\boldsymbol{LU}$ 分解算法之后,可以很方便地利用算法(3.4)和(3.5)求解线性代数方程组,尤其是系数矩阵不变而右端项变化的一系列方程组的求解可利用该方法. 例如,在矩阵特征值计算的反幂法中就可利用 $\boldsymbol{LU}$ 分解进行计算.

例 3.1 用 $\boldsymbol{LU}$ 分解求解方程组 $\boldsymbol{Ax}=\boldsymbol{b}^{(i)}(i=1,2)$,其中,

$$\boldsymbol{A}=\begin{bmatrix} 2 & 2 & 3 \\ 4 & 7 & 7 \\ -2 & 4 & 5 \end{bmatrix}, \quad \boldsymbol{b}^{(1)}=\begin{bmatrix} 3 \\ 1 \\ -7 \end{bmatrix}, \quad \boldsymbol{b}^{(2)}=\begin{bmatrix} 7 \\ 18 \\ 1 \end{bmatrix}.$$

解:先将系数矩阵 $\boldsymbol{A}$ 进行 $\boldsymbol{LU}$ 分解,由公式(3.7)得

$$\boldsymbol{L}=\begin{bmatrix} 1 & 0 & 0 \\ 2 & 1 & 0 \\ -1 & 2 & 1 \end{bmatrix}, \quad \boldsymbol{U}=\begin{bmatrix} 2 & 2 & 3 \\ 0 & 3 & 1 \\ 0 & 0 & 6 \end{bmatrix}.$$

利用公式(3.4)解得

$i=1$ 时，$y_1=3$，$y_2=-5$，$y_3=6$，由式(3.5)解得 $x_3=1$，$x_2=-2$，$x_1=2$；

$i=2$ 时，$y_1=7$，$y_2=4$，$y_3=0$，由式(3.5)解得 $x_3=0$，$x_2=\dfrac{4}{3}$，$x_1=\dfrac{13}{6}$.

3.2　列主元素三角分解法

列主元素三角分解法对应于列主元素消去法，在 $\boldsymbol{LU}$ 分解公式(3.7)中，u_{ii} 作除数，若 $u_{ii}=0$ 或其绝对值相对很小，就会导致舍入误差的出现. 为此，仿照列主元素消去法，得到列主元素三角分解法，其过程如下.

对 $k=1,2,\cdots,n$，设第 $k-1$ 步分解已完成，此时有

$$\boldsymbol{A}\rightarrow\begin{bmatrix} u_{11} & u_{12} & \cdots & u_{1,k-1} & u_{1k} & \cdots & u_{1n} \\ l_{21} & u_{22} & \cdots & u_{2,k-1} & u_{2k} & \cdots & u_{2n} \\ \vdots & \vdots & & \vdots & \vdots & & \vdots \\ l_{k-1,1} & l_{k-1,2} & \cdots & u_{k-1,k-1} & u_{k-1,k} & \cdots & u_{k-1,n} \\ l_{k1} & l_{k2} & \cdots & l_{k,k-1} & a_{kk} & \cdots & a_{kn} \\ \vdots & \vdots & & \vdots & \vdots & & \vdots \\ l_{n1} & l_{n2} & \cdots & l_{n,k-1} & a_{nk} & \cdots & a_{nn} \end{bmatrix}. \tag{3.8}$$

第 k 步，为避免在式(3.7)中用很小的数 u_{kk} 作除数，令

$$S_i=a_{ik}-\sum_{j=1}^{k-1}l_{ij}u_{jk}\quad(i=k,k+1,\cdots,n),$$

则 $u_{kk}=S_k$，选 $\{S_i\}(i=k,k+1,\cdots,n)$ 中绝对值最大的元 S_{i_k}，即

$$|S_{i_k}|=\max_{k\leqslant i\leqslant n}|S_i|.$$

若 $i_k\neq k$，则交换式(3.8)右端矩阵的第 k 行与第 i_k 行，交换后的矩阵元素仍用式(3.8)右端矩阵中的记号. 由此再进行第 k 步的分解计算，矩阵 $\boldsymbol{L}$ 的元素满足 $|l_{ik}|\leqslant 1$，保证了算法的稳定性.

算法 3.1(列主元素三角分解法)

设 $\boldsymbol{Ax}=\boldsymbol{b}$ 的系数矩阵非奇异，

(1)选主元三角分解.

对 $k=1,2,\cdots,n$，

①计算 S_i，

$$a_{ik}\leftarrow S_i=a_{ik}-\sum_{j=1}^{k-1}l_{ij}u_{jk}\quad(i=k,k+1,\cdots,n);$$

②选主元，$|S_{i_k}|=\max\limits_{k\leqslant i\leqslant n}|S_i|$，$Z_1[k]\leftarrow i_k$；

③交换 $\boldsymbol{A}$ 的第 k 行与第 i_k 行

$$a_{ki}\leftrightarrow a_{i_k,i}\quad(i=1,2,\cdots,n);$$

④计算 $\boldsymbol{U}$ 的第 k 行元素，$\boldsymbol{L}$ 的第 k 列元素

$$a_{kk} \leftarrow u_{kk} = S_k,$$

$$a_{ik} \leftarrow l_{ik} = S_i / u_{kk} \quad (i = k+1, k+2, \cdots, n),$$

$$a_{ki} \leftarrow u_{ki} = a_{ki} - \sum_{j=1}^{k-1} l_{kj} u_{ji} \quad (i = k+1, k+2, \cdots, n).$$

上述过程即实现了按列主元素顺序排列的矩阵 $\boldsymbol{PA}$ 的 $\boldsymbol{LU}$ 分解,$\boldsymbol{U}$ 和 $\boldsymbol{L}$ 分别保存在 $\boldsymbol{A}$ 的上三角部分和严格下三角部分,排列阵 $\boldsymbol{P}$ 由记录 $Z[n]$确定.

(2)求解过程,即解 $\boldsymbol{Ly} = \boldsymbol{Pb}$ 及 $\boldsymbol{Ux} = \boldsymbol{y}$.

对 $i = 1, 2, \cdots, n-1$,作前三步:

①$m \leftarrow Z[i]$;

②若 $m = i$,则转③,否则 $b_i \leftarrow b_m$;

③$i \leftarrow i+1$,重复上述过程;

④ $b_i \leftarrow b_i - \sum_{j=1}^{i-1} l_{ij} b_j \quad (i = 2, 3, \cdots, n)$;

⑤ $b_n \leftarrow b_n / u_{nn},\ b_i \leftarrow \left(b_i - \sum_{j=i+1}^{n} u_{ij} b_j\right) / u_{ii} \quad (i = n-1, n-2, \cdots, 1)$.

综上所述,关于列主元素三角分解法有如下结论(见参考文献[5]).

定理 3.2 对非奇异矩阵 $\boldsymbol{A}$,存在排列阵 $\boldsymbol{P}$,以及元素绝对值不大于 1 的单位下三角阵 $\boldsymbol{L}$ 和上三角阵 $\boldsymbol{U}$,使

$$\boldsymbol{PA} = \boldsymbol{LU}.$$

3.3 平方根法

很多实际问题最后得出的线性代数方程组 $\boldsymbol{Ax} = \boldsymbol{b}$,其系数矩阵往往是对称正定阵.对这类问题,前述的 $\boldsymbol{LU}$ 分解完全可以用来求解,但若利用矩阵的对称正定这一特殊性质,可以得到更好的矩阵分解法,这就是下面将要讨论的平方根法.

定理 3.3 若 n 阶矩阵 $\boldsymbol{A}$ 对称正定,则有唯一的分解

$$\boldsymbol{A} = \boldsymbol{LDL}^{\mathrm{T}}, \tag{3.9}$$

其中,$\boldsymbol{L}$ 为单位下三角阵,$\boldsymbol{D}$ 为对角阵且对角元全大于 0.

证明:由 $\boldsymbol{A}$ 对称正定可知,$\boldsymbol{A}$ 的所有顺序主子式全大于 0,故有唯一的 $\boldsymbol{LU}$ 分解

$$\boldsymbol{A} = \begin{bmatrix} 1 & & & \\ l_{21} & 1 & & \\ \vdots & \vdots & \ddots & \\ l_{n1} & l_{n2} & \cdots & 1 \end{bmatrix} \begin{bmatrix} u_{11} & u_{12} & \cdots & u_{1n} \\ & u_{22} & \cdots & u_{2n} \\ & & \ddots & \vdots \\ & & & u_{nn} \end{bmatrix},$$

根据矩阵性质,$\boldsymbol{A}$ 的 i 阶主子式 $\boldsymbol{D}_i = u_{11} u_{22} \cdots u_{ii} > 0\ (i = 1, 2, \cdots, n)$,则有

$$\boldsymbol{A} = \begin{bmatrix} 1 & & & \\ l_{21} & 1 & & \\ \vdots & \vdots & \ddots & \\ l_{n1} & l_{n2} & \cdots & 1 \end{bmatrix} \times \begin{bmatrix} u_{11} & & & \\ & u_{22} & & \\ & & \ddots & \\ & & & u_{nn} \end{bmatrix} \times \begin{bmatrix} 1 & u_{12}/u_{11} & \cdots & u_{1n}/u_{11} \\ & 1 & \cdots & u_{2n}/u_{22} \\ & & \ddots & \vdots \\ & & & 1 \end{bmatrix} = \boldsymbol{LDU}_0.$$

由 $\boldsymbol{A}=\boldsymbol{A}^{\mathrm{T}}$，可得

$$\boldsymbol{LDU}_0=\boldsymbol{U}_0^{\mathrm{T}}\boldsymbol{DL}^{\mathrm{T}},$$

由 $\boldsymbol{LU}$ 分解的唯一性可得

$$\boldsymbol{U}_0^{\mathrm{T}}=\boldsymbol{L},\quad \boldsymbol{L}^{\mathrm{T}}=\boldsymbol{U}_0,$$

故 $\boldsymbol{A}$ 有唯一分解 $\boldsymbol{A}=\boldsymbol{LDL}^{\mathrm{T}}$.

若取 $\bar{\boldsymbol{D}}=\mathrm{diag}(\sqrt{u_{11}},\sqrt{u_{22}},\cdots,\sqrt{u_{nn}})$，则分解式(3.9)可表示为

$$\boldsymbol{A}=\boldsymbol{L}\bar{\boldsymbol{D}}^2\boldsymbol{L}^{\mathrm{T}}=(\boldsymbol{L}\bar{\boldsymbol{D}})(\boldsymbol{L}\bar{\boldsymbol{D}})^{\mathrm{T}}=\boldsymbol{GG}^{\mathrm{T}},\tag{3.10}$$

其中，$\boldsymbol{G}$ 为下三角阵，这种分解称为对称正定阵的**平方根分解**，也称为 Cholesky 分解. 显然，若规定 $\boldsymbol{G}$ 的对角元为正时，分解式(3.10)是唯一的，有如下定理成立.

定理 3.4　若 n 阶矩阵 $\boldsymbol{A}$ 对称正定，则有如下分解

$$\boldsymbol{A}=\boldsymbol{GG}^{\mathrm{T}}.$$

这里 $\boldsymbol{G}$ 为下三角阵. 又若规定 $\boldsymbol{G}$ 的对角元为正时，该分解唯一.

记 $\boldsymbol{G}=(g_{ij})_{n\times n}$，则平方根分解的算法如下：

对 $k=1,2,\cdots,n$，

$$\begin{cases} a_{kk}\leftarrow g_{kk}=\sqrt{a_{kk}-\sum\limits_{j=1}^{k-1}g_{kj}^2}, \\ a_{kj}\leftarrow g_{kj}=\left(a_{kj}-\sum\limits_{i=1}^{j-1}g_{ki}g_{ji}\right)/g_{jj}\quad (k=j+1,j+2,\cdots,n). \end{cases}\tag{3.11}$$

由式(3.11)的第一个式子得 $\boldsymbol{A}$ 的对角元

$$a_{kk}=\sum_{j=1}^{k}g_{kj}^2,$$

则有

$$|g_{kj}|\leqslant\sqrt{a_{kk}}\quad (i\leqslant k).\tag{3.12}$$

于是，$\boldsymbol{A}$ 的平方根分解的中间量 g_{kj} 完全得到控制，故该分解过程是稳定的.

定理 3.5　若线性代数方程组 $\boldsymbol{Ax}=\boldsymbol{b}$ 的系数矩阵 $\boldsymbol{A}$ 对称正定，则用平方根法进行求解是稳定的.

事实上在参考文献[5]中还有如下结论：对称正定的线性代数方程组用 Gauss 消去法不用选主元也是稳定的.

为避免公式(3.11)中的开方运算，可对矩阵 $\boldsymbol{A}$ 作 $\boldsymbol{LDL}^{\mathrm{T}}$ 分解，见参考文献[1].

3.4　三对角方程组的追赶法

在建立三次样条插值函数，求微分方程数值解等问题中，常常会遇到求解三对角方程组 $\boldsymbol{Ax}=\boldsymbol{g}$，即

$$\begin{bmatrix} b_1 & c_1 & & & \\ a_2 & b_2 & c_2 & & \\ & \ddots & \ddots & \ddots & \\ & & a_{n-1} & b_{n-1} & c_{n-1} \\ & & & a_n & b_n \end{bmatrix} \begin{bmatrix} x_1 \\ x_2 \\ \vdots \\ x_{n-1} \\ x_n \end{bmatrix} = \begin{bmatrix} g_1 \\ g_2 \\ \vdots \\ g_{n-1} \\ g_n \end{bmatrix}, \tag{3.13}$$

系数矩阵 $\boldsymbol{A}$ 的元素满足

$$\begin{cases} |b_1| > |c_1|, \\ |b_i| > |a_i| + |c_i| \quad (i = 2,3,\cdots,n-1), \\ |b_n| > |a_n|. \end{cases} \tag{3.14}$$

$\boldsymbol{A}$ 为严格对角占优阵,则 $\boldsymbol{A}$ 非奇异(见第五章),方程组(3.13)的解存在且唯一. 对方程组(3.13)可用前述的 $\boldsymbol{LU}$ 分解算法进行求解. 但是考虑到 $\boldsymbol{A}$ 的三对角性质,即有大量的零元素,可根据 $\boldsymbol{LU}$ 分解导出求解方程组(3.13)更简易的算法,即**追赶法**. 利用$\boldsymbol{A}=\boldsymbol{LU}$,即

$$\begin{bmatrix} b_1 & c_1 & & & \\ a_2 & b_2 & c_2 & & \\ & \ddots & \ddots & \ddots & \\ & & a_{n-1} & b_{n-1} & c_{n-1} \\ & & & a_n & b_n \end{bmatrix} = \begin{bmatrix} 1 & & & \\ l_2 & 1 & & \\ & \ddots & \ddots & \\ & & l_n & 1 \end{bmatrix} \begin{bmatrix} u_1 & d_1 & & & \\ & u_2 & d_2 & & \\ & & \ddots & \ddots & \\ & & & \ddots & d_{n-1} \\ & & & & u_n \end{bmatrix}, \tag{3.15}$$

根据矩阵乘法及矩阵相等可得分解的计算公式

$$\begin{cases} d_i = c_i \quad (i = 1,2,\cdots,n-1), \\ u_1 = b_1, \\ l_i = a_i/u_{i-1}, u_i = b_i - l_i d_{i-1} \quad (i = 2,3,\cdots,n). \end{cases} \tag{3.16}$$

有此分解之后,方程组 $\boldsymbol{Ax}=\boldsymbol{g}$ 的求解就转化为依次求解两个更简单的方程组 $\boldsymbol{Ly}=\boldsymbol{g}$ 和 $\boldsymbol{Ux}=\boldsymbol{y}$,即

$$\begin{cases} y_1 = g_1, \\ y_i = g_i - l_i y_{i-1} \quad (i = 2,3,\cdots,n), \end{cases} \tag{3.17}$$

以及

$$\begin{cases} x_n = y_n/u_n, \\ x_i = (y_i - c_i x_{i+1})/u_i \quad (i = n-1,n-2,\cdots,1). \end{cases} \tag{3.18}$$

计算过程式(3.16)~(3.18)称为解三对角方程组(3.13)的**追赶法**或 Thomas **方法**. 其中,计算 $u_1 \to l_2 \to u_2 \to l_3 \to \cdots \to l_n \to u_n$ 及$y_1 \to y_2 \to \cdots \to y_n$ 的过程称为"追"的过程;计算 $x_n \to x_{n-1} \to \cdots \to x_1$ 的过程称为"赶"的过程. 整个求解过程仅需作 $5n-4$ 次乘除法,并且是稳定的(见参考文献[1]).

另外,解线性代数方程组的方法还有 Gauss-Jordan 消去法等,有兴趣的读者可查阅参考文献[1],[3].

§4　向量范数、矩阵范数及条件数

为研究直接法解线性代数方程组 $\boldsymbol{Ax}=\boldsymbol{b}$ 的解对 $\boldsymbol{A}$ 和 $\boldsymbol{b}$ 的敏感性，以及迭代法求解的收敛性和迭代解的误差估计等问题，需引入 $\mathbf{R}^n$ 空间中向量（或 $\mathbf{R}^{n\times n}$ 中矩阵）的一种度量来衡量其大小. 这里的度量是欧氏空间中向量长度的推广，是向量和矩阵的范数.

4.1　向量和矩阵的范数

定义 4.1　对任一向量 $\boldsymbol{x}=(x_1,x_2,\cdots,x_n)^{\mathrm{T}}\in\mathbf{R}^n$，对应一个实值函数 $N(\boldsymbol{x})=\|\boldsymbol{x}\|$，若 $N(\boldsymbol{x})$ 满足下列性质

(1) $\|\boldsymbol{x}\|\geqslant 0$，$\|\boldsymbol{x}\|=0\Leftrightarrow\boldsymbol{x}=0\in\mathbf{R}^n$；　（正定性）

(2) $\forall\alpha\in\mathbf{R}$，$\|\alpha\boldsymbol{x}\|=|\alpha|\,\|\boldsymbol{x}\|$；　（齐次性）

(3) $\forall\boldsymbol{y}=(y_1,y_2,\cdots,y_n)^{\mathrm{T}}\in\mathbf{R}^n$，$\|\boldsymbol{x}+\boldsymbol{y}\|\leqslant\|\boldsymbol{x}\|+\|\boldsymbol{y}\|$；　（三角不等式）

则称 $N(\boldsymbol{x})=\|\boldsymbol{x}\|$ 为**向量 $\boldsymbol{x}$ 的范数**.

在 $\mathbf{R}^n$ 中，常见的几种范数有

$$\|\boldsymbol{x}\|_1=\sum_{i=1}^{n}|x_i|,$$

$$\|\boldsymbol{x}\|_2=\left(\sum_{i=1}^{n}x_i^2\right)^{\frac{1}{2}},$$

$$\|\boldsymbol{x}\|_\infty=\max_{1\leqslant i\leqslant n}\{|x_i|\},$$

分别称为向量 $\boldsymbol{x}$ 的 1－范数，2－范数和∞－范数. 容易验证，上述三种范数满足定义 4.1 的三个性质.

例 4.1　计算向量 $\boldsymbol{x}=(-2,2,0)^{\mathrm{T}}$ 的上述各种范数.

解： $\|\boldsymbol{x}\|_1=4$，$\|\boldsymbol{x}\|_2=2\sqrt{2}$，$\|\boldsymbol{x}\|_\infty=2$.

定理 4.1（向量范数的等价性）　设 $\|\cdot\|_s$，$\|\cdot\|_t$ 为 $\mathbf{R}^n$ 上向量 $\boldsymbol{x}$ 的任意两种范数，则存在与 $\boldsymbol{x}$ 无关的常数 $m,M>0$，使得

$$m\|\boldsymbol{x}\|_s\leqslant\|\boldsymbol{x}\|_t\leqslant M\|\boldsymbol{x}\|_s,\quad\forall\boldsymbol{x}\in\mathbf{R}^n.\tag{4.1}$$

这一定理是泛函分析中关于范数等价性结论的直接推论，有限维线性空间中的一切范数都等价（详细证明可查阅参考文献[1]，[6]等）.

定义 4.2　设 $\{\boldsymbol{x}^{(k)}\}$ 为 $\mathbf{R}^n$ 中一向量序列，$\boldsymbol{x}^*\in\mathbf{R}^n$，若

$$\lim_{k\to\infty}x_j^{(k)}=x_j^*\quad(j=1,2,\cdots,n),$$

则称向量序列 $\{\boldsymbol{x}^{(k)}\}$ 收敛于 $\boldsymbol{x}^*$，记为 $\lim\limits_{k\to\infty}\boldsymbol{x}^{(k)}=\boldsymbol{x}^*$，其中 $x_j^{(k)}$ 和 x_j^* 分别表示 $\boldsymbol{x}^{(k)}$ 和 $\boldsymbol{x}^*$ 的第 j 个分量.

定理 4.2　$\lim\limits_{k\to\infty}\boldsymbol{x}^{(k)}=\boldsymbol{x}^*\Leftrightarrow\lim\limits_{k\to\infty}\|\boldsymbol{x}^{(k)}-\boldsymbol{x}^*\|=0$，其中 $\|\cdot\|$ 为向量的任一范数.

证明:由范数的等价性知,只需对某种范数证明结论成立即可.取 $\|\cdot\|_\infty$进行证明,结论显然成立.

设 $\mathbf{R}^{n\times n}$ 为 n 阶实矩阵按实数域上矩阵的线性运算构成的线性空间,则有如下定义.

定义 4.3 若矩阵 $\boldsymbol{A}\in\mathbf{R}^{n\times n}$ 的非负实值函数 $N(\boldsymbol{A})=\|\boldsymbol{A}\|$ 满足以下条件:

(1) $\|\boldsymbol{A}\|\geqslant 0$,且 $\|\boldsymbol{A}\|=0\Leftrightarrow \boldsymbol{A}=\boldsymbol{0}\in\mathbf{R}^{n\times n}$; (正定性)

(2) $\forall\alpha\in\mathbf{R}$, $\|\alpha\boldsymbol{A}\|=|\alpha|\,\|\boldsymbol{A}\|$; (齐次性)

(3) $\forall\boldsymbol{A},\boldsymbol{B}\in\mathbf{R}^{n\times n}$, $\|\boldsymbol{A}+\boldsymbol{B}\|\leqslant\|\boldsymbol{A}\|+\|\boldsymbol{B}\|$; (三角不等式)

(4) $\forall\boldsymbol{A},\boldsymbol{B}\in\mathbf{R}^{n\times n}$, $\|\boldsymbol{AB}\|\leqslant\|\boldsymbol{A}\|\,\|\boldsymbol{B}\|$.

则称 $N(\boldsymbol{A})=\|\boldsymbol{A}\|$ 为**矩阵 $\boldsymbol{A}$ 的范数**.

在 $\mathbf{R}^{n\times n}$ 中,常见的矩阵范数有

$$\|\boldsymbol{A}\|_1=\max_{1\leqslant j\leqslant n}\sum_{i=1}^{n}|a_{ij}|, \quad (\boldsymbol{A}\text{ 的列范数})$$

$$\|\boldsymbol{A}\|_\infty=\max_{1\leqslant i\leqslant n}\sum_{j=1}^{n}|a_{ij}|, \quad (\boldsymbol{A}\text{ 的行范数})$$

$$\|\boldsymbol{A}\|_2=\sqrt{\lambda_{\max}(\boldsymbol{A}^{\mathrm{T}}\boldsymbol{A})} \quad (\boldsymbol{A}\text{ 的 2 - 范数或谱范数})$$

$$\|\boldsymbol{A}\|_F=\Big(\sum_{i,j=1}^{n}a_{ij}^2\Big)^{1/2} \quad (\boldsymbol{A}\text{ 的 }F\text{ 范数})$$

这里 $\boldsymbol{A}=(a_{ij})_{n\times n}$, $\lambda_{\max}(\boldsymbol{A}^{\mathrm{T}}\boldsymbol{A})$ 为 $\boldsymbol{A}^{\mathrm{T}}\boldsymbol{A}$ 的最大特征值.

关于矩阵和向量的范数满足如下的相容性质

$$\|\boldsymbol{Ax}\|_s\leqslant\|\boldsymbol{A}\|\ \|\boldsymbol{x}\|_s,\ \forall\boldsymbol{A}\in\mathbf{R}^{n\times n},\boldsymbol{x}\in\mathbf{R}^n.$$

另外,再给出一种由向量范数导出的矩阵范数的定义.

定义 4.4 设 $\boldsymbol{x}\in\mathbf{R}^n$, $\boldsymbol{A}\in\mathbf{R}^{n\times n}$, $\|\boldsymbol{x}\|_s$ 为某种向量范数,相应地定义一个矩阵的非负函数

$$\|\boldsymbol{A}\|_s=\max_{\boldsymbol{x}\neq\boldsymbol{0}}\frac{\|\boldsymbol{Ax}\|_s}{\|\boldsymbol{x}\|_s},$$

直接验证可知, $\|\boldsymbol{A}\|_s$ 满足定义 4.3 的条件,故 $\|\boldsymbol{A}\|_s$ 是 $\mathbf{R}^{n\times n}$ 上的一个矩阵范数,也称为算子范数.若 $\boldsymbol{A}$ 为单位阵 $\boldsymbol{I}$,则 $\|\boldsymbol{I}\|_s=1$.

定义 4.5 设 $\{\boldsymbol{A}^{(k)}\}$ 为 $\mathbf{R}^{n\times n}$ 中的矩阵序列, $\boldsymbol{A}\in\mathbf{R}^{n\times n}$,若

$$\lim_{k\to\infty}a_{ij}^{(k)}=a_{ij}\quad(i,j=1,2,\cdots,n),$$

则称矩阵序列 $\{\boldsymbol{A}^{(k)}\}$ 收敛于矩阵 $\boldsymbol{A}$,记为 $\lim\limits_{k\to\infty}\boldsymbol{A}^{(k)}=\boldsymbol{A}$.这里 $\boldsymbol{A}^{(k)}=(a_{ij}^{(k)})_{n\times n}$, $\boldsymbol{A}=(a_{ij})_{n\times n}$.

定理 4.3 $\lim\limits_{k\to\infty}\boldsymbol{A}^{(k)}=\boldsymbol{A}\Leftrightarrow\lim\limits_{k\to\infty}\|\boldsymbol{A}^{(k)}-\boldsymbol{A}\|=0$, $\|\cdot\|$ 为任一种矩阵范数.

证明:由范数的等价性,取 $\|\cdot\|_1$ 范数证明即可.

令 $\boldsymbol{B}^{(k)}=\boldsymbol{A}^{(k)}-\boldsymbol{A}=(b_{ij}^{(k)})_{n\times n}$, $\|\boldsymbol{B}^{(k)}\|_1=\max\limits_{1\leqslant j\leqslant n}\sum\limits_{i=1}^{n}|b_{ij}^{(k)}|$,则有

$$\sum_{i=1}^{n}|b_{ij}^{(k)}|\leqslant n\cdot\max_{1\leqslant i,j\leqslant n}\{|b_{ij}^{(k)}|\},$$

所以

$$\|\boldsymbol{B}^{(k)}\|_1\leqslant n\cdot\max_{1\leqslant i,j\leqslant n}\{|b_{ij}^{(k)}|\},$$

又假定 $\| b_{i_0 j_0}^{(k)} \| = \max\limits_{1 \leqslant i,j \leqslant n} \{ |b_{ij}^{(k)}| \}$，则

$$\| \boldsymbol{B}^{(k)} \|_1 \geqslant \sum_{i=1}^{n} | b_{ij_0}^{(k)} | \geqslant | b_{i_0 j_0}^{(k)} |,$$

所以

$$\max_{1 \leqslant i,j \leqslant n} \{ | b_{ij}^{(k)} | \} \leqslant \| \boldsymbol{B}^{(k)} \|_1 \leqslant n \cdot \max_{1 \leqslant i,j \leqslant n} \{ | b_{ij}^{(k)} | \},$$

则定理得证.

定义 4.6　设 $\boldsymbol{A} \in \mathbf{R}^{n \times n}$ 的特征值为 $\lambda_i (i=1,2,\cdots,n)$，称

$$S(\boldsymbol{A}) = \max_{1 \leqslant i \leqslant n} \{ | \lambda_i | \}$$

为矩阵 $\boldsymbol{A}$ 的**谱半径**.

设 λ 为矩阵 $\boldsymbol{A}$ 的任一特征值，$\boldsymbol{x}$ 为其对应的特征向量，满足 $\boldsymbol{Ax} = \lambda \boldsymbol{x}$，故有 $|\lambda| \, \| \boldsymbol{x} \| = \| \boldsymbol{Ax} \| \leqslant \| \boldsymbol{A} \| \, \| \boldsymbol{x} \|$，由于 $\boldsymbol{x} \neq \boldsymbol{0}$，则 $\| \boldsymbol{x} \| \neq \boldsymbol{0}$，$|\lambda| \leqslant \| \boldsymbol{A} \|$，由此可得矩阵的谱半径与范数的关系

$$S(\boldsymbol{A}) \leqslant \| \boldsymbol{A} \|. \tag{4.2}$$

定理 4.4　设任意 n 阶矩阵 $\boldsymbol{F}$ 满足 $\| \boldsymbol{F} \| < 1$，则 $\boldsymbol{I} \pm \boldsymbol{F}$ 非奇异，且

$$\| (\boldsymbol{I} \pm \boldsymbol{F})^{-1} \| \leqslant \frac{1}{1 - \| \boldsymbol{F} \|}. \tag{4.3}$$

证明：若 $\boldsymbol{I} \pm \boldsymbol{F}$ 奇异，则 $(\boldsymbol{I} \pm \boldsymbol{F})\boldsymbol{x} = 0$ 有非零解 $\boldsymbol{x}_0$，且 $\boldsymbol{F}\boldsymbol{x}_0 = \pm \boldsymbol{x}_0$，根据矩阵的算子范数的定义知 $\| \boldsymbol{F} \| \geqslant 1$，与题设矛盾，所以 $\boldsymbol{I} \pm \boldsymbol{F}$ 非奇异.

由 $(\boldsymbol{I} \pm \boldsymbol{F})(\boldsymbol{I} \pm \boldsymbol{F})^{-1} = \boldsymbol{I}$ 得 $(\boldsymbol{I} \pm \boldsymbol{F})^{-1} = \boldsymbol{I} \mp \boldsymbol{F} (\boldsymbol{I} \pm \boldsymbol{F})^{-1}$，所以

$$\| (\boldsymbol{I} \pm \boldsymbol{F})^{-1} \| \leqslant \| \boldsymbol{I} \| + \| \boldsymbol{F} \| \, \| (\boldsymbol{I} \pm \boldsymbol{F})^{-1} \|,$$

$$\| (\boldsymbol{I} \pm \boldsymbol{F})^{-1} \| \leqslant \frac{1}{1 - \| \boldsymbol{F} \|}.$$

定理 4.5　设 $\boldsymbol{A} \in \mathbf{R}^{n \times n}$，由 $\boldsymbol{A}$ 的各次幂所组成的矩阵序列

$$\boldsymbol{I} = \boldsymbol{A}^0, \boldsymbol{A}, \boldsymbol{A}^2, \cdots, \boldsymbol{A}^k, \cdots$$

收敛于零矩阵，即 $\lim\limits_{k \to \infty} \boldsymbol{A}^k = \boldsymbol{0}$ 的充要条件为

$$S(\boldsymbol{A}) < 1.$$

证明从略，读者可查阅参考文献[1]，[3]，[6]等.

4.2　矩阵条件数及方程组性态

一个线性代数方程组 $\boldsymbol{Ax} = \boldsymbol{b}$ 的解完全由其系数矩阵和右端向量所确定，而在实际问题中，$\boldsymbol{A}$ 和 $\boldsymbol{b}$ 往往是测量或计算所得，必然带有误差，从而导致方程组的解也有误差. 为此，下面讨论 $\boldsymbol{A}$ 或 $\boldsymbol{b}$ 有扰动时，对方程组解的影响.

先假设 $\boldsymbol{A}$ 是精确的且非奇异，$\boldsymbol{b}$ 有误差 $\delta \boldsymbol{b}$，此时右端项就为 $\boldsymbol{b} + \delta \boldsymbol{b}$，相应的解变为 $\boldsymbol{x} + \delta \boldsymbol{x}$，则原方程组 $\boldsymbol{Ax} = \boldsymbol{b}$ 就变为

$$\boldsymbol{A}(\boldsymbol{x} + \delta \boldsymbol{x}) = \boldsymbol{b} + \delta \boldsymbol{b},$$

显然，$\boldsymbol{A}\delta \boldsymbol{x} = \delta \boldsymbol{b}$，$\delta \boldsymbol{x} = \boldsymbol{A}^{-1} \delta \boldsymbol{b}$，因此，$\| \delta \boldsymbol{x} \| \leqslant \| \boldsymbol{A}^{-1} \| \, \| \delta \boldsymbol{b} \|$，又因为 $\boldsymbol{Ax} = \boldsymbol{b}$，则 $\| \boldsymbol{b} \| \leqslant \| \boldsymbol{A} \| \, \| \boldsymbol{x} \|$，所以

$$\| \delta \boldsymbol{x} \| \, \| \boldsymbol{b} \| \leqslant \| \boldsymbol{A} \| \, \| \boldsymbol{A}^{-1} \| \, \| \boldsymbol{x} \| \, \| \delta \boldsymbol{b} \|, \tag{4.4}$$

若假定 $\boldsymbol{b} \neq \boldsymbol{0}$(此时 $\boldsymbol{x} \neq \boldsymbol{0}$),则有

$$\frac{\| \delta \boldsymbol{x} \|}{\| \boldsymbol{x} \|} \leqslant \| \boldsymbol{A} \| \, \| \boldsymbol{A}^{-1} \| \, \frac{\| \delta \boldsymbol{b} \|}{\| \boldsymbol{b} \|}. \tag{4.5}$$

现假定 $\boldsymbol{b}$ 精确,而 $\boldsymbol{A}$ 有误差 $\delta \boldsymbol{A}$,此时处理的系数矩阵为 $\boldsymbol{A}+\delta \boldsymbol{A}$,相应的解变为 $\boldsymbol{x}+\delta \boldsymbol{x}$,则 $\boldsymbol{A}\boldsymbol{x}=\boldsymbol{b}$ 变为

$$(\boldsymbol{A}+\delta \boldsymbol{A})(\boldsymbol{x}+\delta \boldsymbol{x}) = \boldsymbol{b}. \tag{4.6}$$

假定 $\boldsymbol{A}+\delta \boldsymbol{A}$ 非奇异,则 $\boldsymbol{x}+\delta \boldsymbol{x}=(\boldsymbol{A}+\delta \boldsymbol{A})^{-1}\boldsymbol{b}$,而准确解 $\boldsymbol{x}=\boldsymbol{A}^{-1}\boldsymbol{b}$,所以

$$\delta \boldsymbol{x} = [(\boldsymbol{A}+\delta \boldsymbol{A})^{-1} - \boldsymbol{A}^{-1}]\boldsymbol{b} = -\boldsymbol{A}^{-1}(\delta \boldsymbol{A})(\boldsymbol{A}+\delta \boldsymbol{A})^{-1}\boldsymbol{b} = -\boldsymbol{A}^{-1}(\delta \boldsymbol{A})(\boldsymbol{x}+\delta \boldsymbol{x}),$$

$$\frac{\| \delta \boldsymbol{x} \|}{\| \boldsymbol{x}+\delta \boldsymbol{x} \|} \leqslant \| \boldsymbol{A}^{-1} \| \, \| \delta \boldsymbol{A} \| = \| \boldsymbol{A}^{-1} \| \, \| \boldsymbol{A} \| \frac{\| \delta \boldsymbol{A} \|}{\| \boldsymbol{A} \|}. \tag{4.7}$$

由式(4.5)及式(4.7)可知,线性代数方程组解的(相对)误差与原始资料的(相对)误差间的关系可由 $\| \boldsymbol{A} \| \, \| \boldsymbol{A}^{-1} \|$ 来刻画.

定义 4.7　对非奇异阵 $\boldsymbol{A}$,称 $\| \boldsymbol{A} \| \, \| \boldsymbol{A}^{-1} \|$ 为矩阵(关于求逆)的**条件数**,记为 $\mathrm{cond}(\boldsymbol{A})$.

矩阵的条件数与矩阵的范数有关,例如对应 $\| \cdot \|_1$,$\| \cdot \|_\infty$ 及 $\| \cdot \|_2$ 的条件数分别为

$$\begin{aligned} \mathrm{cond}\,(\boldsymbol{A})_1 &= \| \boldsymbol{A} \|_1 \, \| \boldsymbol{A}^{-1} \|_1, \\ \mathrm{cond}\,(\boldsymbol{A})_2 &= \| \boldsymbol{A} \|_2 \, \| \boldsymbol{A}^{-1} \|_2 = \sqrt{u_1/u_2}, \\ \mathrm{cond}\,(\boldsymbol{A})_\infty &= \| \boldsymbol{A} \|_\infty \, \| \boldsymbol{A}^{-1} \|_\infty. \end{aligned}$$

其中,u_1 和 u_2 分别为 $\boldsymbol{A}^{\mathrm{T}}\boldsymbol{A}$ 的最大与最小特征值.

条件数有如下重要性质:

(1)$\mathrm{cond}(\boldsymbol{A}) \geqslant 1$,正交阵 $\boldsymbol{A}$ 的谱条件数(相应谱范数 $\| \cdot \|_2$)等于 1,达到最小值;

(2)对任意常数 $\alpha \neq 0$,$\mathrm{cond}(\alpha \boldsymbol{A}) = \mathrm{cond}(\boldsymbol{A})$;

(3)若 $\| \boldsymbol{A} \| = 1$,则 $\mathrm{cond}(\boldsymbol{A}) = \| \boldsymbol{A}^{-1} \|$.

由式(4.5)和式(4.7)可知,若 $\mathrm{cond}(\boldsymbol{A})$ 不太大,则 $\boldsymbol{A}$ 或 $\boldsymbol{b}$ 的误差对解的误差影响不大;反之,若 $\mathrm{cond}(\boldsymbol{A})$ 很大,则 $\boldsymbol{A}$ 或 $\boldsymbol{b}$ 的误差对解的误差影响可能很大. 由于系数矩阵的条件数刻画了线性代数方程组(对求解而言)的性态,因此给出下面的定义.

定义 4.8　若线性代数方程组 $\boldsymbol{A}\boldsymbol{x}=\boldsymbol{b}$ 的系数矩阵 $\boldsymbol{A}$(关于求逆)的条件数 $\mathrm{cond}(\boldsymbol{A})$ 相对很大,则称 $\boldsymbol{A}$(对解线性代数方程组而言)是病态的,相应的方程组为病态方程组;反之,则称 $\boldsymbol{A}$ 为良态的,对应的方程组为良态方程组.

关于病态方程组的求解,读者可查阅参考文献[6],这里不再赘述.

小结

本章主要介绍了解线性代数方程组的直接法,主要有 Gauss 消去法、主元素消去法、基于矩阵分解的三角分解法等. Gauss 消去法也称为顺序消元法,是本章的基础和核心,其他方法都是它的变形. 为了控制舍入误差的增长,还引入了全主元素消去法和列主元素消去法. 这两种方法都是稳定的方法,但由于列主元素消去法花费相对较少的机器时间,

因而更为实用. 三角分解法主要有 Doolittle 分解，按列选主元的三角分解，对称正定矩阵的平方根分解以及追赶法等方法. 理论分析指出，解对称正定方程组的平方根方法是一个稳定的算法，在工程计算中有广泛的应用. 追赶法是解三对角方程组(系数矩阵严格对角占优)的有效方法，同样也是稳定的.

另外，还简单介绍了向量和矩阵的范数及相关收敛性的概念，这些概念在解线性代数方程组的迭代法中有很重要的作用，对矩阵的条件数以及病态方程组等概念也作了介绍.

习　题

1. 分别用全主元素消去法和列主元素消去法解方程组

$$\begin{cases} 3x_2+4x_3=1, \\ x_1-x_2+x_3=2, \\ 2x_1+x_2+2x_3=3. \end{cases}$$

并由此计算系数行列式的值.

2. 用 Gauss 消去法及 $\boldsymbol{LU}$ 分解求解方程组

$$(1)\begin{cases} 2x_1+2x_2+3x_3=3, \\ 4x_1+7x_2+7x_3=1, \\ -2x_1+4x_2+5x_3=-7. \end{cases} \quad (2)\begin{cases} 3x_1-x_2+4x_3=7, \\ -x_1+2x_2-2x_3=-1, \\ 2x_1-3x_2-2x_3=0. \end{cases}$$

3. 矩阵 $\boldsymbol{A}$ 的元素 $a_{11}\neq 0$，经过 Gauss 消去法 1 步后，$\boldsymbol{A}$ 变为

$$\begin{bmatrix} a_{11} & \boldsymbol{r}_1^{\mathrm{T}} \\ 0 & \boldsymbol{A}_2 \end{bmatrix},$$

(1) 若 $\boldsymbol{A}$ 对称，证明 $\boldsymbol{A}_2$ 也对称.

(2) 若 $\boldsymbol{A}$ 对称正定，证明 $\boldsymbol{A}_2$ 也对称正定.

4. 用平方根分解求解方程组

$$\begin{cases} 5x_1-4x_2+x_3=2, \\ -4x_1+6x_2-4x_3=-1, \\ x_1-4x_2+6x_3=-1. \end{cases}$$

5. 下述矩阵的 $\boldsymbol{LU}$ 分解是否存在？若存在，是否唯一？

$$\boldsymbol{A}_1=\begin{bmatrix} 1 & 2 & 3 \\ 2 & 4 & 1 \\ 4 & 6 & 7 \end{bmatrix}, \quad \boldsymbol{A}_2=\begin{bmatrix} 1 & 1 & 1 \\ 2 & 2 & 2 \\ 3 & 3 & 1 \end{bmatrix}, \quad \boldsymbol{A}_3=\begin{bmatrix} 1 & 2 & 6 \\ 2 & 5 & 15 \\ 6 & 15 & 46 \end{bmatrix}.$$

6. 设 $\boldsymbol{A}=(a_{ij})_{n\times n}$ 为严格对角占优矩阵，即

$$|a_{ii}|>\sum_{\substack{j=1\\ j\neq i}}^{n}|a_{ij}| \quad (i=1,2,\cdots,n),$$

经过 Gauss 消去法 1 步后，$\boldsymbol{A}$ 变为

$$\begin{bmatrix} a_{11} & \boldsymbol{r}_1^{\mathrm{T}} \\ 0 & \boldsymbol{A}_2 \end{bmatrix},$$

证明 $\boldsymbol{A}_2$ 也为严格对角占优矩阵.

7. 用追赶法求解三对角方程组

$$\begin{bmatrix} 4 & -1 & \\ -1 & 4 & -1 \\ & -1 & 4 \end{bmatrix}\begin{bmatrix} x_1 \\ x_2 \\ x_3 \end{bmatrix} = \begin{bmatrix} 1 \\ 1 \\ 1 \end{bmatrix}.$$

8. 设 $\boldsymbol{A} \in \mathbf{R}^{n\times n}$ 为对称正定阵,定义

$$\| \boldsymbol{X} \|_A = (\boldsymbol{AX}, \boldsymbol{X})^{1/2},$$

试证 $\| \boldsymbol{X} \|_A$ 为 $\mathbf{R}^n$ 上向量的一种范数.

9. 对于 n 阶矩阵 $\boldsymbol{A} = (a_{ij})_{n\times n}$,定义

$$f(\boldsymbol{A}) = \max_{i,j} |a_{ij}|,$$

试判定 $f(\boldsymbol{A})$ 是否为 $\boldsymbol{A}$ 的范数,并说明理由.

10. 已知 $\boldsymbol{x} = [3, -2, 1]^{\mathrm{T}}$,求 $\| \boldsymbol{x} \|_1$,$\| \boldsymbol{x} \|_2$ 及 $\| \boldsymbol{x} \|_\infty$.

11. 设

$$\boldsymbol{A} = \begin{bmatrix} 1 & 0 & 1 \\ 2 & -1 & 0 \\ 1 & 2 & 1 \end{bmatrix},$$

求 $\| \boldsymbol{A} \|_1$,$\| \boldsymbol{A} \|_2$,$\| \boldsymbol{A} \|_\infty$,以及 $\mathrm{cond}\,(\boldsymbol{A})_2$,$\mathrm{cond}\,(\boldsymbol{A})_\infty$.

12. 设

$$\boldsymbol{A} = \begin{bmatrix} 100 & 99 \\ 99 & 98 \end{bmatrix},$$

求 $\mathrm{cond}\,(\boldsymbol{A})_l\ (l = 1, 2, \infty)$.

13. 已知 Hilbert 矩阵

$$\boldsymbol{H}_n = \begin{bmatrix} 1 & \frac{1}{2} & \cdots & \frac{1}{n} \\ \frac{1}{2} & \frac{1}{3} & \cdots & \frac{1}{n+1} \\ \vdots & \vdots & & \vdots \\ \frac{1}{n} & \frac{1}{n+1} & \cdots & \frac{1}{2n-1} \end{bmatrix},$$

(1)计算 $\mathrm{cond}\,(\boldsymbol{H}_3)_\infty$,$\mathrm{cond}\,(\boldsymbol{H}_6)_\infty$;

(2)若方程组 $\boldsymbol{H}_3 \boldsymbol{x} = \boldsymbol{b} = \left[\frac{11}{6}, \frac{13}{12}, \frac{47}{60}\right]^{\mathrm{T}}$ 中的 $\boldsymbol{H}_3$ 和 $\boldsymbol{b}$ 有微小扰动(取 3 位有效数字),则方程组变为

$$\begin{bmatrix} 1.00 & 0.500 & 0.333 \\ 0.500 & 0.333 & 0.250 \\ 0.333 & 0.250 & 0.200 \end{bmatrix}\begin{bmatrix} x_1 + \delta x_1 \\ x_2 + \delta x_2 \\ x_3 + \delta x_3 \end{bmatrix} = \begin{bmatrix} 1.83 \\ 1.08 \\ 0.783 \end{bmatrix},$$

试求出扰动前后方程组的解，并作比较.

14. 设 $\boldsymbol{x} \in \mathbf{R}^n, \boldsymbol{A} \in \mathbf{R}^{n \times n}$，证明：

(1) $\|\boldsymbol{x}\|_\infty \leqslant \|\boldsymbol{x}\|_1 \leqslant n\|\boldsymbol{x}\|_\infty$；

(2) $\frac{1}{\sqrt{n}}\|\boldsymbol{A}\|_F \leqslant \|\boldsymbol{A}\|_2 \leqslant \|\boldsymbol{A}\|_F$.

15. 设 $\boldsymbol{A}, \boldsymbol{B} \in \mathbf{R}^{n \times n}$，且 $\|\cdot\|$ 为 $\mathbf{R}^{n \times n}$ 上矩阵的算子范数，证明

$$\mathrm{cond}(\boldsymbol{AB}) \leqslant \mathrm{cond}(\boldsymbol{A})\mathrm{cond}(\boldsymbol{B}).$$

第五章　解线性代数方程组的迭代法

上一章讲述的直接法一般仅适用于系数矩阵为低阶稠密阵方程组的求解．但是，大规模科学与工程计算中出现的方程组的系数矩阵常常是大型稀疏矩阵，这类方程组用迭代法求解是合适的．迭代法不能通过有限步算术运算求得方程组的解，其基本思想是构造一个向量序列$\{\boldsymbol{x}^{(k)}\}$，使其收敛于某个极限向量$\boldsymbol{x}^*$，而$\boldsymbol{x}^*$就是线性代数方程组$\boldsymbol{Ax}=\boldsymbol{b}$的准确解．迭代法只能得到近似解，因此都有收敛性和误差估计的问题．本章介绍的几种迭代法如Jacobi迭代法、Gauss-Seidel迭代法、超松弛迭代法和共轭梯度法等都有其相应的适用范围，有些迭代法收敛快，而有些迭代法收敛慢或可能不收敛，以至于无实用价值．

§1　Jacobi 迭代法

Jacobi 迭代法又称为简单迭代法．

设有方程组

$$\boldsymbol{Ax}=\boldsymbol{b}, \tag{1.1}$$

或表述为

$$\begin{cases} a_{11}x_1+a_{12}x_2+\cdots+a_{1n}x_n=b_1, \\ a_{21}x_1+a_{22}x_2+\cdots+a_{2n}x_n=b_2, \\ \cdots\cdots\cdots\cdots\cdots\cdots \\ a_{n1}x_1+a_{n2}x_2+\cdots+a_{nn}x_n=b_n. \end{cases} \tag{1.2}$$

假定矩阵$\boldsymbol{A}$非奇异，且$a_{ii}\neq 0(i=1,2,\cdots,n)$，则方程组(1.2)可写为等价形式

$$\begin{cases} x_1= \quad b_{12}x_2+b_{13}x_3+\cdots+b_{1n}x_n+g_1, \\ x_2=b_{21}x_1 \quad +b_{23}x_3+\cdots+b_{2n}x_n+g_2, \\ \cdots\cdots\cdots\cdots\cdots\cdots \\ x_n=b_{n1}x_1+b_{n2}x_2+\cdots+b_{nn-1}x_{n-1}+\cdots+g_n. \end{cases} \tag{1.3}$$

其中，$b_{ij}=-a_{ij}/a_{ii}(i\neq j)$，$g_i=b_i/a_{ii}(i=1,2,\cdots,n)$．若记

$$\boldsymbol{B}=\begin{bmatrix}0 & b_{12} & b_{13} & \cdots & b_{1n}\\ b_{21} & 0 & b_{23} & \cdots & b_{2n}\\ \vdots & \vdots & \vdots & & \vdots\\ b_{n1} & b_{n2} & b_{n3} & \cdots & 0\end{bmatrix},$$

$$\boldsymbol{D}=\begin{bmatrix}a_{11} & & & \\ & a_{22} & & \\ & & \ddots & \\ & & & a_{nn}\end{bmatrix},\quad \boldsymbol{g}=\begin{bmatrix}g_1\\ g_2\\ \vdots\\ g_n\end{bmatrix},\tag{1.4}$$

则方程组(1.3)可表示为

$$\boldsymbol{x}=\boldsymbol{B}\boldsymbol{x}+\boldsymbol{g},\tag{1.5}$$

易知

$$\boldsymbol{B}=\boldsymbol{I}-\boldsymbol{D}^{-1}\boldsymbol{A},\quad \boldsymbol{g}=\boldsymbol{D}^{-1}\boldsymbol{b}.$$

设 $\boldsymbol{x}^{(0)}$ 为任一初始迭代向量，由公式

$$\boldsymbol{x}^{(k+1)}=\boldsymbol{B}\boldsymbol{x}^{(k)}+\boldsymbol{g}\quad(k=1,2,\cdots),\tag{1.6}$$

作出向量序列 $\boldsymbol{x}^{(1)},\boldsymbol{x}^{(2)},\cdots$ 这种迭代法称为 Jacobi **迭代法**，或简称 J 方法，矩阵 $\boldsymbol{B}$ 称为 Jacobi 迭代矩阵. 若这样构造出的向量序列有极限，则称 Jacobi 迭代法收敛，否则称为发散. 显然，若收敛，则一定收敛于方程组(1.5)的解(即方程组(1.1)的解).

由迭代公式(1.6)知，编程计算时，需两组单元用以存储 $\boldsymbol{x}^{(k)}$ 和 $\boldsymbol{x}^{(k+1)}$.

定理 1.1　对任意的右端向量 $\boldsymbol{g}$ 和初始向量 $\boldsymbol{x}^{(0)}$，Jacobi 迭代法收敛的充要条件为 $S(\boldsymbol{B})<1$.

证明：必要性　假定迭代收敛，其极限为 $\boldsymbol{x}^*$，即 $\lim\limits_{k\to\infty}\boldsymbol{x}^{(k)}=\boldsymbol{x}^*$，则有

$$\boldsymbol{x}^*=\boldsymbol{B}\boldsymbol{x}^*+\boldsymbol{g},$$

于是

$$\boldsymbol{x}^{(k)}-\boldsymbol{x}^*=\boldsymbol{B}(\boldsymbol{x}^{(k-1)}-\boldsymbol{x}^*)=\boldsymbol{B}^k(\boldsymbol{x}^{(0)}-\boldsymbol{x}^*)\tag{1.7}$$

对任意的 $\boldsymbol{x}^{(0)}$ 成立.

若

$$\lim_{k\to\infty}\boldsymbol{B}^k(\boldsymbol{x}^{(0)}-\boldsymbol{x}^*)=\boldsymbol{0},$$

则

$$\lim_{k\to\infty}\boldsymbol{B}^k=\boldsymbol{0},$$

即

$$S(\boldsymbol{B})<1.$$

充分性　假定 $S(\boldsymbol{B})<1$，则矩阵 $\boldsymbol{I}-\boldsymbol{B}$ 非奇异，方程组(1.5)有唯一解 $\boldsymbol{x}^*$，于是有式(1.7)成立，且 $\lim\limits_{k\to\infty}\boldsymbol{B}^k=\boldsymbol{0}$，故 $\lim\limits_{k\to\infty}\boldsymbol{x}^{(k)}=\boldsymbol{x}^*$.

定理 1.1 给出的是 Jacobi 迭代收敛的充要条件，而条件 $S(\boldsymbol{B})<1$ 是很难验证的. 由第四章式(4.2)知 $S(\boldsymbol{B})\leqslant\|\boldsymbol{B}\|$，则可得 Jacobi 迭代收敛的充分条件.

定理 1.2　若 $\|\boldsymbol{B}\|<1$，则 Jacobi 迭代收敛.

实际应用时，定理 1.2 中的范数可取为常见的 $\|\cdot\|_1$ 或 $\|\cdot\|_\infty$ 等.

定理 1.3 若 $\|\boldsymbol{B}\|<1$,则对 Jacobi 迭代法成立,即

$$\|\boldsymbol{x}^{(k)}-\boldsymbol{x}^{*}\| \leqslant \frac{\|\boldsymbol{B}\|^{k}}{1-\|\boldsymbol{B}\|}\|\boldsymbol{x}^{(1)}-\boldsymbol{x}^{(0)}\| \tag{1.8}$$

及

$$\|\boldsymbol{x}^{(k)}-\boldsymbol{x}^{*}\| \leqslant \frac{\|\boldsymbol{B}\|}{1-\|\boldsymbol{B}\|}\|\boldsymbol{x}^{(k)}-\boldsymbol{x}^{(k-1)}\|, \tag{1.9}$$

其中,$\boldsymbol{x}^{*}$ 为方程组(1.5)的准确解.

证明:因为 $\|\boldsymbol{B}\|<1$,所以有 $\lim\limits_{k\to\infty}\boldsymbol{x}^{(k)}=\boldsymbol{x}^{*}$,于是

$$\boldsymbol{x}^{(k)}-\boldsymbol{x}^{*}=\sum_{j=k}^{\infty}(\boldsymbol{x}^{(j)}-\boldsymbol{x}^{(j+1)}),$$

$$\|\boldsymbol{x}^{(k)}-\boldsymbol{x}^{*}\| \leqslant \sum_{j=k}^{\infty}\|\boldsymbol{x}^{(j)}-\boldsymbol{x}^{(j+1)}\| \leqslant \sum_{j=k}^{\infty}\|\boldsymbol{B}\|^{j}\|\boldsymbol{x}^{(0)}-\boldsymbol{x}^{(1)}\| = \frac{\|\boldsymbol{B}\|^{k}}{1-\|\boldsymbol{B}\|}\|\boldsymbol{x}^{(1)}-\boldsymbol{x}^{(0)}\|.$$

又由于 $\boldsymbol{x}^{*}=\boldsymbol{B}\boldsymbol{x}^{*}+\boldsymbol{g}$,所以

$$\boldsymbol{x}^{(k)}=\boldsymbol{B}\boldsymbol{x}^{(k-1)}+(\boldsymbol{I}-\boldsymbol{B})\boldsymbol{x}^{*},$$

$$(\boldsymbol{I}-\boldsymbol{B})(\boldsymbol{x}^{(k)}-\boldsymbol{x}^{*})=\boldsymbol{B}(\boldsymbol{x}^{(k-1)}-\boldsymbol{x}^{(k)}),$$

则有

$$\boldsymbol{x}^{(k)}-\boldsymbol{x}^{*}=(\boldsymbol{I}-\boldsymbol{B})^{-1}\boldsymbol{B}(\boldsymbol{x}^{(k-1)}-\boldsymbol{x}^{(k)}).$$

由第四章定理 4.4 得

$$\|\boldsymbol{x}^{(k)}-\boldsymbol{x}^{*}\| \leqslant \frac{\|\boldsymbol{B}\|}{1-\|\boldsymbol{B}\|}\|\boldsymbol{x}^{(k)}-\boldsymbol{x}^{(k-1)}\|.$$

由定理 1.3 知,$\|\boldsymbol{B}\|=C<1$ 越小,Jacobi 迭代收敛越快;C 越接近 1 收敛越慢.在实际编程计算时,通常利用式(1.9)中 $\|\boldsymbol{x}^{(k)}-\boldsymbol{x}^{(k-1)}\|<\varepsilon_0$ 来作为控制迭代终止的条件.同时,式(1.8)可以用来事先确定迭代次数以保证 $\|\boldsymbol{x}^{(k)}-\boldsymbol{x}^{*}\|<\varepsilon$.但有时在迭代过程中,即使 k 已足够大,$\boldsymbol{x}^{(k-1)}$ 和 $\boldsymbol{x}^{(k)}$ 也可能始终在某个范围内摆动.因此,在预先给定迭代精度时,不能要求 $\|\boldsymbol{x}^{(k)}-\boldsymbol{x}^{(k-1)}\|$ 太小,而只能适当小,否则迭代会无限地进行下去,这是迭代法都应注意的问题.

还应该指出,前面的讨论并未要求矩阵 $\boldsymbol{B}$ 具有零对角元,若 $\boldsymbol{B}$ 的对角元不一定为 0,只要方程组(1.5)与(1.1)等价,就称相应的迭代(1.6)为逐次逼近法.Jacobi 迭代为其特殊情形,因此,前述的结论也适用于逐次逼近法.

关于 Jacobi 迭代还有如下结论.

定理 1.4 设系数矩阵 $\boldsymbol{A}$ 为具有正对角元的对称阵,则Jacobi迭代收敛的充要条件是 $\boldsymbol{A}$ 和 $2\boldsymbol{D}-\boldsymbol{A}$ 都为正定阵.

证明:$\mathrm{diag}(a_{ii})$为正定阵,则有

$$\boldsymbol{B}=\boldsymbol{I}-\boldsymbol{D}^{-1}\boldsymbol{A}=\boldsymbol{D}^{-\frac{1}{2}}(\boldsymbol{I}-\boldsymbol{D}^{-\frac{1}{2}}\boldsymbol{A}\boldsymbol{D}^{-\frac{1}{2}})\boldsymbol{D}^{\frac{1}{2}}.$$

因 $\boldsymbol{A}$ 为对称阵,故 $\boldsymbol{I}-\boldsymbol{D}^{-\frac{1}{2}}\boldsymbol{A}\boldsymbol{D}^{-\frac{1}{2}}$ 也为对称阵,并且与 $\boldsymbol{B}$ 相似,则 $\boldsymbol{B}$ 的特征值全为实数.

必要性 若 Jacobi 迭代收敛,则 $S(\boldsymbol{B})<1$,$\lambda(\boldsymbol{B})\in(-1,1)$,从而,矩阵 $\boldsymbol{D}^{-\frac{1}{2}}\boldsymbol{A}\boldsymbol{D}^{-\frac{1}{2}}$ 的特征值必在区间(0,2)内,即知$\boldsymbol{D}^{-\frac{1}{2}}\boldsymbol{A}\boldsymbol{D}^{-\frac{1}{2}}$ 为正定阵,也即 $\boldsymbol{A}$ 为正定阵.另一方面,矩阵 $2\boldsymbol{I}-\boldsymbol{D}^{-\frac{1}{2}}\boldsymbol{A}\boldsymbol{D}^{-\frac{1}{2}}$ 的特征值必在区间(0,2)内,所以它是正定的,从而$2\boldsymbol{D}-\boldsymbol{A}$也正定.

充分性 若 $\boldsymbol{A}$ 和 $2\boldsymbol{D}-\boldsymbol{A}$ 都是正定阵，由 $\boldsymbol{A}$ 的正定性可知 $\boldsymbol{I}-\boldsymbol{D}^{-\frac{1}{2}}\boldsymbol{A}\boldsymbol{D}^{-\frac{1}{2}}$ 的特征值全部小于1，即 $\boldsymbol{B}$ 的特征值全部小于1. 另外，由 $2\boldsymbol{D}-\boldsymbol{A}$ 的正定性，$\boldsymbol{I}-\boldsymbol{D}^{-\frac{1}{2}}(2\boldsymbol{D}-\boldsymbol{A})\boldsymbol{D}^{-\frac{1}{2}}=-(\boldsymbol{I}-\boldsymbol{D}^{-\frac{1}{2}}\boldsymbol{A}\boldsymbol{D}^{-\frac{1}{2}})$ 的特征值全小于1，即矩阵 $-\boldsymbol{B}$ 的特征值全小于1，从而得到 $S(\boldsymbol{B})<1$，故 Jacobi 迭代收敛.

例 1.1 矩阵 $\boldsymbol{A}=\begin{bmatrix}1 & 0.9 & 0.9\\ 0.9 & 1 & 0.9\\ 0.9 & 0.9 & 1\end{bmatrix}$ 对称正定，而 $2\boldsymbol{D}-\boldsymbol{A}$ 不是正定阵，由定理1.4知，J 方法不收敛.

还有一些关于 Jacobi 迭代收敛的充分条件，将在下一节引入一些新的概念后予以介绍.

§2 Gauss-Seidel 迭代法

从 Jacobi 迭代法看到，用 $\boldsymbol{x}^{(k)}$ 计算 $\boldsymbol{x}^{(k+1)}$ 时，需要保留两个向量 $\boldsymbol{x}^{(k)}$ 和 $\boldsymbol{x}^{(k+1)}$，迭代(1.6)的分量形式为

$$x_i^{(k+1)}=\sum_{\substack{j=1\\ j\neq i}}^{n} b_{ij}x_j^{(k)}+g_i \quad (i=1,2,\cdots,n), \tag{2.1}$$

事实上，在计算 $x_i^{(k+1)}$ 之前，$x_1^{(k+1)},x_2^{(k+1)},\cdots,x_{i-1}^{(k+1)}$ 已计算出来，从收敛的角度看，迭代一定步数后 $x_1^{(k+1)},x_2^{(k+1)},\cdots,x_{i-1}^{(k+1)}$ 要比 $x_1^{(k)},x_2^{(k)},\cdots,x_{i-1}^{(k)}$ 的精度高，考虑用 $x_j^{(k+1)}$ 代替 $x_j^{(k)}(j=1,2,\cdots,i-1)$，则式(2.1)就变为

$$x_i^{(k+1)}=\sum_{j=1}^{i-1} b_{ij}x_j^{(k+1)}+\sum_{j=i+1}^{n} b_{ij}x_j^{(k)}+g_i \quad (i=1,2,\cdots,n), \tag{2.2}$$

我们称式(2.2)的迭代法为 Gauss-Seidel **迭代法**，简称 GS 方法. 若记

$$\boldsymbol{B}=\boldsymbol{L}+\boldsymbol{U}=\begin{bmatrix}0 & & & & \\ b_{21} & 0 & & & \\ b_{31} & b_{32} & 0 & & \\ \vdots & \vdots & & \ddots & \\ b_{n1} & b_{n2} & \cdots & b_{n(n-1)} & 0\end{bmatrix}+\begin{bmatrix}0 & b_{12} & b_{13} & \cdots & b_{1n}\\ & 0 & b_{23} & \cdots & b_{2n}\\ & & \ddots & & \vdots\\ & & & 0 & b_{(n-1)n}\\ & & & & 0\end{bmatrix}, \tag{2.3}$$

则迭代(2.2)的矩阵形式为

$$\boldsymbol{x}^{(k+1)}=\boldsymbol{L}\boldsymbol{x}^{(k+1)}+\boldsymbol{U}\boldsymbol{x}^{(k)}+\boldsymbol{g}. \tag{2.4}$$

类似§1式(1.6)的形式，构造迭代

$$\boldsymbol{x}^{(k+1)}=(\boldsymbol{I}-\boldsymbol{L})^{-1}\boldsymbol{U}\boldsymbol{x}^{(k)}+(\boldsymbol{I}-\boldsymbol{L})^{-1}\boldsymbol{g}. \tag{2.5}$$

矩阵 $(\boldsymbol{I}-\boldsymbol{L})^{-1}\boldsymbol{U}$ 称为 Gauss-Seidel 迭代矩阵，编程计算时，GS 方法仅需1套单元来存放迭代向量. GS 方法收敛的充要条件和§1的定理1.1相似(证明也相似).

定理 2.1 GS 方法收敛的充要条件为 $S((\boldsymbol{I}-\boldsymbol{L})^{-1}\boldsymbol{U})<1$.

同样,条件 $S((\boldsymbol{I}-\boldsymbol{L})^{-1}\boldsymbol{U})<1$ 也难于验证. 为此,我们介绍几个便于检验 GS 方法收敛的充分条件的定理.

定理 2.2 若 $\|\boldsymbol{B}\|_1<1$,则 GS 方法收敛.

证明:根据定理 2.1,只需证明当 $\|\boldsymbol{B}\|_1<1$ 时,$S[(\boldsymbol{I}-\boldsymbol{L})^{-1}\boldsymbol{U}]<1$成立即可. 因为

$$(\boldsymbol{I}-\boldsymbol{L})^{-1}\boldsymbol{U}=(\boldsymbol{I}-\boldsymbol{L})^{-1}[\boldsymbol{U}(\boldsymbol{I}-\boldsymbol{L})^{-1}](\boldsymbol{I}-\boldsymbol{L}),$$

所以$(\boldsymbol{I}-\boldsymbol{L})^{-1}\boldsymbol{U}$ 和 $\boldsymbol{U}(\boldsymbol{I}-\boldsymbol{L})^{-1}$ 相似,则有相同的特征值. 设 λ 为$[\boldsymbol{U}(\boldsymbol{I}-\boldsymbol{L})^{-1}]^{\mathrm{T}}$ 的任一特征值(一个矩阵与其转置矩阵特征值相同),$\boldsymbol{x}$ 为相应的特征向量,则有

$$\lambda\boldsymbol{x}=(\lambda\boldsymbol{L}^{\mathrm{T}}+\boldsymbol{U}^{\mathrm{T}})\boldsymbol{x}.$$

假设$|x_i|=1$,$|x_j|\leqslant 1(j\neq i)$,则上述方程组的第 i 个方程为

$$\lambda x_i=\sum_{j=1}^{i}b_{ji}x_j+\lambda\sum_{j=i+1}^{n}b_{ji}x_j.$$

所以

$$|\lambda|\leqslant\sum_{j=1}^{i}|b_{ji}|+|\lambda|\sum_{j=i+1}^{n}|b_{ji}|,$$

$$|\lambda|\leqslant\sum_{j=1}^{i}|b_{ji}|\Big/\left(1-\sum_{j=i+1}^{n}|b_{ji}|\right).$$

由于 $\|\boldsymbol{B}\|_1<1$,所以$|\lambda|<1$,即 $S[(\boldsymbol{I}-\boldsymbol{L})^{-1}\boldsymbol{U}]<1$,从而 GS 方法收敛.

定理 2.3 若 $\|\boldsymbol{B}\|_\infty=\max\limits_i\sum\limits_{j=1}^{n}|b_{ij}|<1$,则 GS 方法收敛,且若记

$$\mu=\max_i\left(\sum_{j=i}^{n}|b_{ij}|\right)\Big/\left(1-\sum_{j=1}^{i-1}|b_{ij}|\right),\tag{2.6}$$

则有

$$\mu\leqslant\|\boldsymbol{B}\|_\infty<1\tag{2.7}$$

及

$$\|\boldsymbol{x}^{(k)}-\boldsymbol{x}^*\|_\infty\leqslant\frac{\mu^k}{1-\mu}\|\boldsymbol{x}^{(1)}-\boldsymbol{x}^{(0)}\|_\infty,\tag{2.8}$$

其中,x^* 是方程组(1.5)的准确解.

证明:引入记号 $l_i=\sum\limits_{j=1}^{i-1}|b_{ij}|$,$u_i=\sum\limits_{j=i}^{n}|b_{ij}|$,则有

$$l_i+u_i\leqslant\|\boldsymbol{B}\|_\infty<1\quad(i=1,2,\cdots,n)$$

以及

$$l_i+u_i-\frac{u_i}{1-l_i}=\frac{l_i}{1-l_i}(1-l_i-u_i)\geqslant 0,$$

所以

$$\frac{u_i}{1-l_i}\leqslant l_i+u_i.$$

两边对 i 取最大值即可证得式(2.7).

由式(2.4)及 $\boldsymbol{x}^*=\boldsymbol{B}\boldsymbol{x}^*+\boldsymbol{g}=(\boldsymbol{L}+\boldsymbol{U})\boldsymbol{x}^*+\boldsymbol{g}$,得

$$\boldsymbol{x}^{(k)}-\boldsymbol{x}^{*}=\boldsymbol{L}(\boldsymbol{x}^{(k)}-\boldsymbol{x}^{*})+\boldsymbol{U}(\boldsymbol{x}^{(k-1)}-\boldsymbol{x}^{*}),$$

第 i 个方程为

$$x_i^{(k)}-x_i^{*}=\sum_{j=1}^{i-1}b_{ij}(x_j^{(k)}-x_j^{*})+\sum_{j=i}^{n}b_{ij}(x_j^{(k-1)}-x_j^{*})\quad(i=1,2,\cdots,n),$$

则

$$|x_i^{(k)}-x_i^{*}|\leqslant l_i\|\boldsymbol{x}^{(k)}-\boldsymbol{x}^{*}\|_\infty+u_i\|\boldsymbol{x}^{(k-1)}-\boldsymbol{x}^{*}\|_\infty.$$

假设 $\|\boldsymbol{x}^{(k)}-\boldsymbol{x}^{*}\|_\infty=|x_{i_0}^{(k)}-x_{i_0}^{*}|$(即在 $i=i_0$ 时取得最大值),则有

$$\|\boldsymbol{x}^{(k)}-\boldsymbol{x}^{*}\|_\infty=|x_{i_0}^{(k)}-x_{i_0}^{*}|\leqslant l_{i_0}\|\boldsymbol{x}^{(k)}-\boldsymbol{x}^{*}\|_\infty+u_{i_0}\|\boldsymbol{x}^{(k-1)}-\boldsymbol{x}^{*}\|_\infty,$$

所以

$$\|\boldsymbol{x}^{(k)}-\boldsymbol{x}^{*}\|_\infty\leqslant\frac{u_{i_0}}{1-l_{i_0}}\|\boldsymbol{x}^{(k-1)}-\boldsymbol{x}^{*}\|_\infty\leqslant\cdots\leqslant\mu^k\|\boldsymbol{x}^{(0)}-\boldsymbol{x}^{*}\|_\infty.$$

而 $\mu<1$,则 $\lim\limits_{k\to\infty}\|\boldsymbol{x}^{(k)}-\boldsymbol{x}^{*}\|_\infty=0$,即 GS 方法收敛.

现证式(2.8).根据迭代公式有

$$\boldsymbol{x}^{(k)}-\boldsymbol{x}^{(k-1)}=\boldsymbol{L}(\boldsymbol{x}^{(k)}-\boldsymbol{x}^{(k-1)})+\boldsymbol{U}(\boldsymbol{x}^{(k-1)}-\boldsymbol{x}^{(k-2)}),$$

类似收敛性的证明,可得

$$\|\boldsymbol{x}^{(k)}-\boldsymbol{x}^{(k-1)}\|_\infty\leqslant\mu\|\boldsymbol{x}^{(k-1)}-\boldsymbol{x}^{(k-2)}\|_\infty\leqslant\mu^{k-1}\|\boldsymbol{x}^{(1)}-\boldsymbol{x}^{(0)}\|_\infty.$$

又因为

$$\boldsymbol{x}^{(k)}-\boldsymbol{x}^{*}=\sum_{j=k}^{\infty}(\boldsymbol{x}^{(j)}-\boldsymbol{x}^{(j+1)}),$$

所以

$$\|\boldsymbol{x}^{(k)}-\boldsymbol{x}^{*}\|_\infty\leqslant\sum_{j=k}^{\infty}\|\boldsymbol{x}^{(j)}-\boldsymbol{x}^{(j+1)}\|_\infty\leqslant\sum_{j=k}^{\infty}\mu^j\|\boldsymbol{x}^{(1)}-\boldsymbol{x}^{(0)}\|_\infty=\frac{\mu^k}{1-\mu}\|\boldsymbol{x}^{(1)}-\boldsymbol{x}^{(0)}\|_\infty.$$

注:上述两个定理并不要求 $\boldsymbol{U}$ 为严格上三角阵,只要求它为上三角阵,因此,对一般的 $\boldsymbol{B}$(只要方程组(1.1)和(1.5)等价)也适用.

例 2.1　设方程组 $\boldsymbol{Ax}=\boldsymbol{b}$,其中

$$\boldsymbol{A}=\begin{bmatrix}4&-2&1\\0&5&-1\\-3&-1&6\end{bmatrix},$$

考察用 Jacobi 迭代和 Gauss-Seidel 迭代求解该方程组的收敛性.

解:Jacobi 迭代矩阵

$$\boldsymbol{B}=\begin{bmatrix}0&\frac{1}{2}&-\frac{1}{4}\\0&0&\frac{1}{5}\\\frac{1}{2}&\frac{1}{6}&0\end{bmatrix},$$

则 $\|\boldsymbol{B}\|_1=\max\left\{\frac{1}{2},\frac{2}{3},\frac{9}{20}\right\}=\frac{2}{3}<1$,根据定理 1.2 及定理 2.2 知 J 方法和 GS 方法收敛.

例 2.2 设有方程组 $\boldsymbol{x}=\boldsymbol{B}\boldsymbol{x}+\boldsymbol{g}$,其中

$$\boldsymbol{B}=\begin{bmatrix}0.9 & 0\\0.3 & 0.8\end{bmatrix},\quad \boldsymbol{g}=\begin{bmatrix}0.9\\1.1\end{bmatrix},$$

试考察迭代 $\boldsymbol{x}^{(k+1)}=\boldsymbol{B}\boldsymbol{x}^{(k)}+\boldsymbol{g}$ 的收敛性.

解: $\|\boldsymbol{B}\|_1=1.2$, $\|\boldsymbol{B}\|_\infty=1.1$, $\|\boldsymbol{B}\|_2=1.021$, $\|\boldsymbol{B}\|_F=\sqrt{1.54}$. 显然迭代矩阵 $\boldsymbol{B}$ 的几种常见范数都大于 1,不能利用定理 1.2 判断收敛性,但是,$\boldsymbol{B}$ 的特征值 $\lambda_1=0.9$, $\lambda_2=0.8$,所以 $S(\boldsymbol{B})<1$,根据定理 1.1 可知,迭代是收敛的.

注: 由例 2.2 可以看出,即使迭代矩阵的各种常用范数都大于 1,也不能说明该迭代是发散的,这是因为定理 1.2 只是一个判定收敛的充分条件,而不是必要条件.

下面根据系数矩阵的一些特殊性质,给出一些 J 方法和 GS 方法都收敛的充分条件. 首先介绍两个新的概念.

定义 2.1 设矩阵 $\boldsymbol{A}$ 为 n 阶方阵($n\geqslant 2$),若存在 n 阶排列阵 $\boldsymbol{P}$,使得

$$\boldsymbol{P}\boldsymbol{A}\boldsymbol{P}^{\mathrm{T}}=\begin{bmatrix}\boldsymbol{A}_{11} & \boldsymbol{A}_{12}\\0 & \boldsymbol{A}_{22}\end{bmatrix}\tag{2.9}$$

成立,其中 $\boldsymbol{A}_{11}$ 为 r 阶方阵,$\boldsymbol{A}_{22}$ 为 $n-r$ 阶方阵($1\leqslant r<n$),则称 $\boldsymbol{A}$ 为**可约矩阵**;否则,若不存在排列阵 $\boldsymbol{P}$ 使式(2.9)成立,则称 $\boldsymbol{A}$ 为**不可约矩阵**.

根据定义 2.1,若一个方程组的系数矩阵可约,则可将该方程组化为两个低阶方程组求解,可见参考文献[1],[5],[6].

例 2.3 矩阵 $\boldsymbol{A}=\begin{bmatrix}2 & 1 & 0\\-1 & 2 & 0\\0 & 1 & 3\end{bmatrix}$ 为可约矩阵,因为取排列阵 $\boldsymbol{P}=\boldsymbol{I}_{13}$,则 $\boldsymbol{P}\boldsymbol{A}\boldsymbol{P}^{\mathrm{T}}=$

$\begin{bmatrix}3 & 1 & 0\\0 & 2 & -1\\0 & 1 & 2\end{bmatrix}$ 为式(2.9)的形式,所以 $\boldsymbol{A}$ 可约.

定义 2.2 设矩阵 $\boldsymbol{A}=(a_{ij})_{n\times n}\in\mathbf{R}^{n\times n}$(或 $\mathbf{C}^{n\times n}$),若满足

$$(1)\ |a_{ii}|\geqslant\sum_{\substack{j=1\\j\neq i}}^{n}|a_{ij}|\quad(i=1,2,\cdots,n),\tag{2.10}$$

则称 $\boldsymbol{A}$ 为**对角占优矩阵**;

(2)若式(2.10)对所有的 $i(i=1,2,\cdots,n)$ 都有严格不等号成立,则称 $\boldsymbol{A}$ 为**严格对角占优矩阵**;

(3)若 $\boldsymbol{A}$ 不可约且对角占优,而式(2.10)中至少有一个 i 使不等号严格成立,则称 $\boldsymbol{A}$ 为**不可约对角占优矩阵**.

例 2.4 $\boldsymbol{A}=\begin{bmatrix}2 & -2 & 0\\-1 & 3 & 1\\1 & 3 & 5\end{bmatrix}$ 为对角占优矩阵,

$\boldsymbol{B}=\begin{bmatrix}4 & -1 & 0\\-1 & 4 & -1\\0 & -1 & 4\end{bmatrix}$ 为严格对角占优矩阵,

$$\boldsymbol{C}=\begin{bmatrix}2 & 1 & 1\\ -2 & 4 & 1\\ 1 & 3 & 5\end{bmatrix}$$为不可约对角占优矩阵.

关于严格对角占优矩阵和不可约对角占优矩阵,我们不加证明,仅引入一个结论(见参考文献[5]).

引理 1.1 若 $\boldsymbol{A}$ 为严格对角占优或不可约对角占优矩阵,则 $\boldsymbol{A}$ 非奇异.

定理 2.4 若 $\boldsymbol{A}$ 为严格对角占优或不可约对角占优矩阵,且 $\boldsymbol{A}$ 对称,对角元全为正,则 $\boldsymbol{A}$ 的特征值全是正数.

证明:留给读者.

注:用 5 点差分格式解调和方程第一类或第三类边值问题时所得到的系数矩阵都具有定理 2.4 中矩阵的特点.

定理 2.5 若 $\boldsymbol{A}$ 为严格对角占优或不可约对角占优矩阵,则J 方法和 GS 方法都收敛.

证明:Jacobi 迭代矩阵 $\boldsymbol{B}=\boldsymbol{I}-\boldsymbol{D}^{-1}\boldsymbol{A}$.

若 $\boldsymbol{A}$ 为严格对角占优矩阵,则 $\|\boldsymbol{B}\|_\infty<1$,根据定理 1.2 及定理 2.3 知,J 方法和 GS 方法都收敛.

若 $\boldsymbol{A}$ 为不可约对角占优矩阵,则 $\boldsymbol{I}-\boldsymbol{B}$ 也为不可约对角占优矩阵,假定 $\boldsymbol{B}$ 的某个特征值 λ 满足 $|\lambda|\geqslant 1$,则由 $\det(\lambda\boldsymbol{I}-\boldsymbol{B})=0$ 可得 $\det\left(\boldsymbol{I}-\frac{1}{\lambda}\boldsymbol{B}\right)=0$. 这与 $\boldsymbol{I}-\frac{1}{\lambda}\boldsymbol{B}$ 为不可约对角占优矩阵矛盾(非奇异),所以 $S(\boldsymbol{B})<1$,J 方法收敛.

对于 GS 方法,只要证明 $S((\boldsymbol{I}-\boldsymbol{L})^{-1}\boldsymbol{U})<1$ 即可. 类似地,反设 $(\boldsymbol{I}-\boldsymbol{L})^{-1}\boldsymbol{U}$ 的某个特征值 λ 满足 $|\lambda|\geqslant 1$,则由 $\boldsymbol{I}-\boldsymbol{B}$ 不可约对角占优可知,$\boldsymbol{I}-\left(\boldsymbol{L}+\frac{1}{\lambda}\boldsymbol{U}\right)$ 也不可约对角占优 $(\boldsymbol{B}=\boldsymbol{L}+\boldsymbol{U})$,所以非奇异. 这与 $\det[\lambda\boldsymbol{I}-(\boldsymbol{I}-\boldsymbol{L})^{-1}\boldsymbol{U}]=0$ 推出 $\det\left[\boldsymbol{I}-\left(\boldsymbol{L}+\frac{1}{\lambda}\boldsymbol{U}\right)\right]=0$ 矛盾,故 $S((\boldsymbol{I}-\boldsymbol{L})^{-1}\boldsymbol{U})<1$,即 GS 方法收敛.

例 2.5 利用 Jacobi 迭代及 Gauss-Seidel 迭代解方程组

$$\begin{cases}10x_1-x_2+2x_3=6,\\ -x_1+11x_2-x_3+3x_4=25,\\ 2x_1-x_2+10x_3-x_4=-11,\\ 3x_2-x_3+8x_4=15.\end{cases}$$

取初始迭代向量 $\boldsymbol{x}^{(0)}=(0,0,0,0)^{\mathrm{T}}$,直到

$$\frac{\|\boldsymbol{x}^{(k+1)}-\boldsymbol{x}^{(k)}\|}{\|\boldsymbol{x}^{(k+1)}\|}<10^{-3}.$$

解:该方程组的准确解为 $\boldsymbol{x}=(1,2,-1,1)^{\mathrm{T}}$.

(1)Jacobi 迭代格式($k=0,1,\cdots$).

$$\begin{cases} x_1^{(k+1)} = \frac{1}{10}x_2^{(k)} - \frac{1}{5}x_3^{(k)} + \frac{3}{5}, \\ x_2^{(k+1)} = \frac{1}{11}x_1^{(k)} + \frac{1}{11}x_3^{(k)} - \frac{3}{11}x_4^{(k)} + \frac{25}{11}, \\ x_3^{(k+1)} = -\frac{1}{5}x_1^{(k)} + \frac{1}{10}x_2^{(k)} + \frac{1}{10}x_4^{(k)} - \frac{11}{10}, \\ x_4^{(k+1)} = -\frac{3}{8}x_2^{(k)} + \frac{1}{8}x_3^{(k)} + \frac{15}{8}. \end{cases}$$

计算结果见下表:

k	$x_1^{(k)}$	$x_2^{(k)}$	$x_3^{(k)}$	$x_4^{(k)}$
1	0.6000	2.2727	−1.1000	1.8750
2	1.0473	1.7159	−0.8052	0.8852
3	0.9326	2.053	−1.0493	1.1309
4	1.0152	1.9537	−0.9681	0.9739
5	0.9890	2.0114	−1.0103	1.0214
6	1.0032	1.9922	−0.9945	0.9944
7	0.9981	2.0023	−1.0020	1.0036
8	1.0006	1.9987	−0.9990	0.9989
9	0.9997	2.0004	−1.0004	1.0006
10	1.0001	1.9998	−0.9998	0.9998

迭代到第 10 步时,

$$\frac{\| \boldsymbol{x}^{(10)} - \boldsymbol{x}^{(9)} \|_\infty}{\| \boldsymbol{x}^{(10)} \|_\infty} = \frac{8.0 \times 10^{-4}}{1.9998} < 10^{-3},$$

已满足精度要求.

(2)Gauss-Seidel 迭代格式($k=0,1,\cdots$).

$$\begin{cases} x_1^{(k+1)} = \frac{1}{10}x_2^{(k)} - \frac{1}{5}x_3^{(k)} + \frac{3}{5}, \\ x_2^{(k+1)} = \frac{1}{11}x_1^{(k+1)} + \frac{1}{11}x_3^{(k)} - \frac{3}{11}x_4^{(k)} + \frac{25}{11}, \\ x_3^{(k+1)} = -\frac{1}{5}x_1^{(k+1)} + \frac{1}{10}x_2^{(k+1)} + \frac{1}{10}x_4^{(k)} - \frac{11}{10}, \\ x_4^{(k+1)} = -\frac{3}{8}x_2^{(k+1)} + \frac{1}{8}x_3^{(k+1)} + \frac{15}{8}. \end{cases}$$

计算结果见下表:

$x_i^{(k)}$ \ k	0	1	2	3	4	5
$x_1^{(k)}$	0.0000	0.6000	1.0300	1.0065	1.0009	1.0001
$x_2^{(k)}$	0.0000	2.3272	2.0370	2.0036	2.0003	2.0000
$x_3^{(k)}$	0.0000	−0.9873	−1.0140	−1.0025	−1.0003	−1.0000
$x_4^{(k)}$	0.0000	0.8789	0.9844	0.9983	0.9999	1.0000

迭代到第 5 步时，

$$\frac{\|\boldsymbol{x}^{(5)}-\boldsymbol{x}^{(4)}\|_\infty}{\|\boldsymbol{x}^{(5)}\|_\infty}=\frac{0.0008}{2.0000}=4\times10^{-4},$$

已满足精度要求.

例 2.5 中 J 方法和 GS 方法都收敛，这是因为其系数矩阵为严格对角占优矩阵.

至此，我们已介绍了几个判别 J 方法和 GS 方法收敛的充分条件，对于一个给定的方程组，两种方法可能都收敛，或者都不收敛；也可能 J 方法收敛而 GS 方法不收敛，或者 GS 方法收敛而J 方法不收敛.

例 2.6　给定方程组 $\boldsymbol{Ax}=\boldsymbol{b}$，其中

$$\boldsymbol{A}=\begin{bmatrix}1 & 0.9 & 0.9\\ 0.9 & 1 & 0.9\\ 0.9 & 0.9 & 1\end{bmatrix},$$

试考察 J 方法和 GS 方法解此方程组的收敛性.

解：$\boldsymbol{A}$ 为对称正定阵，而 $2\boldsymbol{D}-\boldsymbol{A}$ 不为正定阵. 根据定理 1.4 知，J 方法不收敛，利用下一节定理 3.3 知，当 $\boldsymbol{A}$ 对称正定时，GS 方法收敛.

有时交换方程组中方程的次序(对应交换系数矩阵的行)或未知量的次序(对应交换系数矩阵的列)，可能会改变收敛性.

例 2.7　方程组

$$\begin{cases}\dfrac{1}{2}x_1+\quad x_2=-\dfrac{1}{2},\\ x_1+\dfrac{1}{2}x_2=\dfrac{1}{2},\end{cases}$$

的系数矩阵及 Jacobi 迭代矩阵分别为

$$\boldsymbol{A}=\begin{bmatrix}\dfrac{1}{2} & 1\\ 1 & \dfrac{1}{2}\end{bmatrix},\quad \boldsymbol{B}=\begin{bmatrix}0 & -2\\ -2 & 0\end{bmatrix},$$

$S(\boldsymbol{B})=2>1$，$S((\boldsymbol{I}-\boldsymbol{L})^{-1}\boldsymbol{U})=4>1$，所以 J 方法和 GS 方法都不收敛. 但是若交换两个方程的次序后变为

$$\begin{cases}x_1+\dfrac{1}{2}x_2=\dfrac{1}{2},\\ \dfrac{1}{2}x_1+\quad x_2=-\dfrac{1}{2}.\end{cases}$$

相应地，

$$\boldsymbol{A}=\begin{bmatrix}1 & \frac{1}{2}\\ \frac{1}{2} & 1\end{bmatrix}$$

为严格对角占优矩阵,则 J 方法和 GS 方法都收敛. 在本例中,交换 x_1 和 x_2 的次序后变为

$$\begin{cases}x_2+\frac{1}{2}x_1=-\frac{1}{2},\\ \frac{1}{2}x_2+\quad x_1=\frac{1}{2},\end{cases}$$

有类似的结论.

§3 超松弛迭代法

超松弛迭代法也称为 SOR 方法,是 Gauss-Seidel 迭代的一种加速方法,是解大型稀疏方程组的有效方法之一.

SOR 方法与 GS 方法有着密切的联系,其迭代格式为($k=0,1,\cdots$)

$$\begin{cases}\tilde{x}_i^{(k+1)}=\sum\limits_{j=1}^{i-1}b_{ij}x_j^{(k+1)}+\sum\limits_{j=i+1}^{n}b_{ij}x_j^{(k)}+g_i,\\ x_i^{(k+1)}=x_i^{(k)}+\omega(\tilde{x}_i^{(k+1)}-x_i^{(k)})\quad(i=1,2,\cdots,n).\end{cases}\tag{3.1}$$

$\tilde{x}_i^{(k+1)}$ 为一个中间量,$x_i^{(k+1)}$ 取为 $x_i^{(k)}$ 与 $\tilde{x}_i^{(k+1)}$ 的加权平均,权 $\omega\in\mathbf{R}$ 称为**超松弛因子**. 可以看出,当 $\omega=1$ 时,式(3.1)即为 Gauss-Seidel 迭代格式. 消去中间量 $\tilde{x}_i^{(k+1)}$ 则得 SOR 方法的迭代公式($k=0,1,\cdots$)

$$x_i^{(k+1)}=(1-\omega)x_i^{(k)}+\omega\Big(\sum_{j=1}^{i-1}b_{ij}x_j^{(k+1)}+\sum_{j=i+1}^{n}b_{ij}x_j^{(k)}+g_i\Big)\quad(i=1,2,\cdots,n),\tag{3.2}$$

其矩阵形式为

$$\boldsymbol{x}^{(k+1)}=(1-\omega)\boldsymbol{x}^{(k)}+\omega(\boldsymbol{L}\boldsymbol{x}^{(k+1)}+\boldsymbol{U}\boldsymbol{x}^{(k)}+\boldsymbol{g}),$$

即

$$\begin{aligned}\boldsymbol{x}^{(k+1)}&=(\boldsymbol{I}-\omega\boldsymbol{L})^{-1}[(1-\omega)\boldsymbol{I}+\omega\boldsymbol{U}]\boldsymbol{x}^{(k)}+\omega(\boldsymbol{I}-\omega\boldsymbol{I})^{-1}\boldsymbol{g}\\ &\triangleq\boldsymbol{L}_\omega\boldsymbol{x}^{(k)}+\omega(\boldsymbol{I}-\omega\boldsymbol{L})^{-1}\boldsymbol{g}.\end{aligned}\tag{3.3}$$

这里 $\boldsymbol{L}_\omega$ 为 SOR 方法的迭代矩阵,$\boldsymbol{L}$ 为严格下三角阵,$\boldsymbol{U}$ 为严格上三角阵. 由式(3.2)知,编程计算时,只需一套单元存放迭代向量即可. 通常当 $\omega<1$ 时,称式(3.2)为低松弛法;当 $\omega>1$ 时,称式(3.2)为超松弛法.

关于 SOR 方法的收敛性,类似定理 1.1 和定理 2.1,有如下结论.

定理 3.1　SOR 方法收敛的充要条件是 $S(\boldsymbol{L}_\omega)<1$.

证明:与定理 2.1 的证明类似,此处不再赘述.

定理 3.2 对任意的 ω,有

$$S(\boldsymbol{L}_\omega) \geqslant |\omega - 1|, \tag{3.4}$$

且当 ω 取实数时,若 SOR 方法收敛,则

$$0 < \omega < 2. \tag{3.5}$$

证明:设 $\lambda_1, \lambda_2, \cdots, \lambda_n$ 为 $\boldsymbol{L}_\omega$ 的特征值,根据 $\boldsymbol{L}_\omega$ 的定义可得

$$|\det(\boldsymbol{L}_\omega)| = |\lambda_1\lambda_2\cdots\lambda_n| \leqslant (S(\boldsymbol{L}_\omega))^n,$$

以及

$$\det(\boldsymbol{L}_\omega) = \det[(\boldsymbol{I} - \omega\boldsymbol{L})^{-1}]\det[(1-\omega)\boldsymbol{I} + \omega\boldsymbol{U}] = (1-\omega)^n.$$

所以式(3.4)成立. 又若 SOR 方法收敛,必须有 $S(\boldsymbol{L}_\omega)<1$,即$|\omega-1|<1$,当 ω 为实数时,则满足 $0<\omega<2$.

定理 3.3 若系数矩阵 $\boldsymbol{A}$ 对称正定,且 $0<\omega<2$,则 SOR 方法收敛.

证明:设 λ 为矩阵 $\boldsymbol{L}_\omega$ 的任一特征值,$\boldsymbol{x}$ 为其相应的特征向量,则

$$\boldsymbol{L}_\omega\boldsymbol{x} = \lambda\boldsymbol{x},$$

$$[(1-\omega)\boldsymbol{I} + \omega\boldsymbol{U}]x = \lambda(\boldsymbol{I} - \omega\boldsymbol{L})\boldsymbol{x}, \tag{3.6}$$

因为 $\boldsymbol{B} = \boldsymbol{L} + \boldsymbol{U} = \boldsymbol{I} - \boldsymbol{D}^{-1}\boldsymbol{A}\ (\boldsymbol{D} = \mathrm{diag}(a_{ii}))$,所以 $\boldsymbol{A} = \boldsymbol{D} - \boldsymbol{DL} - \boldsymbol{DU}$,$\boldsymbol{A}$ 对称,故$(\boldsymbol{DU})^{\mathrm{T}} = \boldsymbol{DL}$. 在式(3.6)两端同时左乘 $\boldsymbol{x}^{\mathrm{T}}\boldsymbol{D}$,得

$$(1-\omega)\boldsymbol{x}^{\mathrm{T}}\boldsymbol{Dx} + \omega\boldsymbol{x}^{\mathrm{T}}\boldsymbol{DUx} = \lambda(\boldsymbol{x}^{\mathrm{T}}\boldsymbol{Dx} - \omega\boldsymbol{x}^{\mathrm{T}}\boldsymbol{DLx}).$$

令 $\boldsymbol{x}^{\mathrm{T}}\boldsymbol{Dx} = q$,$\boldsymbol{x}^{\mathrm{T}}\boldsymbol{DLx} = \alpha + i\beta$,因 $\boldsymbol{A}$ 对称正定,所以 $q>0$,且 $\boldsymbol{x}^{\mathrm{T}}\boldsymbol{DUx} = \alpha - i\beta$,$\boldsymbol{x}^{\mathrm{T}}\boldsymbol{Ax} = \boldsymbol{x}^{\mathrm{T}}(\boldsymbol{D} - \boldsymbol{DL} - \boldsymbol{DU})\boldsymbol{x} = q - 2\alpha > 0$,则

$$\lambda = \frac{(1-\omega)q + \omega\alpha - i\omega\beta}{q - \omega\alpha - i\omega\beta},$$

于是

$$|\lambda|^2 = \frac{[q - \omega(q-\alpha)]^2 + \omega^2\beta^2}{(q-\omega\alpha)^2 + \omega^2\beta^2}.$$

当 $0<\omega<2$ 时,有

$$[q - \omega(q-\alpha)]^2 - (q-\omega\alpha)^2 = q\omega(2-\omega)(2\alpha - q) < 0,$$

所以$|\lambda|^2<1$,即有 $S(\boldsymbol{L}_\omega)<1$,SOR 方法收敛.

推论 3.1 若系数矩阵 $\boldsymbol{A}$ 对称正定,则 GS 方法收敛.

类似定理 2.5,我们不加证明地给出一个关于 SOR 方法收敛的判定定理.

定理 3.4 若系数矩阵为不可约对角占优矩阵,且 $0<\omega\leqslant1$,则解 $\boldsymbol{Ax}=\boldsymbol{b}$ 的 SOR 方法收敛.

我们知道,SOR 方法收敛的充要条件为 $S(\boldsymbol{L}_\omega)<1$. 对于给定的矩阵 $\boldsymbol{A}$,$S(\boldsymbol{L}_\omega)$是关于 ω 的函数,$S(\boldsymbol{L}_\omega)$越小,收敛越快. 使得$S(\boldsymbol{L}_\omega)$达到最小的 ω 称为**最佳松弛因子** ω_b,如何确定 ω_b 比较复杂,此处不再详述(可见参考文献[6],[13]),仅给出其计算公式

$$\omega_b = \frac{2}{1 + \sqrt{1 - S^2(\boldsymbol{B})}}, \tag{3.7}$$

其中,$S(\boldsymbol{B})$为 Jacobi 迭代矩阵 $\boldsymbol{B}$ 的谱半径. $S(\boldsymbol{B})$可利用第七章的乘幂法来计算.

例 3.1　用 SOR 方法解方程组

$$\begin{cases}4x_1+3x_2 &= 24,\\ 3x_1+4x_2-x_3 &= 30,\\ -x_2+4x_3 &= -24,\end{cases}$$

取初始迭代向量 $\boldsymbol{x}^{(0)}=(1,1,1)^{\mathrm{T}}$,要求 $\|\boldsymbol{x}^{(k+1)}-\boldsymbol{x}^{(k)}\|_\infty<10^{-5}$.

解:SOR 方法的迭代公式为

$$\begin{cases}x_1^{(k+1)}=(1-\omega)x_1^{(k)}+\dfrac{\omega}{4}[-3x_2^{(k)}+24],\\ x_2^{(k+1)}=(1-\omega)x_2^{(k)}+\dfrac{\omega}{4}[-3x_1^{(k+1)}+x_3^{(k)}+30],\\ x_3^{(k+1)}=(1-\omega)x_3^{(k)}+\dfrac{\omega}{4}[x_2^{(k+1)}-24].\end{cases}$$

当取 $\omega=1.8$ 时,需迭代 65 步才满足 $\|\boldsymbol{x}^{(65)}-\boldsymbol{x}^{(64)}\|_\infty<10^{-5}$,结果为

$$\boldsymbol{x}^{(65)}=(3.000001,4.000001,-5.000002)^{\mathrm{T}}.$$

当取 $\omega=1.22$ 时,迭代 11 步即满足 $\|\boldsymbol{x}^{(11)}-\boldsymbol{x}^{(10)}\|_\infty<10^{-5}$,此时结果为

$$\boldsymbol{x}^{(11)}=(3.000002,4.000000,-5.000000)^{\mathrm{T}}.$$

而准确解 $\boldsymbol{x}=(3,4,-5)^{\mathrm{T}}$. 由此可见,不同的 ω 收敛速度不同,ω 越接近 ω_b,收敛越快.

§4　共轭梯度法

共轭梯度法又称为共轭斜量法,它是用来求解对称正定方程组的有效方法之一. 理论上,它属于直接法,但实际计算时,由于舍入误差的影响,因而将它视为迭代法. 它是一种变分法,即求解与原方程组等价的变分问题的方法,该方法对高阶方程组往往经过比阶数小得多的迭代次数,就可得到要求的近似解.

定义 4.1　设 $\boldsymbol{A}$ 对称正定,称满足

$$(\boldsymbol{AP}_i,\boldsymbol{P}_j)=(\boldsymbol{P}_i,\boldsymbol{AP}_j)=0\quad(i\neq j;i,j=0,1,\cdots,n-1),\tag{4.1}$$

的一组向量$\{\boldsymbol{P}_0,\boldsymbol{P}_1,\cdots,\boldsymbol{P}_{n-1}\}$为"$\boldsymbol{A}$ 共轭(正交)"的基向量.

方程组 $\boldsymbol{Ax}=\boldsymbol{b}$ 的解 $\boldsymbol{x}^*$ 可按上述的基向量线性表示为

$$\boldsymbol{x}^*=\sum_{i=0}^{n-1}\alpha_i\boldsymbol{P}_j,$$

则一定有

$$\sum_{i=0}^{n-1}\alpha_i\boldsymbol{AP}_i=\boldsymbol{b}.$$

利用 $\boldsymbol{A}$ 的正交性得

$$\alpha_i=\frac{(\boldsymbol{b},\boldsymbol{P}_i)}{(\boldsymbol{AP}_i,\boldsymbol{P}_i)},\tag{4.2}$$

所以解向量 $\boldsymbol{x}^*$ 为

$$\boldsymbol{x}^* = \sum_{i=0}^{n-1} \frac{(\boldsymbol{b},\boldsymbol{P}_i)}{(\boldsymbol{A}\boldsymbol{P}_i,\boldsymbol{P}_i)}\boldsymbol{P}_i. \tag{4.3}$$

若取 $\boldsymbol{x}_0=0$，则式(4.3)可表示为

$$\boldsymbol{x}_{i+1} = \boldsymbol{x}_i + \alpha_i\boldsymbol{P}_i \quad (i=0,1,\cdots), \tag{4.4}$$

近似解 $\boldsymbol{x}_{i+1}$ 是前一近似解 $\boldsymbol{x}_i$ 沿 $\boldsymbol{P}_i$ 方向移动某个“距离”α_i 得到的. 若 α_i 由式(4.2)确定，有限步(最多 n 步)迭代即可求得准确解 $\boldsymbol{x}^*$. 实际上，对任意的初始向量 $\boldsymbol{x}_0$，可特殊构造一组“$\boldsymbol{A}$ 共轭”向量$\{\boldsymbol{P}_i\}$和移动量$\{\alpha_i\}$，使得经过有限步(最多 n 步)迭代(4.4)后，可求得准确解 $\boldsymbol{x}^*$.

将求解 $\boldsymbol{A}\boldsymbol{x}=\boldsymbol{b}$ 的问题转化为如下等价的极小化问题

$$H(\boldsymbol{x}^*) = \min_{x\in\mathbf{R}^n} H(\boldsymbol{x}) = \min_{x\in\mathbf{R}^n}[\boldsymbol{A}(\boldsymbol{x}^*-\boldsymbol{x}),\boldsymbol{x}^*-\boldsymbol{x}] \tag{4.5}$$

因为 $\boldsymbol{A}$ 对称正定，所以 $H(\boldsymbol{x})\geqslant 0$，仅当 $\boldsymbol{x}=\boldsymbol{x}^*$ 时 $H(\boldsymbol{x})$ 达到极小值 0. 从几何意义上讲，$H(\boldsymbol{x})$ 为常数，表示 n 维空间中的一个椭球面，当 $\boldsymbol{x}=\boldsymbol{x}^*$ 时，常数为 0，此时椭球面退化为一个点，因此，$\boldsymbol{A}\boldsymbol{x}=\boldsymbol{b}$ 的解可通过寻找一系列的 $\boldsymbol{x}_i$，使 $H(\boldsymbol{x}_i)$ 逐步减少而得到. 迭代过程(4.4)就是这样一个过程，这是因为取 $\boldsymbol{x}_0=\boldsymbol{0}$ 时，式(4.2)中的 $\boldsymbol{x}_i$ 还是使 $H(\boldsymbol{x})$ 在 $\boldsymbol{x}=\boldsymbol{x}_i+\lambda_i\boldsymbol{P}_i$ 形式的向量中达到最小值的 λ_i(见参考文献[5]).

注意到，$H(\boldsymbol{x})$ 为常数，在点 $\boldsymbol{x}$ 处的梯度(斜量)方向是 $\boldsymbol{x}$ 的残量 $\boldsymbol{r}(\boldsymbol{x})=\boldsymbol{b}-\boldsymbol{A}\boldsymbol{x}$ 的负方向(见参考文献[5]). 下面讨论对任意的初始向量 $\boldsymbol{x}_0$，可逐次利用残向量组$\{\boldsymbol{r}_i\}$($\boldsymbol{r}_i=\boldsymbol{b}-\boldsymbol{A}\boldsymbol{x}_i$)来构造 $\boldsymbol{A}$ 共轭向量组$\{\boldsymbol{P}_i\}$及近似解向量$\{\boldsymbol{x}_i\}$. 由于 $\boldsymbol{r}_i$ 对应于$\nabla H(\boldsymbol{x}_i)$，所以$\{\boldsymbol{P}_i\}$也称为共轭梯度(斜量)，则利用 $\boldsymbol{P}_i$ 来求解线性代数方程组的方法称为**共轭梯度(斜量)法**.

共轭梯度法的计算过程如下：

对任意的初始向量 $\boldsymbol{x}_0$，其残向量 $\boldsymbol{r}_0=\boldsymbol{b}-\boldsymbol{A}\boldsymbol{x}_0$，此时取 $\boldsymbol{P}_0=\boldsymbol{r}_0$. 设第 i 步已求出 $\boldsymbol{P}_i$，$\boldsymbol{P}_{i+1}$，按如下方式构造.

先构造 $\boldsymbol{x}_{i+1}$，$\boldsymbol{x}_{i+1}$ 由式(4.4)来计算，即在 $\boldsymbol{x}_i$ 的基础上沿 $\boldsymbol{P}_i$ 方向移动一个“量”α_i，α_i 的选择应使 $H(\boldsymbol{x}_{i+1})=H(\boldsymbol{x}_i+\alpha_i\boldsymbol{P}_i)$ 达到极小，即

$$H(\boldsymbol{x}_i+\alpha_i\boldsymbol{P}_i) = \min_{\alpha} H(\boldsymbol{x}_i+\alpha\boldsymbol{P}_i), \tag{4.6}$$

根据 $H(\boldsymbol{x})$ 的表达式及 $\alpha=\alpha_i$ 为极小值点，可求得

$$\alpha_i = \frac{(\boldsymbol{r}_i,\boldsymbol{P}_i)}{(\boldsymbol{A}\boldsymbol{P}_i,\boldsymbol{P}_i)}. \tag{4.7}$$

计算残向量

$$\boldsymbol{r}_{i+1} = \boldsymbol{b} - \boldsymbol{A}\boldsymbol{x}_{i+1}, \tag{4.8}$$

构造

$$\boldsymbol{P}_{i+1} = \boldsymbol{r}_{i+1} + \beta_i\boldsymbol{P}_i, \tag{4.9}$$

选择 β_i 使 $\boldsymbol{P}_{i+1}$ 与 $\boldsymbol{P}_i$ 为 $\boldsymbol{A}$ 共轭(正交)，即$(\boldsymbol{A}\boldsymbol{P}_i,\boldsymbol{P}_{i+1})=0$，由此得

$$\beta_i = -\frac{(\boldsymbol{r}_{i+1},\boldsymbol{A}\boldsymbol{P}_i)}{(\boldsymbol{P}_i,\boldsymbol{A}\boldsymbol{P}_i)}. \tag{4.10}$$

至此，$\boldsymbol{P}_{i+1}$ 已构造出来. 综上所述，共轭梯度法的计算公式为

$$\begin{cases} \boldsymbol{p}_0 = \boldsymbol{r}_0 = \boldsymbol{b} - \boldsymbol{A}\boldsymbol{x}_0, \\ \alpha_i = \dfrac{(\boldsymbol{P}_i, \boldsymbol{r}_i)}{(\boldsymbol{P}_i, \boldsymbol{A}\boldsymbol{P}_i)}, \\ \boldsymbol{x}_{i+1} = \boldsymbol{x}_i + \alpha_i \boldsymbol{P}_i, \\ \boldsymbol{r}_{i+1} = \boldsymbol{b} - \boldsymbol{A}\boldsymbol{x}_{i+1}, \\ \beta_i = -\dfrac{(\boldsymbol{r}_{i+1}, \boldsymbol{A}\boldsymbol{P}_i)}{(\boldsymbol{P}_i, \boldsymbol{A}\boldsymbol{P}_i)}, \\ \boldsymbol{P}_{i+1} = \boldsymbol{r}_{i+1} + \beta_i \boldsymbol{P}_i. \end{cases} \tag{4.11}$$

从整个过程来看,残向量组$\{\boldsymbol{r}_i\}$和$\boldsymbol{A}$共轭向量组$\{\boldsymbol{P}_i\}$是相互交替构造出来的,有下面的结论成立.

定理 4.1 $(\boldsymbol{r}_i, \boldsymbol{P}_{i-1}) = 0,$ (4.12)

$(\boldsymbol{r}_i, \boldsymbol{P}_i) = (\boldsymbol{r}_i, \boldsymbol{r}_i) = \|\boldsymbol{r}_i\|_2^2.$ (4.13)

证明:因为

$$\boldsymbol{r}_i = \boldsymbol{b} - \boldsymbol{A}\boldsymbol{x}_i = \boldsymbol{b} - \boldsymbol{A}(\boldsymbol{x}_{i-1} + \alpha_{i-1}\boldsymbol{P}_{i-1}) = \boldsymbol{r}_{i-1} - \alpha_{i-1}\boldsymbol{A}\boldsymbol{P}_{i-1},$$

所以

$$(\boldsymbol{r}_i, \boldsymbol{P}_{i-1}) = (\boldsymbol{r}_{i-1}, \boldsymbol{P}_{i-1}) - \alpha_{i-1}(\boldsymbol{A}\boldsymbol{P}_{i-1}, \boldsymbol{P}_{i-1}).$$

由式(4.11)知,$\alpha_{i-1} = \dfrac{(\boldsymbol{r}_{i-1}, \boldsymbol{P}_{i-1})}{(\boldsymbol{P}_{i-1}, \boldsymbol{A}\boldsymbol{P}_{i-1})}$,代入上式即得式(4.12).

又由式(4.11),$\boldsymbol{P}_i = \boldsymbol{r}_i + \beta_{i-1}\boldsymbol{P}_{i-1}$,则有

$$(\boldsymbol{r}_i, \boldsymbol{P}_i) = (\boldsymbol{r}_i, \boldsymbol{r}_i) + \beta_{i-1}(\boldsymbol{r}_i, \boldsymbol{P}_{i-1}),$$

根据式(4.12)即得式(4.13).

定理 4.2 共轭梯度法产生的残向量组$\{\boldsymbol{r}_i\}$是通常意义下的正交向量组,而向量组$\{\boldsymbol{P}_i\}$是$\boldsymbol{A}$正交(共轭)向量组.

证明:利用归纳法进行证明.

根据式(4.11)知,$\boldsymbol{r}_1 = \boldsymbol{b} - \boldsymbol{A}\boldsymbol{x}_1 = \boldsymbol{r}_0 - \alpha_0\boldsymbol{A}\boldsymbol{P}_0 = \boldsymbol{r}_0 - \alpha_0\boldsymbol{A}\boldsymbol{r}_0$,则

$$(\boldsymbol{r}_1, \boldsymbol{r}_0) = (\boldsymbol{r}_0, \boldsymbol{r}_0) - \alpha_0(\boldsymbol{r}_0, \boldsymbol{A}\boldsymbol{r}_0) = 0,$$

又$\boldsymbol{P}_1 = \boldsymbol{r}_1 + \beta_0\boldsymbol{r}_0$,并根据$\beta_0$的表达式,可得

$$(\boldsymbol{P}_1, \boldsymbol{A}\boldsymbol{P}_0) = (\boldsymbol{r}_1, \boldsymbol{A}\boldsymbol{r}_0) + \beta_0(\boldsymbol{r}_0, \boldsymbol{A}\boldsymbol{r}_0) = 0.$$

现假定$\boldsymbol{r}_0, \boldsymbol{r}_1, \cdots, \boldsymbol{r}_{i-1}, \boldsymbol{r}_i$相互正交(通常的正交),$\boldsymbol{P}_0, \boldsymbol{P}_1, \cdots, \boldsymbol{P}_{i-1}, \boldsymbol{P}_i$相互$\boldsymbol{A}$正交,需证明$\boldsymbol{r}_{i+1}$与$\boldsymbol{r}_j\,(j = 0, 1, \cdots, i)$正交,$\boldsymbol{P}_{i+1}$与$\boldsymbol{P}_j\,(j = 0, 1, \cdots, i)\,\boldsymbol{A}$正交.

利用公式(4.11)有

$$\boldsymbol{r}_{i+1} = \boldsymbol{b} - \boldsymbol{A}\boldsymbol{x}_{i+1} = \boldsymbol{r}_i - \alpha_i\boldsymbol{A}\boldsymbol{P}_i,$$
$$\boldsymbol{r}_j = \boldsymbol{P}_j - \beta_{j-1}\boldsymbol{P}_{j-1},$$

于是

$$(\boldsymbol{r}_{i+1}, \boldsymbol{r}_j) = (\boldsymbol{r}_i, \boldsymbol{r}_j) - \alpha_i(\boldsymbol{A}\boldsymbol{P}_i, \boldsymbol{P}_j) + \alpha_i\beta_{j-1}(\boldsymbol{A}\boldsymbol{P}_i, \boldsymbol{P}_{j-1}).$$

若$j \leqslant i-1$,则$(\boldsymbol{r}_{i+1}, \boldsymbol{r}_j) = 0$;若$j = i$,根据$\alpha_i$的表达式及式(4.13)可得

$$(\boldsymbol{r}_{i+1}, \boldsymbol{r}_i) = (\boldsymbol{r}_i, \boldsymbol{r}_i) - \frac{(\boldsymbol{r}_i, \boldsymbol{r}_i)}{(\boldsymbol{P}_i, \boldsymbol{A}\boldsymbol{P}_i)}(\boldsymbol{P}_i, \boldsymbol{A}\boldsymbol{P}_i) = 0,$$

即$\boldsymbol{r}_{i+1}$与$\boldsymbol{r}_j\,(j = 0, 1, \cdots, i)$正交.

又由式(4.11)，$\boldsymbol{P}_{i+1}=\boldsymbol{r}_{i+1}+\beta_i\boldsymbol{P}_i$，则

$$(\boldsymbol{P}_{i+1},\boldsymbol{AP}_j)=(\boldsymbol{r}_{i+1},\boldsymbol{AP}_j)+\beta_i(\boldsymbol{P}_i,\boldsymbol{AP}_j).$$

若 $j=i$，利用 β_i 的表达式，即得$(\boldsymbol{P}_{i+1},\boldsymbol{AP}_i)=0$；若 $j\leqslant i-1$，由归纳法假设，右端第 2 项为 0，并由 $\boldsymbol{r}_{j+1}=\boldsymbol{b}-\boldsymbol{Ax}_{j+1}=\boldsymbol{r}_j-\alpha_j\boldsymbol{AP}_j$ 可求得 $\boldsymbol{AP}_j=\dfrac{1}{\alpha_j}(\boldsymbol{r}_j-\boldsymbol{r}_{j+1})(\alpha_j>0)$，利用 $\boldsymbol{r}_{i+1}$ 与 $\boldsymbol{r}_j(j=0,1,\cdots,i)$正交即得$(\boldsymbol{P}_{i+1},\boldsymbol{AP}_j)=0(j\leqslant i-1)$，所以$(\boldsymbol{P}_{i+1},\boldsymbol{AP}_j)=0(j=0,1,\cdots,i)$.

定理 4.3　用共轭梯度法求解 n 阶对称正定方程组时最多迭代 n 次即可得方程组的准确解.

证明：若 $\boldsymbol{r}_i=\boldsymbol{b}-\boldsymbol{Ax}_i=\boldsymbol{0}(i<n)$，则 $\boldsymbol{x}_i$ 就为准确解 $\boldsymbol{x}^*$，$(\boldsymbol{P}_i,\boldsymbol{AP}_i)=\boldsymbol{0}(i<n)$，因 $\boldsymbol{A}$ 对称正定，则 $\boldsymbol{P}_i=\boldsymbol{0}$，又由式(4.13)知$(\boldsymbol{P}_i,\boldsymbol{r}_i)=(\boldsymbol{r}_i,\boldsymbol{r}_i)$，所以 $\boldsymbol{r}_i=\boldsymbol{0}$，$\boldsymbol{x}_i$ 即为 $\boldsymbol{x}^*$；否则，根据定理 4.2 知，$\boldsymbol{r}_n$ 与 $\boldsymbol{r}_0,\boldsymbol{r}_1,\cdots,\boldsymbol{r}_{n-1}$正交，故 $\boldsymbol{r}_n=\boldsymbol{0}\in\mathbf{R}^n$. 所以结论成立.

定理 4.4　当 $i<j$ 时，由共轭梯度法得到的 $\boldsymbol{x}_j$ 比 $\boldsymbol{x}_i$ 更接近准确解 $\boldsymbol{x}^*$，即

$$\|\boldsymbol{x}^*-\boldsymbol{x}_j\|_2<\|\boldsymbol{x}^*-\boldsymbol{x}_i\|_2.$$

证明：略(见参考文献[5]).

共轭梯度法常用来求解大型稀疏对称正定矩阵的线性代数方程组，其优点是，作为迭代法，对矩阵的元素结构没有特殊要求，也不用选择松弛因子等参数；其缺点是，舍入误差的影响较大，从而$\{\boldsymbol{r}_i\}$及$\{\boldsymbol{P}_i\}$的正交性较差，导致计算结果的精度很差.

小结

本章主要介绍了解线性代数方程组的几种常见迭代法：Jacobi迭代法、Gauss-Seidel迭代法、SOR 方法以及共轭梯度法等. 前三种方法都可归结为 $\boldsymbol{x}^{(k+1)}=\boldsymbol{Mx}^{(k)}+\boldsymbol{f}$ 的形式，都是单点线性迭代. 分别介绍了关于这三种方法收敛的充要条件、充分条件以及必要条件等. 实际应用时，SOR 方法较为重要，它是求解大型稀疏矩阵方程组的有效方法之一. 读者在学习本章内容时，可结合非线性方程求根的迭代法做比较，二者在本质上是相同的，只不过本章研究的是 n 维向量，也可以看作是 n 维空间中的一个点.

共轭梯度法虽然理论上是直接法，但考虑到舍入误差的影响，将其视为迭代法在本章中介绍，它是求解大型稀疏、对称正定矩阵线性代数方程组的有效方法之一.

迭代法算法简单，易于编程计算，特别适合于大规模科学工程计算. 更深入的内容，请查阅参考文献[7]，[8]，[14]，[16]，[17]等.

习　题

1. 取迭代初始向量 $\boldsymbol{x}^{(0)}=(0,0,0,0)^{\mathrm{T}}$，用 J 方法和 GS 方法解下列方程组，直至 $\|\boldsymbol{x}^{(k+1)}-\boldsymbol{x}^{(k)}\|_\infty\leqslant 10^{-3}$.

$$(1)\begin{cases}10x_1-x_2=12,\\-x_1+10x_2-2x_3=-23,\\-2x_2+10x_3=14.\end{cases}\quad(2)\begin{cases}5x_1+2x_2+x_3=-12,\\-x_1+4x_2+2x_3=9,\\2x_1-3x_2+10x_3=1.\end{cases}$$

2. 用 $\omega=1.2$ 的 SOR 方法解第 1 题.

3. 设 $\boldsymbol{A}=\begin{bmatrix}1 & \alpha\\2\alpha & 1\end{bmatrix}$,试分别写出解 $\boldsymbol{Ax}=\boldsymbol{b}$ 的 J 方法和 GS 方法收敛的充要条件.

4. 设 $\boldsymbol{A}=\begin{bmatrix}3 & 2\\1 & 2\end{bmatrix}$,$\boldsymbol{b}=\begin{bmatrix}3\\-1\end{bmatrix}$,用迭代公式

$$\boldsymbol{x}^{(k+1)}=\boldsymbol{x}^{(k)}+\alpha(\boldsymbol{Ax}^{(k)}-\boldsymbol{b})\quad(k=0,1,\cdots)$$

求解 $\boldsymbol{Ax}=\boldsymbol{b}$,问 $\alpha\in\mathbf{R}$ 取何值时可使迭代收敛?$\alpha\in\mathbf{R}$ 取何值时收敛最快?

5. 用 $\omega=1.1$ 的 SOR 方法解下列方程组,直至 $\|\boldsymbol{x}^{(k+1)}-\boldsymbol{x}^{(k)}\|_\infty\leqslant10^{-4}$.

$$(1)\begin{cases}3x_1-x_2+x_3=1,\\3x_1+6x_2+2x_3=0,\\3x_1+3x_2+7x_3=4;\end{cases}\quad(2)\begin{cases}3x_1+2x_2=4.5,\\2x_1+3x_2-x_3=5,\\-x_2+2x_3=-0.5.\end{cases}$$

6. 设方程组 $\boldsymbol{Ax}=\boldsymbol{b}$,其中,

$$(1)\boldsymbol{A}=\begin{bmatrix}1 & 2 & -2\\1 & 1 & 1\\2 & 2 & 1\end{bmatrix};\quad(2)\boldsymbol{A}=\begin{bmatrix}4 & 1 & -2\\3 & 5 & 1\\-1 & 1 & 3\end{bmatrix};$$

$$(3)\boldsymbol{A}=\begin{bmatrix}1 & 0.4 & 0.4\\0.4 & 1 & 0.8\\0.4 & 0.8 & 1\end{bmatrix}.$$

考察用 J 方法和 GS 方法求解上述方程组的收敛性.

7. 设方程组 $\boldsymbol{Ax}=\boldsymbol{b}$,系数矩阵 $\boldsymbol{A}$ 对称正定,其特征值为 $\lambda_1\geqslant\lambda_2\geqslant\cdots\geqslant\lambda_n$,试证当 $\alpha\in\left(0,\dfrac{2}{\lambda_1}\right)$时,迭代

$$\boldsymbol{x}^{(k+1)}=\boldsymbol{x}^{(k)}+\alpha(\boldsymbol{b}-\boldsymbol{Ax}^{(k)})\quad(k=0,1,\cdots)$$

收敛.

8. 给定方程组

$$①\begin{cases}2x_1-x_2+x_3=-1,\\2x_1+2x_2+2x_3=4,\\-x_1-x_2+2x_3=-5.\end{cases}\quad②\begin{cases}x_1-\frac{1}{4}x_3-\frac{1}{4}x_4=\frac{1}{2},\\x_2-\frac{1}{4}x_3-\frac{1}{4}x_4=\frac{1}{2},\\-\frac{1}{4}x_1-\frac{1}{4}x_2+x_3=\frac{1}{2},\\-\frac{1}{4}x_1-\frac{1}{4}x_2+x_4=\frac{1}{2}.\end{cases}$$

(1)求 $S(\boldsymbol{B})$;

(2)求 $S[(\boldsymbol{I}-\boldsymbol{L})^{-1}\boldsymbol{U}]$;

(3)考察解上述方程组的 J 方法和 GS 方法的收敛性.

9. 证明本章定理 3.4.

10. 给定迭代过程

$$x^{(k+1)} = Mx^{(k)} + f \quad (k = 0,1,\cdots),$$

其中，$M \in \mathbf{R}^{n\times n}$.

(1)证明：若 $S(M)=0$，则对任意初始向量 $x^{(0)}$，最多迭代 n 次就可得到精确解.

(2)设

$$M = \begin{bmatrix} 0 & \frac{1}{2} & -\frac{1}{\sqrt{2}} \\ \frac{1}{2} & 0 & \frac{1}{2} \\ \frac{1}{\sqrt{2}} & \frac{1}{2} & 0 \end{bmatrix}, \quad f = \begin{bmatrix} -\frac{1}{2} \\ 1 \\ -\frac{1}{2} \end{bmatrix},$$

验证 $S(M)=0$，并取 $x^{(0)}=(0,0,0)^{\mathrm{T}}$ 进行迭代计算.

11. 给定方程组 $Ax=b$，其中，

$$A = \begin{bmatrix} 1 & a & a \\ a & 1 & a \\ a & a & 1 \end{bmatrix},$$

(1)试确定 $a \in \mathbf{R}$ 的最大取值范围，以使 J 方法收敛.

(2)若 A 对称正定，则 $a \in \mathbf{R}$ 取何值？此时 GS 方法收敛吗？

12. 设 $A,B \in \mathbf{R}^{n\times n}$，且 A 非奇异，考察方程组

$$\begin{cases} Ax + By = b_1, \\ Bx + Ay = b_2. \end{cases}$$

其中，$b_1,b_2 \in \mathbf{R}^n$ 为已知向量，$x,y \in \mathbf{R}^n$ 为未知向量.

(1)给出下述迭代法关于任意初始向量 $x^{(0)}$ 和 $y^{(0)}$ 收敛的充要条件.

$$\begin{cases} Ax^{(k+1)} = -By^{(k)} + b_1 \\ Ay^{(k+1)} = -Bx^{(k)} + b_2 \end{cases} \quad (k = 0,1,\cdots).$$

(2)给出下述迭代法关于任意初始向量 $x^{(0)}$ 和 $y^{(0)}$ 收敛的充要条件.

$$\begin{cases} Ax^{(k+1)} = -By^{(k)} + b_1 \\ Ay^{(k+1)} = -Bx^{(k+1)} + b_2 \end{cases} \quad (k = 0,1,\cdots).$$

第六章　非线性方程求根

在科学与工程计算中，如机械设计、电气与电力系统计算、非线性力学、非线性微分和积分方程、非线性规划等很多领域，常常会遇到非线性方程或非线性方程组的求解问题，本章将重点介绍单变量非线性方程

$$f(x)=0$$

的数值求解方法. 当 $f(x)$ 为 n 次代数多项式 $\sum_{i=0}^{n}a_ix^{n-i}$ 时，上述方程称为 n 次多项式方程；当 $f(x)$ 为超越函数，例如 $f(x)=\mathrm{e}^{-x}-\sin\frac{\pi x}{2}$ 时，上述方程称为超越方程.

若非线性函数 $f(x)$ 可表述为

$$f(x)=(x-\alpha)^m g(x),$$

且 $g(\alpha)\neq 0$，则称 α 为 $f(x)$ 的 m 重零点，也称为方程 $f(x)=0$ 的 m 重根. 当 $m=1$ 时，称 α 为 $f(x)$ 的单重零点，也称为方程 $f(x)=0$ 的单根；当 $m>1$ 时，称 α 为重根.

众所周知，n 次多项式方程当 $n\geqslant 5$ 时，其根一般不能用解析表达式来表示，即没有求根公式，超越方程一般也没有根的解析表达式. 但实际应用时，并不要求得到根的解析表达式，只需得到满足精度要求的根的近似值. 本章将介绍方程求根的各类有效的数值方法.

§1　逐步搜索法及二分法

若函数 $f(x)\in C[a,b]$，且 $f(a)f(b)<0$，则根据连续函数的性质可知方程

$$f(x)=0 \tag{1.1}$$

在区间 (a,b) 内一定有实根，区间 $[a,b]$ 称为方程 (1.1) 的有根区间，当区间 $[a,b]$ 的长度 $b-a$ 较大时，我们需要用逐步搜索法来缩小有根区间.

1.1　逐步搜索法

为简单起见，不妨假设 $f(a)<0$，$f(b)>0$，将 $[a,b]$ N 等分，每一等分的长度称为步

长 $h=\frac{b-a}{N}$，等分节点为 $x_k=a+kh(k=0,1,\cdots,N)$. 先从左端点 $x_0=a$ 出发，按照步长 h 向右搜索，即计算 $f(x_k)$的值，找出相邻节点处函数值异号的区间，这样就得到了比原区间$[a,b]$小的有限区间. 该过程可继续进行下去，只要下一次的步长比上一次小即可.

理论上，只要 h 足够小，通过逐步搜索法可以得到具有任意精度的近似根. 但是，h 越小，搜索步数越多，计算函数值的次数增加，从而计算量增大，因此逐步搜索法不是一个有效的数值方法.

1.2　二分法

二分法是逐步搜索法的一种改进，其基本思想是逐步将有根区间分半，通过判别函数值的符号，进一步搜索有根区间，直至有根区间缩小到充分小，从而求出满足精度要求的根 α 的近似值(如图 6－1 所示)，其计算步骤如下(假设 $f(a)<0,f(b)>0$).

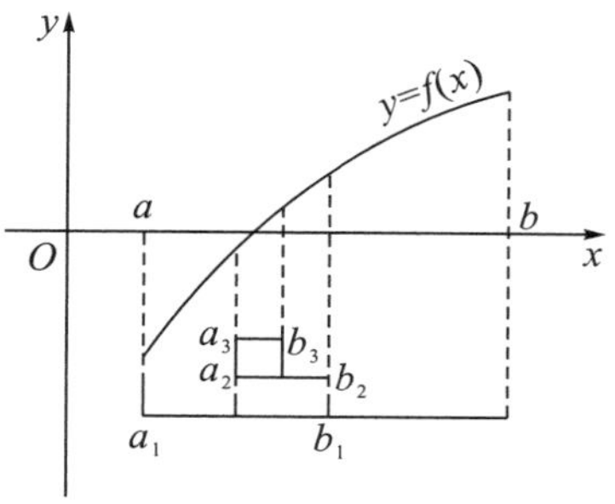

图 6－1

记 $a=a_0,b=b_0$，将有根区间(a_0,b_0)分半，计算中点 $x_0=\frac{a_0+b_0}{2}$ 及 $f(x_0)$，分情况讨论：

(1)若$|f(x_0)|\leqslant\sigma$，σ 为事先给定的小量，则 x_0 为满足要求的近似根，停止计算，输出结果 x_0.

(2)若$|f(x_0)|>\sigma$，当 $f(x_0)>0$ 时，取 $a_1=a_0,b_1=x_0$，则根$\alpha\in(a_1,b_1)$；当 $f(x_0)<0$ 时，取 $a_1=x_0,b_1=b_0$，则根 $\alpha\in(a_1,b_1)$. 新的有根区间(a_1,b_1)的长度 $b_1-a_1=\frac{1}{2}(b-a)$，利用(a_1,b_1)代替(a_0,b_0)，重复上述过程，可得新的有根区间(a_2,b_2)，$b_2-a_2=\frac{1}{2}(b_1-a_1)$. 重复上述过程，仅当出现情形(1)时终止，$n$ 次二分后的有根区间为(a_n,b_n)，满足

$$(a,b)\supset(a_1,b_1)\supset\cdots\supset(a_n,b_n),$$

且

$$b_n-a_n=\frac{1}{2}(b_{n-1}-a_{n-1})=\cdots=\frac{1}{2^n}(b-a),$$

$$f(a_n)f(b_n)<0.$$

当 n 充分大时,取(a_n,b_n)的中点 $x_n=\frac{a_n+b_n}{2}$作为 $f(x)=0$ 的根 α 的近似值,有误差估计

$$|x_n-\alpha|\leqslant\frac{b-a}{2^{n+1}},$$

收敛性是显然的,且$\lim\limits_{n\to\infty}x_n=\alpha$.

例 1.1 用二分法求方程 $f(x)=x^3-2x-5=0$ 在区间(2,3)内的根.

解:计算结果见表 6.1.

表 6.1

n	x	$f(x)$的符号	有根区间
	2	$f(2)=-1<0$	
0	3	$f(x)=16>9$	(2,3)
1	2.5	$f(2.5)>0$	(2,2.5)
2	2.25	$f(2.25)>0$	(2,2.25)
3	2.125	$f(2.125)>0$	(2,2.125)
4	2.0625	$f(2.0625)<0$	(2.0625,2.125)
5	2.09375	$f(2.09375)<0$	(2.09375,2.125)
6	2.109375	$f(2.109375)>0$	(2.09375,2.109375)

$x_6=2.1015625$,误差限$|x_6-\alpha|\leqslant\frac{1}{2^7}=0.0078125$,而根的准确值 $\alpha=2.09455148$,误差 $\varepsilon=x_6-\alpha=0.007011018$.

二分法的主要优点是算法简单,易于编程计算,对函数的要求低,只要连续即可,收敛速度与以$\frac{1}{2}$为公比的等比级数相同;其主要缺点是不能求偶数重根,不能求复根和虚根.

§2 迭代法

迭代法是一种逐次逼近的方法,它在数值分析中有着非常重要的作用,是解线性代数方程组、非线性方程及方程组、求矩阵特征值等问题的重要数值方法.

2.1 迭代法的算法

将方程(1.1)转化为等价的形式

$$x=\varphi(x),\tag{2.1}$$

若 α 为方程(1.1)的根,则一定满足 $\alpha=\varphi(\alpha)$,由等价性,反之亦然,称 α 为函数 $\varphi(x)$的一

个不动点，即函数 φ 将 α 映射到 α 自身. 那么，求方程(1.1)的根的问题就转化为求 $\varphi(x)$ 的不动点的问题. 给定根 α 的一个初始近似值 x_0，按下述迭代公式计算，

$$x_{k+1}=\varphi(x_k)\quad(k=0,1,\cdots),\tag{2.2}$$

称式(2.2)为**不动点迭代法**(也称为简单迭代法或逐次逼近法). 这里的 φ 称为迭代函数，由该迭代产生的序列 $\{x_k\}$ 称为迭代序列.

该迭代的基本思想是将隐式方程(2.1)归结为一组显式的计算公式(2.2). 实质上这是一个逐步显式化的过程，也为隐式方程的求解提供了一条有效的途径，例如常数微分方程数值求解的向后 Euler 公式、梯形公式等都要用迭代法进行计算.

显然，若 $\varphi(x)$ 连续且序列 $\{x_k\}$ 收敛于 α，则 α 既为 $\varphi(x)$ 的不动点，也为方程(1.1)的根.

方程(1.1)转化为等价的方程(2.1)有很多种途径，构造迭代函数的方法不同，就得到不同的迭代法。

例 2.1　用迭代法求方程

$$f(x)=x^3+2x^2+10x-20=0$$

在 $x_0=1$ 附近的一个根.

解：取迭代初值 $x_0=1$，等价的迭代形式为

$$x_{k+1}=\frac{20}{x_k^2+2x_k+10},$$

迭代 24 次，结果见表 6.2.

表 6.2

n	x_n	n	x_n	n	x_n	n	x_n
1	1.538461536	7	1.370086003	13	1.368817874	19	1.368808181
2	1.295019517	8	1.368241023	14	1.368803773	20	1.368808075
3	1.401825309	9	1.369059812	15	1.368810031	21	1.368808122
4	1.354209390	10	1.36869397	16	1.368807254	22	1.368808101
5	1.375298092	11	1.368857688	17	1.368808486	23	1.368808110
6	1.365929788	12	1.368786102	18	1.368807940	24	1.368808107

该例中原方程的等价形式若取为 $x=20-x^3-2x^2-9x$，建立迭代公式 $x_{k+1}=20-x_k^3-2x_k^2-9x_k$，取初值 $x_0=1$，则有 $x_1=8$，$x_2=-692$. 继续迭代已没有实际意义，因为结果的绝对值会越来越大，称这种不收敛的过程为**发散**.

由该例可以看出，迭代函数选择得不同，得到的序列 $\{x_k\}$ 的收敛性可能不同，而且收敛的快慢也可能不同.

迭代法所涉及的基本问题有迭代函数 φ 的构造，迭代序列 $\{x_k\}$ 的收敛性、收敛速度及误差估计等.

2.2　迭代法的基本理论

为介绍迭代法收敛的基本定理，先介绍 Lipschitz 条件这一概念.

函数 $\varphi(x)$ 在 $[a,b]$ 上满足 Lipschitz 条件,即对于 $\forall x_1,x_2\in[a,b]$ 恒有

$$|\varphi(x_1)-\varphi(x_2)|\leqslant L|x_1-x_2|. \tag{2.3}$$

其中,L 称为 Lipschitz 常数. 显然,若 $\varphi(x)$ 在 $[a,b]$ 上满足Lipschitz条件,则 $\varphi(x)$ 在 $[a,b]$ 上连续.

定理 2.1 设函数 $\varphi(x)$ 在有限区间 $[a,b]$ 上满足条件:

(1)当 $x\in[a,b]$ 时,$\varphi(x)\in[a,b]$,即 $a\leqslant\varphi(x)\leqslant b$;

(2)$\varphi(x)$ 在 $[a,b]$ 上满足 Lipschitz 条件,且 Lipschitz 常数 $L<1$,则方程(2.1)在 $[a,b]$ 上的根 α 存在且唯一,并且对于任意的初值 $x_0\in[a,b]$,由迭代过程式(2.2)产生的序列 $\{x_k\}$ 收敛于 α.

证明:先证方程(2.1)的根存在且唯一,即证 $\varphi(x)$ 的不动点存在且唯一.

作辅助函数 $F(x)=x-\varphi(x)$,则 $F(x)\in C[a,b]$,并且由条件(1)可知

$$F(a)=a-\varphi(a)\leqslant 0,\quad F(b)=b-\varphi(b)\geqslant 0.$$

由连续函数的零点存在定理知,必有 $\alpha\in[a,b]$ 使得 $F(\alpha)=0$,则 $\alpha=\varphi(\alpha)$. 关于唯一性的证明,我们假定方程 $x=\varphi(x)$ 还有一根 $\tilde{\alpha}$,即 $\tilde{\alpha}=\varphi(\tilde{\alpha})$,由条件(2)可得

$$|\alpha-\tilde{\alpha}|=|\varphi(\alpha)-\varphi(\tilde{\alpha})|\leqslant L|\alpha-\tilde{\alpha}|,$$

而 $L<1$,所以必有 $\alpha=\tilde{\alpha}$,唯一性得证.

再证迭代序列 $\{x_k\}$ 的收敛性. 根据公式(2.1)及(2.2)有

$$x_k-\alpha=\varphi(x_{k-1})-\varphi(\alpha),$$

由条件(2)得

$$|x_k-\alpha|=|\varphi(x_{k-1})-\varphi(\alpha)|\leqslant L|x_{k-1}-\alpha|\leqslant\cdots\leqslant L^k|x_0-\alpha|,$$

而 $L<1$,所以 $\lim\limits_{k\to\infty}x_k=\alpha$,收敛性得证.

注:定理 2.1 是迭代法收敛的基本定理,其中 $\varphi(x)$ 在 $[a,b]$ 上满足 Lipschitz 条件,保证了 $\varphi(x)\in C[a,b]$,且 $\varphi(x)$ 连续,迭代就不至于中断. 定理 2.1 的条件(1)保证了 $\varphi(x)$ 的值域包含在其定义域中,可使迭代继续且有意义;条件(2)中 $L<1$,保证了 $\varphi(x)$ 变化不太快,确保其收敛性.

条件(2)可以加强,得到下面的结论.

定理 2.2 若定理 2.1 的条件(2)改为 $\varphi'(x)$ 在 $[a,b]$ 上有界,即

$$|\varphi'(x)|\leqslant M<1,\quad\forall x\in[a,b], \tag{2.4}$$

其他条件不变,则定理 2.1 的结论仍然成立.

该定理的证明可由式(2.4)直接推出式(2.3)得到,式(2.4)比式(2.3)更容易验证.

有了收敛性的基本结论,下面给出收敛误差估计.

定理 2.3 设 $\varphi(x)$ 在有根区间 $[a,b]$ 上满足定理 2.1 的条件(1)和(2),则有如下误差估计式成立:

$$|x_k-\alpha|\leqslant\frac{1}{1-L}|x_{k+1}-x_k|, \tag{2.5}$$

$$|x_k-\alpha|\leqslant\frac{L^k}{1-L}|x_1-x_0|. \tag{2.6}$$

证明:由定理 2.1 知 $\lim\limits_{k\to\infty}x_k=\alpha$,利用迭代公式(2.2)可得

$$|x_{k+1}-x_k|=|\varphi(x_k)-\varphi(x_{k-1})|\leqslant L|x_k-x_{k-1}|, \tag{2.7}$$

同理

$$|x_{k+1}-\alpha|\leqslant L|x_k-\alpha|, \tag{2.8}$$

所以

$$\begin{aligned}|x_{k+1}-x_k|&=|(x_{k+1}-\alpha)+(\alpha-x_k)|\geqslant|x_k-\alpha|-|x_{k+1}-\alpha|\\&\geqslant|x_k-\alpha|-L|x_k-\alpha|=(1-L)|x_k-\alpha|,\end{aligned}$$

则有

$$|x_k-\alpha|\leqslant\frac{1}{1-L}|x_{k+1}-x_k|.$$

此即式(2.5). 利用式(2.5)及式(2.7)可得

$$|x_k-\alpha|\leqslant\frac{1}{1-L}|x_{k+1}-x_k|\leqslant\frac{L}{1-L}|x_k-x_{k-1}|\leqslant\cdots\leqslant\frac{L^k}{1-L}|x_1-x_0|.$$

式(2.6)得证.

现根据定理2.2来考察例2.1, $f'(x)=3x^2+4x+10$ 在区间$[0,2]$上恒大于0,即 $f(x)$在$[0,2]$上严格单增, $f(0)<0$, $f(2)>0$,故 $f(x)$在$[0,2]$内仅有一个实根. 当取 $\varphi(x)=\dfrac{20}{x^2+2x+10}$时, $|\varphi'(1)|=\dfrac{80}{169}<1$,当 $x\in[1,2]$时, $\varphi'(x)<0$,即 $\varphi(x)$单减. 所以,当 $x\in[1,2]$时, $\dfrac{20}{18}=\varphi(2)\leqslant\varphi(x)\leqslant\varphi(1)=\dfrac{20}{13}$,满足定理2.2的条件,即该迭代是收敛的. 当取 $\varphi(x)=20-x^3-2x^2-9x$ 时, $|\varphi'(1)|=|-16|>1$,不能保证收敛(因为定理2.1及定理2.2只是充分条件).

定理2.1及定理2.2对任意给定的迭代初值 $x_0\in[a,b]$都收敛,这种收敛性通常称为**全局收敛性**.

2.3　局部收敛性及收敛阶

由定理2.2来判定区间$[a,b]$上的收敛性比较困难,为此,下面介绍根 α 附近的收敛性. 我们把根 α 附近的收敛性称为**局部收敛性**.

定理2.4　设 α 为方程 $x=\varphi(x)$的根, $\varphi'(x)$在 α 的邻域里连续,且 $\varphi(x)$在该邻域里满足 Lipschitz 条件(2.3)且 $L<1$ 或条件(2.4),则迭代过程(2.2)局部收敛.

证明:因为由条件(2.4)可推出条件(2.3),所以仅对条件(2.3)的情形予以证明.

根据条件(2.3)且 $0<L<1$ 以及 $\varphi'(x)$在 α 的邻域里连续可知,一定存在一个适当小的正数 d,使得 $\forall x\in[\alpha-d,\alpha+d]$时,有

$$|\varphi(x)-\alpha|=|\varphi(x)-\varphi(\alpha)|\leqslant L|x-\alpha|<d,$$

即当 $x\in[\alpha-d,\alpha+d]$时,有 $\varphi(x)\in[\alpha-d,\alpha+d]$. 由定理2.1知,迭代过程(2.2)对任意 $x_0\in[\alpha-d,\alpha+d]$都收敛,也即局部收敛.

定义2.1　设序列$\{x_k\}$收敛于 α,记

$$\varepsilon_k=x_k-\alpha, \tag{2.9}$$

若存在实数 p 和非零常数 C,使

$$\frac{|\varepsilon_{k+1}|}{|\varepsilon_k|^p} \to C, \tag{2.10}$$

则称序列$\{x_k\}$是 p 阶收敛的,又称 p 是序列$\{x_k\}$的收敛阶. $p=1$ 时,称序列$\{x_k\}$为线性收敛;$p>1$ 时,称为超线性收敛;$p=2$ 时,称为平方收敛.

注:若 p 为整数时,式(2.10)中的绝对值符号可以去掉.

显然 p 的大小反映了迭代过程收敛速度的快慢,p 越大,则收敛越快. 因此,迭代法的收敛阶是衡量一个迭代法好坏的标志之一.

现考虑定理 2.1 中的函数 $\varphi(x)$所构成的迭代. 设 $\varphi(x)$满足定理 2.1 的条件,并设 $\varphi'(x)$在$[a,b]$上连续且当 $x\in[a,b]$时,$\varphi'(x)\neq 0$,或 $\varphi'(x)$在 α 的邻域里连续且不为 0. 由定理 2.1 或定理 2.4 知,迭代过程(2.2)产生的迭代序列$\{x_k\}$收敛于 α,因为 $\varphi'(x)\neq 0(x\in[a,b])$,所以当 $x_0\neq\alpha$ 时,$\{x_k\}$中任一项 $x_k\neq\alpha$. 显然有

$$\varepsilon_{k+1}=x_{k+1}-\alpha=\varphi(x_k)-\varphi(\alpha)=\varphi'(\xi_k)\varepsilon_k,$$

其中,ξ_k 在 x_k 与 α 之间,由于$\lim\limits_{k\to\infty}\varepsilon_k=0$ 及 $\varphi'(x)$在$[a,b]$或 α 的邻域里连续,故有

$$\frac{\varepsilon_{k+1}}{\varepsilon_k}\to\varphi'(\alpha)\neq 0,$$

此时迭代是线性收敛的. 由此,若选取 $\varphi(x)$,使 $\varphi'(\alpha)=0$,则有可能提高迭代过程的收敛速度. 下面给出收敛阶 p 为大于 1 的整数时的一个重要结论.

定理 2.5　若迭代式(2.2)中的迭代函数 $\varphi(x)$满足:$\varphi^{(p)}$ 在 $x=\varphi(x)$的根 α 的邻域里连续,则 $\varphi(x)$是 p 阶迭代函数的充要条件为

$$\varphi(\alpha)=\alpha,\varphi^{(k)}(\alpha)=0(k=1,2,\cdots,p-1),\varphi^{(p)}(\alpha)\neq 0, \tag{2.11}$$

且有

$$\frac{\varepsilon_{k+1}}{\varepsilon_k^p}\to\frac{\varphi^{(p)}(\alpha)}{p!}.$$

证明:充分性　由定理 2.4 知,$\varphi'(x)$在 α 的邻域里连续且在 $\varphi'(\alpha)=0$ 的条件下,当选取初值 x_0 充分靠近 α 时,迭代序列$\{x_k\}$收敛于 α. 又若 $x_0\neq\alpha$ 时,$\{x_k\}$中任一项 $x_k\neq\alpha$,利用 Taylor 展开式得

$$x_{k+1}=\varphi(x_k)=\varphi(\alpha)+\varphi'(\alpha)(x_k-\alpha)+\cdots+\frac{\varphi^{(p-1)}(\alpha)}{(p-1)!}(x_k-\alpha)^{p-1}+\frac{\varphi^{(p)}(\xi_k)}{p!}(x_k-\alpha)^p.$$

其中,ξ_k 在 x_k 与 α 之间,由条件(2.11)得

$$x_{k+1}-\alpha=\frac{\varphi^{(p)}(\xi_k)}{p!}(x_k-\alpha)^p,$$

也即

$$\frac{\varepsilon_{k+1}}{\varepsilon_k^p}=\frac{\varphi^{(p)}(\xi_k)}{p!}.$$

由$\{x_k\}$收敛于 α 知,$\{\varepsilon_k\}$收敛于 0,利用 $\varphi^{(p)}(x)$的连续性,有

$$\frac{\varepsilon_{k+1}}{\varepsilon_k^p}\to\frac{\varphi^{(p)}(\alpha)}{p!}.$$

必要性　设 $x_{k+1}=\varphi(x_k)$是 p 阶迭代,则有 $x_k\to\alpha$,$\varepsilon_k\to 0$,由 $\varphi(x)$的连续性即得 $\alpha=\varphi(\alpha)$,现用反证法证明 $\varphi^{(j)}(\alpha)=0(j=1,2,\cdots,p-1)$.

若式(2.11)不成立,则必有最小正整数 p_0,使得

$$\varphi^{(j)}(\alpha)=0\quad(j=1,2,\cdots,p_0-1,\text{且}\ \varphi^{(p_0)}(\alpha)\neq 0),$$

其中,$p_0\neq p$,当 $p_0\leqslant p-1$ 时,由已证明的充分条件知 $\varphi(x)$是 p_0 阶迭代函数,则有

$$\frac{\varepsilon_{k+1}}{\varepsilon_k^{p_0}}\to\frac{\varphi^{(p_0)}(\alpha)}{p_0!}(k\to\infty\text{时}),p_0\leqslant p-1.$$

显然,

$$\frac{\varepsilon_{k+1}}{\varepsilon_k^{p}}=\frac{\varepsilon_{k+1}}{\varepsilon_k^{p_0}}\cdot\frac{1}{\varepsilon_k^{p-p_0}}$$

极限不存在,与序列$\{x_k\}$是 p 阶收敛相矛盾. 当 $p_0\geqslant p+1$ 时,同样也能推出矛盾,故 $p_0=p$.

注:本节介绍的迭代法都仅限于对实数根进行讨论,实际上,迭代法也可用来求方程 $f(x)=0$ 的复数根.

§3　迭代收敛的加速

对于收敛的迭代过程,只要迭代足够多次,就可以使结果达到任意的精度. 但当迭代过程收敛较慢时,计算量就变得很大,因此,有必要研究使迭代收敛加速的方法. 本节主要介绍松弛法和Aitken方法,这些方法常用于线性收敛性迭代法的加速.

3.1　松弛法

在方程(2.1)的两端同时减去 λx(λ 为参数),得 $x-\lambda x=\varphi(x)-\lambda x$,若 $\lambda\neq 1$,则

$$x=\frac{1}{1-\lambda}[\varphi(x)-\lambda x].\tag{2.12}$$

为了使得用 $\phi(x)=\dfrac{\varphi(x)-\lambda x}{1-\lambda}$比用 $\varphi(x)$作迭代函数时迭代序列收敛更快,我们希望 $|\phi'(x)|$比$|\varphi'(x)|$更小,而 $\phi'(x)=\dfrac{\varphi'(x)-\lambda}{1-\lambda}$,假定 $\varphi'(x)$连续,则当 x 在根 α 附近时,$\varphi'(x)$的值也在 $\varphi'(\alpha)$附近,为此选取 $\lambda=\varphi'(\alpha)$. 但由于 α 在求解时不知道,因此常用 x_k 来代替,只要 $\lambda_k=\varphi'(x_k)\neq 1$,记 $\omega_k=\dfrac{1}{1-\lambda_k}$,则由式(2.12)构造的迭代为

$$x_{k+1}=(1-\omega_k)x_k+\omega_k\varphi(x_k)\quad(k=0,1,2,\cdots),\tag{2.13}$$

此处的 ω_k 称为松弛因子. 为了使迭代的收敛速度加快,可以在每次迭代时都改变松弛因子,这就是**松弛法**. 式(2.13)也可以写成如下形式:

$$\begin{aligned}&\text{校正}\quad \bar{x}_{k+1}=\varphi(x_k),\\&\text{改进}\quad x_{k+1}=(1-\omega_k)x_k+\omega_k\bar{x}_{k+1}.\end{aligned}\tag{2.14}$$

3.2 Aitken 方法

由式(2.13)知道,用松弛法计算时,在确定 ω_k 时要用到$\varphi(x)$在 x_k 点处的微商值,这对实际应用不太方便,假定在求得 x_k 之后,先由迭代式(2.2)计算出

校正 $\quad x_{k+1}^{(1)}=\varphi(x_k)$

及

再校正 $\quad x_{k+1}^{(2)}=\varphi(x_{k+1}^{(1)})$,

再利用 $x_{k+1}^{(1)}$和 $x_{k+1}^{(2)}$构造迭代格式

改进 $$x_{k+1}=x_{k+1}^{(2)}-\frac{(x_{k+1}^{(2)}-x_{k+1}^{(1)})^2}{x_{k+1}^{(2)}-2x_{k+1}^{(1)}+x_k}\quad(k=0,1,\cdots).\tag{2.15}$$

这样构造的迭代式不需再求微商值,但是每步先要进行二次迭代,这种迭代法称为 **Aitken 方法**.这一方法在求矩阵特征值的迭代法中也有应用.关于该方法的收敛性,我们不加证明地列出如下结论(详见参考文献[3],[6]).

定理 3.1 设$\varphi(x)$在方程 $x=\varphi(x)$的根 α 的邻域里有二阶连续导数,且 $\varphi'(\alpha)=C$(C 不等于 0 和 1),则 Aitken 方法是二阶收敛的,且其极限仍为 α.

我们可根据本章§5 的弦截法对 Aitken 算法给出几何解释.

如图 6-2 所示,设 x_0 为方程 $x=\varphi(x)$的一个近似根,由$x_1^{(1)}=\varphi(x_0)$和 $x_1^{(2)}=\varphi(x_1^{(1)})$在曲线 $y=\varphi(x)$上可定出两点$P_0(x_0,x_1^{(1)})$,$P_1(x_1^{(1)},x_1^{(2)})$,作弦线$\overline{P_0P_1}$与直线 $y=x$ 交于点 P,则点 P 的横坐标 x_1(注意到此时横、纵坐标相等)满足

$$x_1=x_1^{(1)}+\frac{x_1^{(2)}-x_1^{(1)}}{x_1^{(1)}-x_0}(x_1-x_0),$$

解出 x_1 即得 Aitken 公式.

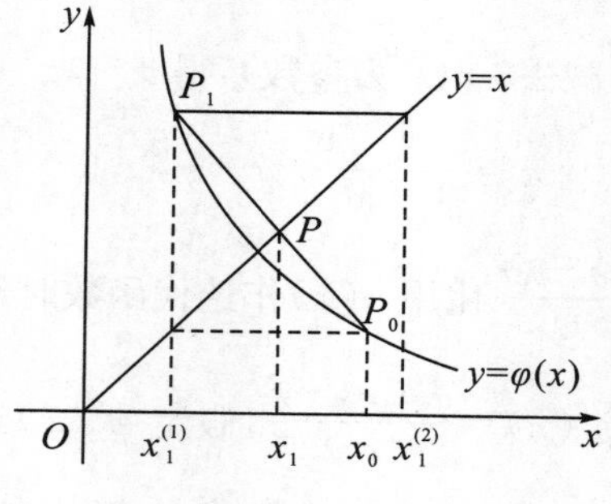

图 6-2

例 3.1 用松弛法和 Aitken 方法求方程

$$f(x)=x^3+2x^2+10x-20=0$$

的根.

(1)松弛法.

将原方程改写为等价形式

$$x=\frac{20}{x^2+2x+10}=\varphi(x),$$

此时

$$\varphi'(x) = -40 \frac{x+1}{(x^2+2x+10)^2}.$$

取 $\lambda_k = -40 \dfrac{x_k+1}{(x_k^2+2x_k+10)^2}$，$\omega_k = \dfrac{1}{1-\lambda_k}$，利用公式(2.13)或(2.14)，取初值 $x_0=1$，计算结果见表 6.3.

表 6.3

k	x_k	λ_k	ω_k	$\varphi(x_k)$
0	1	−0.4733727	0.6787148	1.5384615
1	1.3654618	−0.4441690	0.6924421	1.3702939
2	1.3688077	−0.4441441	0.6924516	1.3688083
3	1.3688080			

(2)Aitken 方法.

仍取迭代函数为 $\varphi(x) = \dfrac{20}{x^2+2x+10}$，利用 $x_{k+1}^{(1)} = \varphi(x_k)$，$x_{k+1}^{(2)} = \varphi(x_{k+1}^{(1)})$ 以及式(2.15)，计算结果见表 6.4.

表 6.4

k	x_k	$x_{k+1}^{(1)}$	$x_{k+1}^{(2)}$
0	1	1.5384615	1.295019
1	1.3708138	1.3679181	1.3692032
2	1.3650224	1.370489	1.3680627
3	1.3688080		

从表 6.3 和表 6.4 的结果看出，松弛法和 Aitken 方法的加速是很明显的，迭代 3 次就得到了较满意的结果.

需要指出的是，Aitken 加速技术一般不对高阶的迭代法进行加速，因为此时加速效果不明显.

§4　Newton 迭代法

4.1　Newton 迭代法及其收敛性

解非线性方程 $f(x)=0$ 的 Newton 迭代法是将非线性方程线性化的一种近似方法. 设 α 为方程 $f(x)=0$ 的根，x_k 为 α 的某个近似，将 $f(x)$在 x_k 点处 Taylor 展开得

$$f(x)=f(x_k)+f'(x_k)(x-x_k)+\frac{f''(x_k)}{2!}(x-x_k)^2+\cdots,$$

取右端的线性部分作为 $f(x)$ 的近似,得近似方程

$$f(x_k)+f'(x_k)(x-x_k)=0.$$

解出 x,并记为新的近似值 x_{k+1},则有

$$x_{k+1}=x_k-\frac{f(x_k)}{f'(x_k)}\quad(k=0,1,\cdots).\tag{4.1}$$

迭代式(4.1)称为 Newton **迭代法**.

Newton 迭代法有非常明显的几何意义,过曲线 $f(x)$ 上的点 $(x_k,f(x_k))$ 作该曲线的切线,其方程为

$$y-f(x_k)=f'(x_k)(x-x_k),$$

求此切线和 x 轴的交点,横坐标记为 x_{k+1},

$$x_{k+1}=x_k-\frac{f(x_k)}{f'(x_k)},$$

此即为迭代式(4.1),如图 6-3 所示.

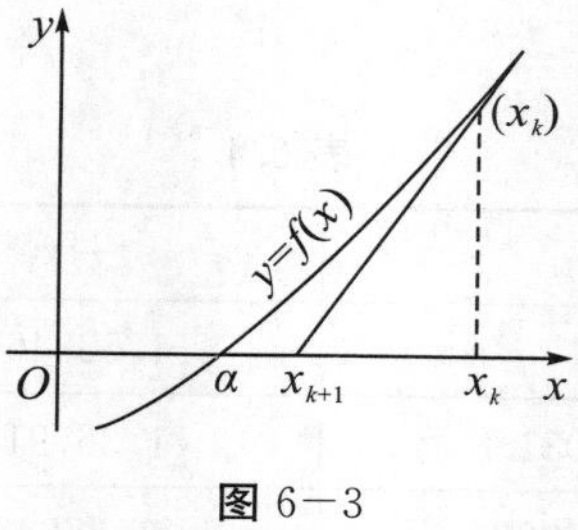

图 6-3

Newton 迭代法有如此明显的几何意义,因此也称为**切线法**.

例 4.1　用 Newton 迭代法求下述方程在 $x_0=1$ 附近的根.

$$f(x)=x^3+2x^2+10x-20=0.$$

解:因为 $f'(x)=3x^2+4x+10$,所以 Newton 迭代公式为

$$x_{k+1}=x_k-\frac{x_k^3+2x_k^2+10x_k-20}{3x_k^2+4x_k+10}.$$

取迭代初值 $x_0=1$,计算结果见表 6.5.

表 6.5

k	1	2	3	4
x_k	1.411764706	1.369336471	1.368808189	1.368808108

由此可见,Newton 迭代法的收敛速度比线性迭代法(2.2)要快得多.

因为 Newton 迭代法的迭代函数 $\varphi(x)=x-\dfrac{f(x)}{f'(x)}$,其一阶导数 $\varphi'(x)=\dfrac{f(x)f''(x)}{[f'(x)]^2}$,若 α 为 $f(x)=0$ 的单重根(此时 $f'(\alpha)\neq0$),则 $\varphi'(\alpha)=0$. 所以,根据定理

2.5 可知，Newton 迭代法在 α 的邻域里至少是平方收敛的（这里还需假设 $f'(x)$ 在 α 的邻域里连续）. 由此可得关于 Newton 迭代法(4.1)的收敛性结论.

定理 4.1　设 α 为方程 $f(x)=0$ 的单重根，且 $f''(x)$ 在 α 的邻域里连续，$f''(\alpha)\neq 0$，则 Newton 迭代法(4.1)在点 α 处局部收敛，并有

$$\lim_{k\to\infty}\frac{\varepsilon_{k+1}}{\varepsilon_k^2}=\frac{f''(\alpha)}{2f'(\alpha)},\tag{4.2}$$

从而 Newton 迭代法是二阶收敛的.

证明：关于 Newton 迭代法在点 α 的邻域里至少二阶收敛，前面已讨论过，这里仅证明式(4.2).

将 $f(\alpha)$ 在点 x_k 处 Taylor 展开得

$$0=f(\alpha)=f(x_k)+f'(x_k)(\alpha-x_k)+\frac{f''(\xi_k)}{2!}(\alpha-x_k)^2,$$

其中，ξ_k 位于 α 与 x_k 之间，而 Newton 迭代式(4.1)可写为

$$f(x_k)-f'(x_k)x_k=-f(x_k)x_{k+1},$$

代入上式，得

$$0=f'(x_k)(\alpha-x_{k+1})+\frac{f''(\xi_k)}{2!}(\alpha-x_k)^2.$$

因为 α 为单重根，$f''(x)$ 在 α 的邻域里连续，$f''(\alpha)\neq 0$，所以存在 α 的邻域，使得 k 较大时，$f'(x_k)\neq 0$，$f''(\xi_k)\neq 0$，则对此邻域里的任意初值 $x_0\neq\alpha$，迭代序列 $\{x_k\}$ 中任一项 $x_k\neq\alpha$，根据局部收敛性可得

$$\lim_{k\to\infty}\frac{\varepsilon_{k+1}}{\varepsilon_k^2}=\frac{f''(\alpha)}{2f'(\alpha)}.$$

下面介绍 Newton 迭代法的非局部收敛性结论.

定理 4.2　设函数 $f(x)$ 在有根区间 $[a,b]$ 上的二阶导数连续，且满足条件

(1) $f(a)f(b)<0$；

(2) $f'(x)\neq 0$，$f''(x)\neq 0$，$\forall x\in[a,b]$；

(3) 选取 $x_0\in[a,b]$，使 $f(x_0)f''(x_0)>0$.

由 Newton 迭代式(4.1)产生的序列 $\{x_k\}$ 收敛于 α，且有

$$\lim_{k\to\infty}\frac{\varepsilon_{k+1}}{\varepsilon_k^2}=\frac{f''(\alpha)}{2f'(\alpha)}.$$

证明：由 $f(x)$ 在 $[a,b]$ 上连续及条件(1)知，方程 $f(x)=0$ 在 (a,b) 内至少有一根 α；再由条件(2)中 $f'(x)\neq 0$，可知根 α 在 (a,b) 内唯一.

条件(1)及条件(2)中 $f''(x)\neq 0$ 共有四种可能情况：

(i) $f(a)<0$，$f(b)>0$，且 $\forall x\in[a,b]$ 时，$f''(x)>0$；

(ii) $f(a)<0$，$f(b)>0$，且 $\forall x\in[a,b]$ 时，$f''(x)<0$；

(iii) $f(a)>0$，$f(b)<0$，且 $\forall x\in[a,b]$ 时，$f''(x)>0$；

(iv) $f(a)>0$，$f(b)<0$，且 $\forall x\in[a,b]$ 时，$f''(x)<0$.

读者可简单证明，(iv)可归到(i)，(ii)可归到(iii)，(iii)又可归到(i)，因此，我们仅对第(i)种情形证明即可.

由微分中值定理,存在$\xi \in (a,b)$,使得

$$f'(\xi) = \frac{f(b) - f(a)}{b - a} > 0.$$

因$f'(x)$在$[a,b]$上不等于0,故$f'(x) > 0 (\forall x \in [a,b])$,即$f(x)$在$[a,b]$上严格单增.

由$x_0 \in [a,b]$,$f(x_0)f''(x_0) > 0$,可知$f(x_0) > 0$,而$f(\alpha) = 0$,所以$x_0 > \alpha$,由迭代式(4.1)有

$$x_1 = x_0 - \frac{f(x_0)}{f'(x_0)} < x_0.$$

另一方面,由 Taylor 展开有

$$f(x) = f(x_0) + f'(x_0)(x - x_0) + \frac{f''(\xi_0)}{2!}(x - x_0)^2,$$

ξ_0位于x与x_0之间,利用$f(\alpha) = 0$,可得

$$f(x_0) + f'(x_0)(\alpha - x_0) + \frac{f''(\xi_0)}{2!}(\alpha - x_0)^2 = 0,$$

则

$$\alpha = x_0 - \frac{f(x_0)}{f'(x_0)} - \frac{f''(\xi_0)}{2f'(x_0)}(\alpha - x_0)^2 = x_1 - \frac{f''(\xi_0)}{2f'(x_0)}(\alpha - x_0)^2.$$

因为对$\forall x \in [a,b]$,有$f''(x) > 0$,$f'(x) > 0$,所以

$$\alpha < x_1,$$

即证得$\alpha < x_1 < x_0$.

一般地,设$\alpha < x_k < x_{k-1}$,根据$f(x)$的严格单增性可知$f(x_k) > 0$,且

$$x_{k+1} = x_k - \frac{f(x_k)}{f'(x_k)} < x_k.$$

类似$\alpha < x_1$的证明,可证得

$$\alpha < x_{k+1},$$

即证得$\alpha < x_{k+1} < x_k$.由归纳法知,序列$\{x_k\}$单调下降有下界α,则$\{x_k\}$一定有极限α_1,当$k \to \infty$时,有

$$\alpha_1 = \alpha_1 - \frac{f(\alpha_1)}{f'(\alpha_1)},$$

故$f(\alpha_1) = 0$,根据根的唯一性得$\alpha_1 = \alpha$.

本定理中的收敛式可仿照定理4.1中的式(4.2)去证明.

定理4.2中对初值x_0有强制要求,下面定理给出更一般的结论.

定理 4.3　设函数$f(x)$在$[a,b]$上的二阶导数连续,且满足条件:

(1)$f(a)f(b) < 0$;

(2)$f''(x)$在$[a,b]$上不变号;

(3)$f'(x) \neq 0$,$\forall x \in [a,b]$;

(4)$\dfrac{|f(c)|}{b-a} \leqslant |f'(c)|$,其中$c$是$a$,$b$二数中使得

$$\min\{|f'(a)|,|f'(b)|\}$$

达到的一个，则对 $\forall x_0\in[a,b]$，由 Newton 迭代式(4.1)产生的序列 $\{x_k\}$ 至少平方收敛于 $f(x)=0$ 在 $[a,b]$ 上的唯一根 α.

证明：略，请查阅参考文献[5].

4.2　Newton 迭代法的修正

(1)简化 Newton 法.

迭代过程(4.1)要计算 $f'(x_k)$，若 $f'(x_k)$ 计算出现困难，则此时可用如下修正迭代过程

$$x_{k+1}=x_k-\frac{f(x_k)}{C}\quad(k=0,1,\cdots),\tag{4.3}$$

其中 C 为一常数，迭代(4.3)称为**简化 Newton 法**. 由定理 2.5 知，除非 $C=f'(\alpha)$，此时 $\varphi'(\alpha)=0$ 是二阶迭代，否则式(4.3)的收敛阶 $p=1$，但若能将 C 选得很靠近 $f'(\alpha)$，收敛还是较快的.

(2)Newton 下山法.

Newton 下山法是用来扩大迭代初值选取范围的 Newton 迭代法的一种修正格式，其迭代公式为

$$x_{k+1}=x_k-\lambda\frac{f(x_k)}{f'(x_k)}\quad(k=0,1,\cdots),\tag{4.4}$$

其中，λ 称为下山因子. Newton 下山法的具体算法如下：

①选初值 x_0.

②下山因子 λ 取一初值 λ_0.

③由 x_k 利用式(4.4)计算 x_{k+1}.

④计算 $f(x_{k+1})$，并比较 $|f(x_{k+1})|$ 与 $|f(x_k)|$ 的大小，分情况讨论：

a)若 $|f(x_{k+1})|<|f(x_k)|$，分两种情况.

(i)若 $|x_{k+1}-x_k|<\varepsilon$，则 x_{k+1} 就作为 α 的近似值，输出结果.

(ii)若 $|x_{k+1}-x_k|\geqslant\varepsilon$，则用 x_{k+1} 代替 x_k，转向③.

b)若 $|f(x_{k+1})|\geqslant|f(x_k)|$，则当 $\lambda\leqslant\sigma$ 且 $|f(x_{k+1})|<\eta$ 时，就取 x_k 作为 α 的近似值，输出结果；否则若 $\lambda\leqslant\delta$，而 $|f(x_{k+1})|\geqslant\eta$ 时，将 x_{k+1} 添上一小量 Δx_k，用 $x_{k+1}+\Delta x_k$ 代替 x_k，转向③. 若 $\lambda>\sigma$ 时，则将下山因子 λ 缩小一半，转向③.

该算法中 ε 称为根的误差限，η 称为残量精确度，δ 称为下山因子下界. 实际计算时，通常 λ_0 可取为 1.

4.3　重根的处理

在定理 4.1、定理 4.2 及定理 4.3 讨论收敛性时都要求 α 为方程 $f(x)=0$ 的单重根，即都要求 $f'(\alpha)\neq0$. 当 α 为 m 重根($m\geqslant2$)时，则 Newton 迭代过程式(4.1)的收敛速度

就要减慢. 因此,要得到较高的收敛速度必须将迭代式(4.1)作适当修改,现对这种情况进行分析.

设 α 为 $f(x)=0$ 的 m 重根($m\geqslant 2$),$f(x)$ 在 α 的某邻域里有 m 阶连续导数,此时

$$f(\alpha)=f'(\alpha)=\cdots=f^{(m-1)}(\alpha)=0,f^{(m)}(\alpha)\neq 0.$$

对于迭代函数

$$\varphi(x)=x-\frac{f(x)}{f'(x)},$$

显然有 $\varphi(\alpha)=\alpha$. 现在分析 $\varphi'(\alpha)$,令 $x=\alpha+h$,将 $f(x)$ 和 $f'(x)$ 在点 α 处 Taylor 展开,可得

$$\begin{aligned}\varphi(\alpha+h)&=\alpha+h-\frac{f(\alpha+h)}{f'(\alpha+h)}\\&=\alpha+h-\frac{f^{(m)}(\alpha)h^m/m!+O(h^{m+1})}{f^{(m)}(\alpha)h^{m-1}/(m-1)!+O(h^m)}\\&=\alpha+h-\frac{1}{m}h+O(h^2)\\&=\alpha+\left(1-\frac{1}{m}\right)h+O(h^2),\end{aligned}$$

所以

$$\varphi'(\alpha)=\lim_{h\to 0}\frac{\varphi(\alpha+h)-\varphi(\alpha)}{h}=1-\frac{1}{m}.$$

若 $m\geqslant 2$,则 $0<\varphi'(\alpha)<1$,Newton 迭代法仍然收敛,但只具有线性收敛速度.

从上述推理知,若取 $\varphi(x)=x-m\dfrac{f(x)}{f'(x)}$,$\varphi'(\alpha)=0$,则得到求 m 重根的 Newton 迭代过程

$$x_{k+1}=x_k-m\frac{f(x_k)}{f'(x_k)}\quad(k=0,1,\cdots),\tag{4.5}$$

但实际上,事先很难知道 α 的重数 m,因此难以使用式(4.5).

另一修正方案:令 $u(x)=\dfrac{f(x)}{f'(x)}$,若 α 为 $f(x)$ 的 m 重零点,则 α 就为 $u(x)$ 的单重零点,若取 $\varphi(x)=x-\dfrac{u(x)}{u'(x)}$,则迭代

$$x_{k+1}=x_k-\frac{u(x_k)}{u'(x_k)}\quad(k=0,1,\cdots)\tag{4.6}$$

就为二阶迭代. 其缺点是要计算 $f''(x_k)$,增加了计算量.

例 4.2 已知方程 $f(x)=x^4-4x^2+4=0$ 有一个二重根 $\alpha=\sqrt{2}$,分别用 Newton 迭代式(4.1),m 重根的 Newton 迭代式(4.5)及公式(4.6)求$\sqrt{2}$的近似值. 要求 $|x_{k+1}-x_k|<10^{-9}$.

解:

$$f'(x)=4x^3-8x,\quad f''(x)=12x^2-8,$$

$$u(x)=\frac{f(x)}{f'(x)}=\frac{x^2-2}{4x}.$$

取迭代初值 $x_0=1.5$，分别利用迭代式(4.1)，(4.5)及(4.6)计算，结果见表 6.6.

表 6.6

k	x_k，式(4.1)	x_k，式(4.5)	x_k，式(4.6)
1	1.458333333	1.416666667	1.411764706
2	1.436607143	1.414215686	1.414211439
3	1.425497619	1.414213562	1.414213562
25	1.414213565		
26	1.414213564		

由表 6.6 可以看出，要达到精度要求 $|x_{k+1}-x_k|<10^{-9}$，利用迭代式(4.5)及(4.6)仅需迭代 3 次，它们都是二阶收敛的迭代. 而 Newton 迭代式(4.1)此时为线性迭代，需 26 次才能达到同样的精度.

最后给出 Newton 迭代法的一个应用实例.

例 4.3　对非零实数 C，Newton 迭代法给出了一个不用除法运算求 $\frac{1}{C}$ 的计算格式：

$$x_{k+1}=x_k(2-Cx_k)\quad(k=0,1,\cdots),$$

(1)试推导该格式；

(2)证明：选取初值 x_0 满足 $0<x_0<\frac{2}{C}$ 时，该迭代收敛；

(3)取 $C=5$，初值 $x_0=0.1$，用该迭代计算 4 步，与准确值比较.

解：(1)令 $f(x)=\frac{1}{x}-C=0$，利用 Newton 迭代式(4.1)

$$x_{k+1}=x_k-\frac{f(x_k)}{f'(x_k)}$$

即可得题目的计算格式.

(2)因为

$$x_{k+1}-\frac{1}{C}=x_k(2-Cx_k)-\frac{1}{C}=-C\left(x_k-\frac{1}{C}\right)^2,$$

所以，若令 $r_k=1-Cx_k$，则有递推公式

$$r_{k+1}=r_k^2,$$

由此可推得 $r_k=r_0^{2^k}$. 若初值满足 $0<x_0<\frac{2}{C}$，则对 $r_0=1-Cx_0$，有 $|r_0|<1$，所以当 $k\to\infty$ 时，$r_k\to 0$，即 $x_k\to\frac{1}{C}$.

(3)取 $x_0=0.1$，利用题目所示计算格式计算得 $x_1=0.15$，$x_2=0.1875$，$x_3=0.19921875$，$x_4=0.199996948$. 准确值 $\alpha=0.2$，$\varepsilon_4=\alpha-x_4=3.052\times10^{-6}$，已很精确了.

§5 弦割法与抛物线法

上一节介绍的 Newton 迭代法要求计算 $f'(x_k)$,当函数 f 比较复杂时,计算 $f'(x_k)$ 就有困难. 本节所介绍的弦割法与抛物线法,其基本思想就是多利用一些函数值 $f(x_k)$, $f(x_{k-1})$,…的计算来回避导数值 $f'(x_k)$的计算(类似于用插值的观点来解决数值微分的思想),其实质在于插值原理的应用.

设 $x_k, x_{k-1}, \cdots, x_{k-i}$ 是 $f(x)=0$ 的根 α 的一组近似,利用函数值 $f(x_k)$, $f(x_{k-1}),\cdots,f(x_{k-i})$构造插值多项式 $p_i(x)$,适当选取 i 次多项式方程 $p_i(x)=0$ 的根作为根 α 新的近似. 如此,则确定了一个迭代过程,记为

$$x_{k+1}=\varphi(x_k,x_{k-1},\cdots,x_{k-i}).$$

本节仅考虑 $i=1$(弦割法)和 $i=2$(抛物线法)两种情形.

5.1 弦割法

$i=1$ 时,对应两点 x_k,x_{k-1},设 x_k,x_{k-1}为根 α 的两个近似值,利用这两点处的函数值 $f(x_k)$,$f(x_{k-1})$构造一次插值多项式 $p_1(x)$,将 $p_1(x)$与 x 轴交点的横坐标记为 x_{k+1},作为根 α 新的近似值,不难得到

$$x_{k+1}=x_k-\frac{f(x_k)}{f(x_k)-f(x_{k-1})}(x_k-x_{k-1}) \quad (k=1,2,\cdots), \tag{5.1}$$

该迭代称为**弦割法**. 式(4.2)也可理解为将 Newton 迭代式

$$x_{k+1}=x_k-\frac{f(x_k)}{f'(x_k)}$$

中的微商 $f'(x_k)$用差商$\dfrac{f(x_k)-f(x_{k-1})}{x_k-x_{k-1}}$代替所得.

弦割法的几何意义很明显,如图 6-4 所示.

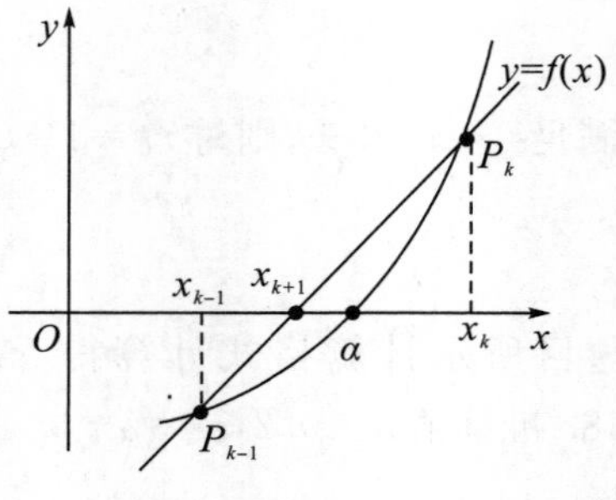

图 6-4

过曲线 $y=f(x)$上两点 $P_{k-1}(x_{k-1},f(x_{k-1}))$和$P_k(x_k,f(x_k))$作直线 P_kP_{k-1},其

方程为

$$\frac{y-f(x_k)}{x-x_k}=\frac{f(x_k)-f(x_{k-1})}{x_k-x_{k-1}},$$

将直线 P_kP_{k-1} 与 x 轴交点的横坐标(记为 x_{k+1})作为根 α 新的近似值,即

$$x_{k+1}=x_k-\frac{f(x_k)}{f(x_k)-f(x_{k-1})}(x_k-x_{k-1}).$$

例 5.1　用弦割法求 $f(x)=x^3+2x^2+10x-20=0$ 在[1,1.5]内的根.

解:取 $x_0=1, x_1=1.5$,利用公式(5.1)计算可得

$$x_2\approx 1.35,\quad x_3\approx 1.368.$$

可以看出,弦割法比 Newton 迭代法收敛要慢.

例 5.2　用 Newton 迭代法和弦割法求方程 $f(x)=xe^x-1=0$ 在[0.5,0.6]上的根.

解:Newton 迭代法(4.1)取初值 $x_0=0.5$,弦割法(5.1)的初值取为 $x_0=0.5, x_1=0.6$,计算结果见表 6.7.

表 6.7

k	x_k(Newton 迭代法)	k	x_k(弦割法)
0	0.5	0	0.5
1	0.57102	1	0.6
2	0.56716	2	0.56532
3	0.56714	3	0.56709
		4	0.56714

由表 6.7 可以看出,弦割法的收敛速度比 Newton 迭代法略慢,实际上弦割法具有超线性的收敛性.

定理 5.1　假设 $f(x)$在根 α 的邻域 $J=\{x\,|\,|x-\alpha|\leqslant\delta\}$里有二阶连续导数,且对任意 $x\in J$ 有 $f'(x)\neq 0$,若初值 $x_0, x_1\in J$,则当邻域充分小时,弦割法(5.1)将按阶 $p=\frac{1+\sqrt{5}}{2}\approx 1.618$ 收敛于根 α.

证明:略.读者可查阅参考文献[1],[3],[5]等.

5.2　抛物线法

当 $i=2$ 时,对应三点 x_k, x_{k-1}, x_{k-2},以这三点为节点构造函数 $f(x)$的二次插值多项式 $P_2(x)$,适当选取 $P_2(x)$的一个零点 x_{k+1} 作为根 α 的近似,如此确定的迭代法称为**抛物线法**,也称为 Müller **方法**.其几何意义也很明显,抛物线 $P_2(x)$与 x 轴的交点的横坐标有两个,选择横坐标靠近根 α 的一个作为 α 新的近似值(如图 6-5 所示).

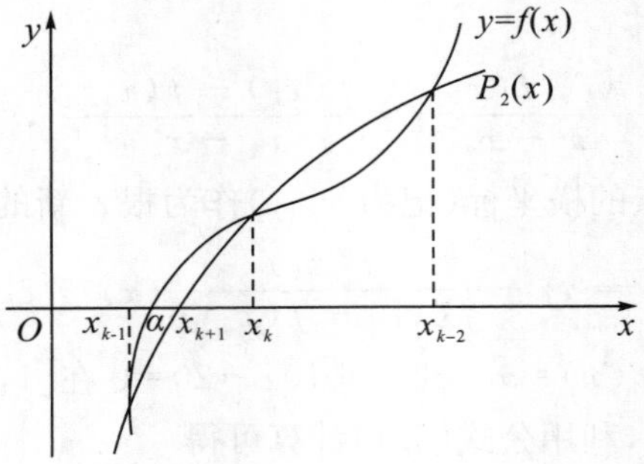

图 6-5

为找出抛物线法的计算格式,先构造二次插值多项式

$$P_2(x)=f(x_k)+f[x_k,x_{k-1}](x-x_k)+f[x_k,x_{k-1},x_{k-2}](x-x_k)(x-x_{k-1}).$$

该多项式有两个零点

$$x_{k+1}=x_k-\frac{2f(x_k)}{A\pm\sqrt{A^2-4f(x_k)f[x_k,x_{k-1},x_{k-2}]}},\tag{5.2}$$

其中,$A=f[x_k,x_{k-1}]+f[x_k,x_{k-1},x_{k-2}](x_k-x_{k-1})$.

式(5.2)中两个零点的取舍,需要讨论根号前的正负号.假定在 x_k,x_{k-1},x_{k-2} 三个近似根中,x_k 更接近 α,此时,为了保证精度,选择式(5.2)中较接近 x_k 的一个值作为新的近似值 x_{k+1},为此,只要取根号前的符号与 A 的符号相同即可.

例 5.3 用抛物线法求方程 $f(x)=xe^x-1=0$ 在区间[0.5,0.6]上的根.

解:取表 6.7 中弦割法的前 3 个 x_k 值作为抛物线法的初值

$$x_0=0.5,\quad x_1=0.6,\quad x_2=0.56532,$$

用式(5.2)计算得 $x_3=0.56714$,可见抛物线法比弦割法收敛更快.

关于抛物线法有如下收敛定理.

定理 5.2 设 α 为方程 $f(x)=0$ 的单重根,$f(x)$的三阶导数在根 α 的邻域里连续,则存在 α 的一个适当小的邻域 $J=\{x\,|\,|x-a|\leqslant\delta\}$,当 $x_0,x_1,x_2\in J$ 时,由抛物线法产生的序列$\{x_k\}$收敛于 α,且有

$$\lim_{k\to\infty}\frac{|\varepsilon_{k+1}|}{|\varepsilon_k|^p}=\left|\frac{f^{(3)}(\alpha)}{3!f'(\alpha)}\right|^{\frac{p-1}{2}},\tag{5.3}$$

其中,$p=1.839$.

证明:略.详见参考文献[5].

§6 代数方程求根

本节讨论多项式方程求根问题.理论上,前面几节介绍的求根方法都可用来求多项式方程的根,但由于多项式有许多良好的特性,因此我们必须针对其特点导出更为有效的算法.

设 n 次多项式方程的一般形式为

$$f(x)=a_0x^n+a_1x^{n-1}+\cdots+a_{n-1}x+a_n=0, \tag{6.1}$$

其中,系数 $a_i(i=0,1,\cdots,n)$ 为实数.

6.1 多项式方程求根的 Newton 法

Newton 迭代的格式为 $x_{k+1}=x_k-\dfrac{f(x_k)}{f'(x_k)}$,对多项式 $f(x)$ 来讲,计算 $f(x)$ 与 $f'(x)$ 虽无困难,但必须注意算法的稳定性,我们将用秦九韶算法(国外称为 Horner 算法,实际上 Horner 算法的提出比秦九韶晚了五六个世纪)来导出多项式方程求根的 Newton 方法.

计算 $f(x_k)$.

用 $(x-x_k)$ 除(6.1)中的多项式 $f(x)$,设商为

$$Q(x)=b_0x^{n-1}+b_1x^{n-2}+\cdots+b_{n-2}x+b_{n-1},$$

余项为 b_n,则有

$$f(x)=(x-x_k)Q(x)+b_n. \tag{6.2}$$

根据两个多项式相等,比较两端 x 的同次幂的系数,可得

$$\begin{cases}a_0=b_0,\\ a_i=b_i-x_kb_{i-1} \quad (1\leqslant i\leqslant n-1),\\ a_n=b_n-x_kb_{n-1}.\end{cases}$$

若令 $b_{-1}=0$,则可求得 $Q(x)$ 的 n 个系数:

$$\begin{cases}b_i=a_i+x_kb_{i-1} \quad (i=0,1,\cdots,n),\\ b_{-1}=0.\end{cases} \tag{6.3}$$

由式(6.2)可知,$f(x_k)=b_n$,则 $f(x_k)$ 可由式(6.3)递推计算.

计算 $f'(x_k)$.

用 $(x-x_k)$ 除 $Q(x)$,设商为

$$H(x)=c_0x^{n-2}+c_1x^{n-3}+\cdots+c_{n-3}x+c_{n-2},$$

余项为 c_{n-1},则有

$$Q(x)=(x-x_k)H(x)+c_{n-1}. \tag{6.4}$$

类似式(6.3)可得递推公式

$$\begin{cases}c_i=b_i+x_kc_{i-1} \quad (i=0,1,\cdots,n-1),\\ c_{-1}=0.\end{cases} \tag{6.5}$$

又根据式(6.2)和式(6.4)可得,$f'(x_k)=Q(x_k)=c_{n-1}$,因此 $f'(x_k)$ 可由式(6.5)递推计算.

综上所述,求多项式方程(6.1)的根的 Newton 法为:

(1)计算 $f(x_k)$.

$$\begin{cases}b_i=a_i+x_kb_{i-1} \quad (i=0,1,\cdots,n),\\ b_{-1}=0,\\ f(x_k)=b_n.\end{cases}$$

(2)计算 $f'(x_k)$.

$$\begin{cases} c_i = b_i + x_k c_{i-1} \quad (i = 0,1,\cdots,n-1), \\ c_{-1} = 0, \\ f'(x_k) = c_{n-1}. \end{cases}$$

(3)迭代.

$$x_{k+1} = x_k - \frac{f(x_k)}{f'(x_k)}.$$

6.2 劈因子法

Newton 迭代法不能用来求复根. 本节介绍的劈因子法又称为林士谔-Bairstow 方法,该方法能求多项式的二次因式,包括共轭复根,且当初值选取得适当精确时,迭代过程在单根情况下是二阶收敛的.

若能求出式(6.1)中多项式 $f(x)$的一个二次因式

$$w^*(x) = x^2 + u^* + x^*, \tag{6.6}$$

则容易求出它的一对共轭复根. 该方法的基本思想是从某个近似的二次因子

$$w(x) = x^2 + ux + v$$

出发,逐步迭代使其越来越接近式(6.6)的二次因子.

用二次式 $w(x)$除 $f(x)$,设商为 $P(x)$($n-2$ 次多项式),余项为一次多项式 r_0x+r_1,即

$$f(x) = (x^2 + ux + v)P(x) + r_0x + r_1, \tag{6.7}$$

显然 r_0, r_1 与 u, v 相关,即

$$\begin{cases} r_0 = r_0(u,v), \\ r_1 = r_1(u,v). \end{cases}$$

劈因子法的目的就是逐步修正 u, v 的值,使得余项系数 r_0, r_1 越来越小. 考虑方程组

$$\begin{cases} r_0(u,v) = 0, \\ r_1(u,v) = 0. \end{cases} \tag{6.8}$$

这是一个关于 u, v 的非线性方程组,设其解为(u^*, v^*),将方程 $r_0(u^*, v^*)=0$ 及 $r_1(u^*, v^*)=0$ 的左端在点(u,v)处展开取线性部分,得

$$\begin{cases} r_0 + \dfrac{\partial r_0}{\partial u}(u^* - u) + \dfrac{\partial r_0}{\partial v}(v^* - v) \approx 0, \\ r_1 + \dfrac{\partial r_1}{\partial u}(u^* - u) + \dfrac{\partial r_1}{\partial v}(v^* - v) \approx 0. \end{cases}$$

若令 $\Delta u = u^* - u, \Delta v = v^* - v$,类似 Newton 法的线性化思想则得如下线性方程组:

$$\begin{cases} r_0 + \dfrac{\partial r_0}{\partial u}\Delta u + \dfrac{\partial r_0}{\partial v}\Delta v = 0, \\ r_1 + \dfrac{\partial r_1}{\partial u}\Delta u + \dfrac{\partial r_1}{\partial v}\Delta v = 0. \end{cases} \tag{6.9}$$

解出 $\Delta u, \Delta v$,即可得改进的二次因式

$$w(x) = x^2 + (u + \Delta u)x + (v + \Delta v).$$

现在来计算方程组(6.9)中的系数 $r_0, r_1, \frac{\partial r_0}{\partial u}, \frac{\partial r_1}{\partial u}, \frac{\partial r_0}{\partial v}, \frac{\partial r_1}{\partial v}$.

(1)计算 r_0 和 r_1.

设 $n-2$ 次多项式 $P(x)$ 为

$$P(x) = b_0 x^{n-2} + b_1 x^{n-3} + \cdots + b_{n-3}x + b_{n-2},$$

代入式(6.7),比较两端各次幂的系数,则得 r_0, r_1 的计算公式

$$\begin{cases} b_0 = a_0, \\ b_1 = a_1 - ub_0, \\ b_i = a_i - ub_{i-1} - vb_{i-2} \quad (2 \leqslant i \leqslant n), \\ r_0 = b_{n-1}, \\ r_1 = b_n + ub_{n-1}. \end{cases} \tag{6.10}$$

(2)计算 $\frac{\partial r_0}{\partial v}, \frac{\partial r_1}{\partial v}$.

将式(6.7)关于 v 求导,得

$$P(x) = -(x^2 + ux + v)\frac{\partial P}{\partial v} + s_0 x + s_1, \tag{6.11}$$

其中,$s_0 = -\frac{\partial r_0}{\partial v}, s_1 = \frac{\partial r_1}{\partial v}$. 从式(6.11)可以看出,用 $x^2 + ux + v$ 除 $P(x)$ 后,余项为 $s_0 x + s_1$,商为 $-\frac{\partial P}{\partial v}$,是一个 $n-4$ 次的多项式

$$-\frac{\partial P}{\partial v} = C_0 x^{n-4} + C_1 x^{n-5} + \cdots + C_{n-5}x + C_{n-4},$$

则类似式(6.10)的推导,得

$$\begin{cases} a_0 = b_0, \\ C_1 = b_1 - uC_0, \\ C_i = b_i - uC_{i-1} - vC_{i-2} \quad (2 \leqslant i \leqslant n-2), \\ s_0 = C_{n-3}, \\ s_1 = C_{n-2} + uC_{n-3}, \end{cases} \tag{6.12}$$

计算出 $\frac{\partial r_0}{\partial v} = -s_0, \frac{\partial r_1}{\partial v} = s_1$.

(3)计算 $\frac{\partial r_0}{\partial u}, \frac{\partial r_1}{\partial u}$.

将式(6.7)关于 u 求导,得

$$xP(x) = -(x^2 + u_x + v)\frac{\partial P}{\partial u} - \frac{\partial r_0}{\partial u}x - \frac{\partial r_1}{\partial u},$$

另由式(6.11)可得

$$\begin{aligned} xP(x) &= -(x^2 + ux + v)x\frac{\partial P}{\partial v} + (s_0 x + s_1)x \\ &= -(x^2 + ux + v)\left(x\frac{\partial P}{\partial v} - s_0\right) - (us_0 - s_1)x - vs_0, \end{aligned}$$

比较得

$$\frac{\partial r_0}{\partial u} = us_0 - s_1, \quad \frac{\partial r_1}{\partial u} = vs_0.$$

§7 解非线性方程组的 Newton 迭代法

为不失一般性,考虑一个二元非线性方程组

$$\begin{cases} f_1(x,y) = 0, \\ f_2(x,y) = 0. \end{cases} \tag{7.1}$$

非线性方程求根的 Newton 迭代法是将非线性问题线性化,这一方法也可用来解决非线性方程组求解的问题. 设已知方程组(7.1)的初始近似解为(x_0, y_0),将 $f_1(x,y)$和$f_2(x,y)$在点(x_0,y_0)处用二元 Taylor 公式展开,取线性部分,得方程组(7.1)的近似方程组

$$\begin{cases} \dfrac{\partial f_1(x_0,y_0)}{\partial x}(x-x_0) + \dfrac{\partial f_1(x_0-y_0)}{\partial y}(y-y_0) = -f_1(x_0,y_0), \\ \dfrac{\partial f_2(x_0,y_0)}{\partial x}(x-x_0) + \dfrac{\partial f_2(x_0-y_0)}{\partial y}(y-y_0) = -f_2(x_0,y_0). \end{cases} \tag{7.2}$$

方程组(7.2)是一个线性代数方程组,若其系数矩阵非奇异,则解存在且唯一. 此时可利用第四、第五章的方法进行求解,解记为(x_1,y_1),又将(x_1,y_1)取代(x_0,y_0),利用式(7.2)进行计算,如此可继续下去,直到求得满足要求的近似解.

例 7.1 用 Newton 法求方程组

$$\begin{cases} f_1(x,y) = x^2 + y^2 - 5 = 0, \\ f_2(x,y) = (x+1)y - (3x+1) = 0 \end{cases}$$

在$(x_0,y_0)=(1,1)$附近的解.

解:偏微商矩阵为

$$\begin{bmatrix} \dfrac{\partial f_1}{\partial x} & \dfrac{\partial f_1}{\partial y} \\ \dfrac{\partial f_2}{\partial x} & \dfrac{\partial f_2}{\partial y} \end{bmatrix} = \begin{bmatrix} 2x & 2y \\ y-3 & x+1 \end{bmatrix},$$

取$(x_0,y_0)=(1,1)$,解得$(x_1,y_1)=\left(\frac{5}{4},\frac{9}{4}\right)$,用$(x_1,y_1)$代替$(x_0,y_0)$,计算出$(x_2,y_2)=\left(1,\frac{73}{36}\right)$.

小结

本章主要介绍了非线性方程求根的基本方法,包括求实单根的二分法、简单迭代法、Newton 迭代法、弦割法、抛物线法等. 在讲述简单迭代法时,还介绍了加速技术如松弛

法、Aitken 方法. 在方程求根的这些方法中，二分法收敛速度较慢，通常用来求其他快速收敛迭代法的初值. 简单迭代法是线性收敛的方法，Newton 迭代法是平方收敛的方法，而弦割法和抛物线法是超收敛的迭代法，其收敛阶分别为 $p=1.618$ 和 $p=1.839$. 对具体的问题，要具体分析，以便找出有效的求解方法. 关于代数方程求根，介绍了基于秦九韶算法的 Newton 法和劈因子法.

另外，本章还简单介绍了求解非线性方程组的 Newton 法. 其基本思想是将非线性问题逐步线性化来进行求解.

习　题

1. 用二分法求方程 $e^x+10x-2=0$ 在(0,1)内的根 α，要求 $|x_k-\alpha|<10^{-3}$；若要求 $|x_k-\alpha|<10^{-5}$，问需二分多少次？

2. 方程 $x^3-x^2-1=0$ 在 $x_0=1.5$ 附近有根，把方程写成三种不同的等价形式：

(1) $x=1+\frac{1}{x^2}$，对应迭代格式 $x_{k+1}=1+\frac{1}{x_k^2}$；

(2) $x^3=1+x^2$，对应迭代格式 $x_{k+1}=\sqrt[3]{1+x_k^2}$；

(3) $x^2=\frac{1}{x-1}$，对应迭代格式 $x_{k+1}=\left(\frac{1}{x_k-1}\right)^{\frac{1}{2}}$.

判断迭代格式在 $x_0=1.5$ 附近的收敛性，选一种收敛格式计算出 1.5 附近的近似根，精确到 4 位有效数字.

3. 对上题中方程及三种迭代格式，用 Aitken 方法求 $x_0=1.5$ 附近的根.

4. 给定函数 $f(x)$，设对一切 x，$f'(x)$ 存在且 $0<m\leqslant f'(x)\leqslant M$，证明对于 $\forall\lambda\in\left(0,\frac{2}{M}\right)$. 迭代过程 $x_{k+1}=x_k-\lambda f(x_k)$ 均收敛于 $f(x)$ 的零点 α.

5. 已知 $x=\varphi(x)$ 在区间 $[a,b]$ 内只有一个实根，而当 $a<x<b$ 时，

$$|\varphi'(x)|\geqslant C>1.$$

(1) 试问如何将 $x=\varphi(x)$ 化为适于迭代的形式？

(2) 将 $x=\tan x$ 化为适于迭代的形式，并求 $x=4.5$(弧度)附近的根.

6. 对方程 $3x^2-e^x=0$ 和 $x-\cos x=0$，试确定 $[a,b]$ 及函数 $\varphi(x)$，使 $x_{k+1}=\varphi(x_k)$ 对 $\forall x_0\in[a,b]$ 都收敛，并求此区间内方程的根，要求误差不超过 10^{-4}.

7. 分别利用下列方法求方程 $f(x)=x^3-3x-1=0$ 在 $x_0=2$ 附近的根. 根的准确值 $\alpha=1.87938524\cdots$ 要求计算结果精确到4 位有效数字.

(1) Newton 迭代法；

(2) 弦割法，取 $x_0=2$，$x_1=1.9$；

(3) 抛物线法，取 $x_0=1$，$x_1=3$，$x_2=2$.

8. 分别用

(1)Newton 迭代法;

(2)$x_{k+1}=x_k-2f(x_k)/f'(x_k)$;

(3)$x_{k+1}=x_k-u(x_k)/u'(x_k),u(x)=f(x)/f'(x)$

解方程 $x^2+2xe^x+e^{2x}=0$,取初值 $x_0=0$.

9. 对下列函数用 Newton 迭代法求根 $\alpha=0$,讨论其收敛性及收敛速度.

(1)$f_1(x)=\begin{cases}\sqrt{x} & x\geqslant 0,\\ -\sqrt{-x} & x<0.\end{cases}$

(2)$f_2(x)=\begin{cases}\sqrt{x^2} & x\geqslant 0,\\ -\sqrt{x^2} & x<0.\end{cases}$

10. 分别用二分法及 Newton 迭代法求方程 $x-\tan x=0$ 的最小正根.

11. 研究求$\sqrt{a}$ $(a>0)$的 Newton 迭代公式

$$\begin{cases}x_{k+1}=\dfrac{1}{2}\left(x_k+\dfrac{a}{x_k}\right) \quad (k=0,1,\cdots),\\ x_0>0.\end{cases}$$

证明对任意的 $k=1,2,\cdots$有

$$x_k\geqslant\sqrt{a},$$

且序列$\{x_k\}$是单调递减的.

12. 试确定参数 p,q,r,使迭代法

$$x_{k+1}=px_k+\frac{qa}{x_k^2}+\frac{ra^2}{x_k^5}$$

产生的序列$\{x_k\}$收敛于$\sqrt[3]{a}$,并使其收敛阶尽量高.

13. 将 Newton 迭代法用于求解方程 $x^3-a=0$,推导求$\sqrt[3]{a}$的迭代公式,并讨论其收敛性.

14. 将 Newton 迭代法用于求解方程 $1-\dfrac{a}{x^2}=0$,导出求$\sqrt{a}$ $(a>0)$的迭代公式,并由此计算$\sqrt{115}$.

15. 证明迭代格式 $x_{k+1}=\dfrac{x_k(x_k^2+3a)}{3x_k^2+a}$若收敛,则

$$x_k\rightarrow\sqrt{a},$$

估计其收敛阶,并求

$$\lim_{k\to\infty}\frac{x_{k+1}-\sqrt{a}}{(x_k-\sqrt{a})^3}.$$

16. 用多项式方程求根的 Newton 迭代法,求下列方程的实根,要求$|x_{k+1}-x_k|<10^{-4}$.

(1)$x^3-x-1=0$;　　(2)$x^4+2x^2-x-3=0$.

17. 用 Newton 迭代法求方程组

$$\begin{cases} f_1(x,y) = x^3 + y^2 - 1 = 0, \\ f_2(x,y) = x^3 - y = 0 \end{cases}$$

在 $x_0=0.8, y_0=0.6$ 附近的解,迭代 3 次.

18. 用 Newton 迭代法求方程组

$$\begin{cases} x^2 + y^2 = 4, \\ x^2 - y^2 = 1 \end{cases}$$

在 $(x_0, y_0)=(1.6, 1.2)$ 附近的解,迭代 3 次.

第七章　矩阵特征值和特征向量的计算

很多工程实际问题如动力系统和结构系统中的振动问题、电力系统的静态稳定性问题、临界值的计算问题等，都归结为矩阵特征值和特征向量的计算，即求数 λ 和非零向量 $\boldsymbol{x}$，使

$$\boldsymbol{A}\boldsymbol{x} = \lambda\boldsymbol{x}$$

成立. λ 称为矩阵 $\boldsymbol{A}$ 的特征值，非零向量 $\boldsymbol{x}$ 称为与特征值 λ 对应的特征向量.

求矩阵 $\boldsymbol{A}$ 的特征值 λ 和对应的特征向量 $\boldsymbol{x}$ 的方法通常有三类. 第一类即为线性代数中通过求解特征多项式

$$\det(\boldsymbol{A} - \lambda\boldsymbol{I}) = \lambda^n + a_1\lambda^{n-1} + \cdots + a_{n-1}\lambda + a_n$$

的零点求得特征值 λ，然后通过求解退化方程组 $(\boldsymbol{A} - \lambda\boldsymbol{I})\boldsymbol{x} = 0$ 得到非零向量 $\boldsymbol{x}$. 这类方法的主要缺点是，当 n 较大时，特征多项式系数对舍入误差非常敏感，而且在第六章中已经知道，当 $n \geqslant 5$ 时，特征多项式的零点没有解析表达式，因此不是有效的方法.

第二类方法称为迭代法，它不通过特征多项式，而是将特征值和特征向量作为一个无限序列的极限来求得，例如乘幂法和反幂法等.

第三类即所谓的变换法，该方法是通过一系列相似变换将原矩阵化为一个对角阵(或三对角阵)，最终求得特征值和对应的特征向量，如 Jacobi 方法、Givens-Householder 方法等.

§1　乘幂法与反幂法

乘幂法与反幂法是一种迭代法. 乘幂法用于计算矩阵按模最大的特征值(称为主特征值或强特征值)及对应的特征向量. 当 0 不是特征值时，反幂法用来求按模最小的特征值及对应的特征向量. 幂法的最大优点是方法简单，对大型稀疏矩阵较为合适，但有时收敛速度较慢，为此必须寻求加速收敛的有效方法.

1.1　乘幂法

已知 n 阶矩阵 $\boldsymbol{A} = (a_{ij})_{n\times n}$ 有 n 个线性无关的特征向量 $\boldsymbol{x}_1, \boldsymbol{x}_2, \cdots, \boldsymbol{x}_n$，它们所对应的

特征值为$\lambda_j(j=1,2,\cdots,n)$，按模的大小排列有

$$|\lambda_1|\geqslant|\lambda_2|\geqslant\cdots\geqslant|\lambda_n|, \tag{1.1}$$

其中，λ_1 为主特征值.

幂法的基本思想是，任取初始非零向量 $\boldsymbol{v}_0$，由矩阵 $\boldsymbol{A}$ 构造迭代格式

$$\boldsymbol{v}_k=\boldsymbol{A}\boldsymbol{v}_{k-1}\quad(k=1,2,\cdots),$$

于是得迭代序列$\{\boldsymbol{v}_k\}$为

$$\begin{cases}\boldsymbol{v}_1=\boldsymbol{A}\boldsymbol{v}_0,\\ \boldsymbol{v}_2=\boldsymbol{A}\boldsymbol{v}_1=\boldsymbol{A}^2\boldsymbol{v}_0,\\ \cdots\cdots\cdots\cdots\cdots\cdots\\ \boldsymbol{v}_k=\boldsymbol{A}\boldsymbol{v}_{k-1}=\boldsymbol{A}^k\boldsymbol{v}_0.\end{cases} \tag{1.2}$$

假设矩阵 $\boldsymbol{A}$ 有 n 个线性无关的特征向量 $\boldsymbol{x}_k(k=1,2,\cdots,n)$，则给定的初始向量 $\boldsymbol{v}_0$ 可用这组特征向量线性表示，即为

$$\boldsymbol{v}_0=\alpha_1\boldsymbol{x}_1+\alpha_2\boldsymbol{x}_2+\cdots+\alpha_n\boldsymbol{x}_n=\sum_{i=1}^{n}\alpha_i\boldsymbol{x}_i. \tag{1.3}$$

设 $\alpha_1\neq0$，把 $\boldsymbol{v}_0$ 代入式(1.2)中的第一个式子，得

$$\begin{aligned}\boldsymbol{v}_1&=\boldsymbol{A}\boldsymbol{v}_0=\boldsymbol{A}(\alpha_1\boldsymbol{x}_1+\alpha_2\boldsymbol{x}_2+\cdots+\alpha_n\boldsymbol{x}_n)\\&=\alpha_1\lambda_1\boldsymbol{x}_1+\alpha_2\lambda_2\boldsymbol{x}_2+\cdots+\alpha_n\lambda_n\boldsymbol{x}_n\\&=\sum_{i=1}^{n}\alpha_i\lambda_i\boldsymbol{x}_i.\end{aligned}$$

同理可得

$$\begin{aligned}\boldsymbol{v}_k&=\boldsymbol{A}\boldsymbol{v}_{k-1}=\alpha_1\lambda_1^k\boldsymbol{x}_1+\alpha_2\lambda_2^k\boldsymbol{x}_2+\cdots+\alpha_2\lambda_n^k\boldsymbol{x}_n\\&=\sum_{i=1}^{n}\alpha_i\lambda_i^k\boldsymbol{x}_i\quad(k=1,2,\cdots),\end{aligned} \tag{1.4}$$

由式(1.4)知

$$\boldsymbol{v}_k=\boldsymbol{A}^k\boldsymbol{v}_0=\sum_{i=1}^{n}\alpha_i\lambda_i^k\boldsymbol{x}_i=\lambda_1^k\left[\alpha_1\boldsymbol{x}_1+\sum_{i=2}^{n}\alpha_i\left(\frac{\lambda_i}{\lambda_1}\right)^k\boldsymbol{x}_i\right]. \tag{1.5}$$

若$|\lambda_1|>|\lambda_2|$，则当 $\alpha_1\neq0$ 以及 k 足够大时，上式右边方括号中第二项可以忽略，除一个因子外，$\boldsymbol{A}^k\boldsymbol{v}_0$ 趋近于 λ_1 的特征向量，这就是乘幂法的基本思想. 但是，由式(1.5)可知，当$|\lambda_1|<1$时，$\boldsymbol{A}^k\boldsymbol{v}_0$ 的分量趋近于 0，因此，在实际计算中需作适当的“规范化”，以免发生上溢或下溢.

在实际计算中，乘幂法的迭代形式如下：

$$\begin{cases}\boldsymbol{Y}_k=\boldsymbol{A}\boldsymbol{v}_{k-1},\\ m_k=\max(\boldsymbol{Y}_k)\quad(k=1,2,\cdots),\\ \boldsymbol{v}_k=\dfrac{\boldsymbol{Y}_k}{m_k}.\end{cases} \tag{1.6}$$

这里 $\max(\boldsymbol{Y}_k)$为向量 $\boldsymbol{Y}_k$ 中绝对值最大的一个分量，式(1.6)中 $\boldsymbol{v}_k$ 的最大分量是 1.

关于迭代(1.6)的收敛性，分四种情况进行讨论.

(1) $|\lambda_1|>|\lambda_2|$.

由式(1.6)有

$$\boldsymbol{v}_k=\frac{\boldsymbol{A}\boldsymbol{v}_{k-1}}{m_{k-1}}=\cdots=\frac{\boldsymbol{A}^k\boldsymbol{v}_0}{\prod_{i=1}^{k}m_i}=\frac{\boldsymbol{A}^k\boldsymbol{v}_0}{\max(\boldsymbol{A}^k\boldsymbol{v}_0)},\tag{1.7}$$

若 $\alpha_1\neq 0$,由式(1.5),当 $k\to\infty$时,有

$$\boldsymbol{v}_k=\frac{\alpha_1\boldsymbol{x}_1+\sum_{i=2}^{n}\alpha_i\left(\frac{\lambda_i}{\lambda_1}\right)^k\boldsymbol{x}_i}{\max\left[\alpha_1\boldsymbol{x}_1+\sum_{i=2}^{n}\alpha_i\left(\frac{\lambda_i}{\lambda_1}\right)^k\boldsymbol{x}_i\right]}\to\frac{\boldsymbol{x}_1}{\max(\boldsymbol{x}_1)},\tag{1.8}$$

收敛率为 $\left|\frac{\lambda_2}{\lambda_1}\right|$. 又因为

$$\boldsymbol{Y}_k=\lambda_1\frac{\alpha_1\boldsymbol{x}_1+\sum_{i=2}^{n}\alpha_i\left(\frac{\lambda_i}{\lambda_1}\right)^k\boldsymbol{x}_i}{\max\left[\alpha_1\boldsymbol{x}_1+\sum_{i=2}^{n}\alpha_i\left(\frac{\lambda_i}{\lambda_1}\right)^{k-1}\boldsymbol{x}_i\right]},\tag{1.9}$$

所以有

$$m_k=\max(\boldsymbol{Y}_k)\to\lambda_1(k\to\infty).\tag{1.10}$$

(2) $\lambda_1=\lambda_2=\cdots=\lambda_r$,且 $|\lambda_1|>|\lambda_{r+1}|$.

由式(1.7)得

$$\boldsymbol{v}_k=\frac{\sum_{i=1}^{r}\alpha_i\boldsymbol{x}_i+\sum_{i=r+1}^{n}\alpha_i\left(\frac{\lambda_i}{\lambda_1}\right)^k\boldsymbol{x}_i}{\max\left[\sum_{i=1}^{r}\alpha_i\boldsymbol{x}_i+\sum_{i=r+1}^{n}\alpha_i\left(\frac{\lambda_i}{\lambda_1}\right)^k\boldsymbol{x}_i\right]},$$

若 $\sum_{i=1}^{r}\alpha_i\boldsymbol{x}_i\neq\boldsymbol{0}$,则当 $k\to\infty$时,有

$$\boldsymbol{v}_k\to\frac{\sum_{i=1}^{r}\alpha_i\boldsymbol{x}_i}{\max\left(\sum_{i=1}^{r}\alpha_i\boldsymbol{x}_i\right)},\tag{1.11}$$

即向量序列$\{\boldsymbol{v}_k\}$收敛于 λ_1 的特征向量,收敛率为 $\left|\frac{\lambda_{r+1}}{\lambda_1}\right|$,并且有

$$m_k\to\lambda_1\quad(k\to\infty).\tag{1.12}$$

(3) $\lambda_2=-\lambda_1$,$|\lambda_1|>|\lambda_3|$.

由式(1.7)得

$$\boldsymbol{v}_k=\frac{\alpha_1\boldsymbol{x}_1+(-1)^k\alpha_2\boldsymbol{x}_2+\sum_{i=3}^{n}\alpha_i\left(\frac{\lambda_i}{\lambda_1}\right)^k\boldsymbol{x}_i}{\max\left[\alpha_1\boldsymbol{x}_1+(-1)^k\alpha_2\boldsymbol{x}_2+\sum_{i=3}^{n}\alpha_i\left(\frac{\lambda_i}{\lambda_1}\right)^k\boldsymbol{x}_i\right]},$$

若 $\alpha_1\neq 0$ 且 $\alpha_2\neq 0$,则序列$\{v_k\}$不收敛,随 k 的增大而出现规律性的摆动,但是

$$\boldsymbol{A}^2\boldsymbol{v}_k=\lambda_1^2\frac{\alpha_1\boldsymbol{x}_1+(-1)^k\alpha_2\boldsymbol{x}_2+\sum_{i=3}^{n}\alpha_i\left(\frac{\lambda_i}{\lambda_1}\right)^{k+2}\boldsymbol{x}_i}{\max\left[\alpha_1\boldsymbol{x}_1+(-1)^k\alpha_2\boldsymbol{x}_2+\sum_{i=3}^{n}\alpha_i\left(\frac{\lambda_i}{\lambda_1}\right)^k\boldsymbol{x}_i\right]},$$

假设 $\boldsymbol{v}_k$ 的第 j 个分量为 1,则有

$$(\boldsymbol{A}^2\boldsymbol{v}_k)_j \to \lambda_1^2 \quad (k\to\infty), \tag{1.13}$$

收敛率为 $\left|\frac{\lambda_3}{\lambda_1}\right|$,同时有

$$\boldsymbol{A}\boldsymbol{v}_k+\lambda_1\boldsymbol{v}_k=\frac{2\lambda_1\alpha_1\boldsymbol{x}_1+\sum_{i=3}^{n}\alpha_i(\lambda_i+\lambda_1)\left(\frac{\lambda_i}{\lambda_1}\right)^k\boldsymbol{x}_i}{\max\left[\alpha_1\boldsymbol{x}_1+(-1)^k\alpha_2\boldsymbol{x}_2+\sum_{i=3}^{n}\alpha_i\left(\frac{\lambda_i}{\lambda_1}\right)^k\boldsymbol{x}_i\right]}, \tag{1.14}$$

$$\boldsymbol{A}\boldsymbol{v}_k-\lambda_1\boldsymbol{v}_k=\frac{(-1)^{k+1}2\lambda_1\alpha_2\boldsymbol{x}_2+\sum_{i=3}^{n}\alpha_i(\lambda_i-\lambda_1)\left(\frac{\lambda_i}{\lambda_1}\right)^k\boldsymbol{x}_i}{\max\left[\alpha_1\boldsymbol{x}_1+(-1)^k\alpha_2\boldsymbol{x}_2+\sum_{i=3}^{n}\alpha_i\left(\frac{\lambda_i}{\lambda_1}\right)^k\boldsymbol{x}_i\right]}. \tag{1.15}$$

由此可知,$\boldsymbol{A}\boldsymbol{v}_k+\lambda_1\boldsymbol{v}_k$ 和 $\boldsymbol{A}\boldsymbol{v}_k-\lambda_1\boldsymbol{v}_k$ 可以分别作为 λ_1 和 λ_2 的近似特征向量.

注:若 $\lambda_1=\lambda_2=\cdots=\lambda_r,\lambda_{r+1}=\cdots=\lambda_{r+l}=-\lambda_1,|\lambda_1|>|\lambda_{r+l}|$,则上述结论同样成立.

(4)$\lambda_2=\overline{\lambda_1}$,且 $|\lambda_1|>|\lambda_3|$.

$\boldsymbol{A}$ 为实矩阵,其复特征值总是共轭成对出现,它们的对应特征向量也可取为相互共轭,即 $\boldsymbol{x}_2=\overline{\boldsymbol{x}_1}$. 记 $\lambda_1=re^{i\theta}$,则 $\lambda_2=\overline{\lambda_1}=re^{-i\theta}$,根据式(1.5)可得

$$\boldsymbol{A}^k\boldsymbol{v}_0=r^k\left[e^{ik\theta}\alpha_1\boldsymbol{x}_1+e^{-ik\theta}\overline{\alpha_1}\,\overline{\boldsymbol{x}_1}+\sum_{i=3}^{n}\alpha_i\left(\frac{\lambda_i}{r}\right)^k\boldsymbol{x}_i\right], \tag{1.16}$$

若 λ_1 和 $\overline{\lambda_1}$ 是二次方程 $\lambda^2+p\lambda+q=0$ 的根,则有

$$\boldsymbol{A}^{k+2}\boldsymbol{v}_0+p\boldsymbol{A}^{k+1}\boldsymbol{v}_0+q\boldsymbol{A}^k\boldsymbol{v}_0=r^k\sum_{i=3}^{n}\alpha_i\left(\frac{\lambda_i}{r}\right)^k(\lambda_i^2+p\lambda_i+q)\boldsymbol{x}_i.$$

由式(1.7)可得

$$m_{k+1}m_{k+2}\boldsymbol{v}_{k+2}+pm_{k+1}\boldsymbol{v}_{k+1}+q\boldsymbol{v}_k=\frac{r^k}{\max(\boldsymbol{A}^k\boldsymbol{v}_0)}\sum_{i=3}^{n}\alpha_i\left(\frac{\lambda_i}{r}\right)^k(\lambda_i^2+p\lambda_i+q)\boldsymbol{x}_i,$$

若 $\alpha_1\neq0$,则当 $k\to\infty$时,有

$$m_{k+1}m_{k+2}\boldsymbol{v}_{k+2}+pm_{k+1}\boldsymbol{v}_{k+1}+q\boldsymbol{v}_k\to0, \tag{1.17}$$

其收敛率为 $\left|\frac{\lambda_3}{\lambda_1}\right|$. 若对某一个数 k,令式(1.17)左端为 0,则得到关于 p 和 q 的线性方程组,总共有 n 个方程,可用最小二乘法求得 p,q 的近似值 p_k,q_k. 这一过程也是一个迭代过程,当 p_k,q_k 稳定下来后,则 λ_1 和 $\overline{\lambda_1}$ 的近似值可由下式计算

$$\mathrm{Re}(\lambda_1)=\frac{-p_k}{2},\quad \mathrm{Im}(\lambda_1)=\frac{1}{2}\sqrt{4q_k-p_k^2}. \tag{1.18}$$

其中,$\mathrm{Re}(\lambda_1)$和 $\mathrm{Im}(\lambda_1)$分别表示 λ_1 的实部和虚部.

求出 λ_1 及 $\overline{\lambda_1}$ 之后,对应的特征向量可按下述过程计算.

由式(1.16)可得

$$\boldsymbol{v}_k=\frac{\boldsymbol{A}^k\boldsymbol{v}_0}{\max(\boldsymbol{A}^k\boldsymbol{v}_0)}\approx\frac{e^{ik\theta}\alpha_1\boldsymbol{x}_1+e^{-ik\theta}\overline{\alpha_1}\,\overline{\boldsymbol{x}_1}}{\max(e^{ik\theta}\alpha_1\boldsymbol{x}_1+e^{-ik\theta}\overline{\alpha_1}\,\overline{\boldsymbol{x}_1})}\triangleq\beta_k\boldsymbol{x}_1+\overline{\beta_k}\,\overline{\boldsymbol{x}_1},$$

其中,

$$\beta_k = \frac{\alpha_1 e^{ik\theta}}{\max(e^{ik\theta}\alpha_1 \boldsymbol{x}_1 + e^{-ik\theta}\overline{\alpha_1}\overline{\boldsymbol{x}_1})}.$$

设

$$\lambda_1 = \xi + i\eta, \quad \beta_k \boldsymbol{x}_1 = \boldsymbol{u} + i\boldsymbol{w}, \tag{1.19}$$

则 $\boldsymbol{u} = \frac{1}{2}\boldsymbol{v}_k$，且 $\boldsymbol{Y}_{k+1} = \boldsymbol{A}\boldsymbol{v}_k = \lambda_1\beta_k\boldsymbol{x}_1 + \overline{\lambda_1\beta_k\boldsymbol{x}_1} = 2(\xi\boldsymbol{u} - \eta\boldsymbol{w})$，于是

$$\boldsymbol{w} = \frac{1}{2\eta}(\xi\boldsymbol{v}_k - \boldsymbol{Y}_{k+1}), 2\beta_k\boldsymbol{x}_1 = \boldsymbol{v}_k + i\frac{\xi\boldsymbol{v}_k - \boldsymbol{Y}_{k+1}}{\eta},$$

所以可取 $\boldsymbol{x}_1 = \boldsymbol{v}_k + i\frac{\xi\boldsymbol{v}_k - \boldsymbol{Y}_{k+1}}{\eta}$作为$\lambda_1$ 的近似特征向量.

乘幂法的收敛情况较为复杂，编程计算时，除采用迭代格式(1.6)外，还需加上各种情况的判别. 另外，在前面的过程中，当 $\lambda_1 \neq \lambda_2$ 时，假定了 $\alpha_1 \neq 0$，若选取的初值使得 α_1 的绝对值较小，可能会使收敛变得很慢，但是至今也没有一个有效的办法能够保证取到好的初始向量.

例 1.1 用幂法计算矩阵

$$\boldsymbol{A} = \begin{bmatrix} 2 & 3 & 2 \\ 10 & 3 & 4 \\ 3 & 6 & 1 \end{bmatrix}$$

的主特征值及对应的特征向量.

解:取 $\boldsymbol{v}_0 = (0,0,1)^T$，由公式(1.6)进行迭代计算，计算结果见表 7.1.

表 7.1

k	$\boldsymbol{v}_k^T$(规一化向量)	$m_k = \max(\boldsymbol{Y}_k)$
0	$(0,0,1.0000)^T$	1.0000
1	$(0.5000,1.0000,0.2500)^T$	4.0000
2	$(0.5000,1.0000,0.8611)^T$	9.0000
3	$(0.5000,1.0000,0.7306)^T$	11.4400
4	$(0.5000,1.0000,0.7535)^T$	10.9224
5	$(0.5000,1.0000,0.7493)^T$	11.0140
6	$(0.5000,1.0000,0.7501)^T$	10.9927
7	$(0.5000,1.0000,0.7500)^T$	11.0004
8	$(0.5000,1.0000,0.7500)^T$	11.0000

于是得主特征值的近似值 $\lambda_1 = 11.0000$，对应的特征向量为 $\boldsymbol{x}_1 = (0.5000,1.0000,0.7500)^T$，它们均有 4 位有效数字，$\lambda_1$ 的准确值为 11.

1.2 幂法的加速技巧

幂法的收敛速度对于第一种情况来说，主要取决于比值 $\left|\frac{\lambda_2}{\lambda_1}\right|$. 这个数总小于 1，显然

它越小收敛越快，当它与 1 接近时，收敛就会很慢. 因此，在实际计算时，往往需要采用加速技巧来提高收敛速度. 下面针对第一种情况，介绍两种加速方法.

Ⅰ　Aitken 加速法

设矩阵 $\boldsymbol{A}$ 的特征值为 $|\lambda_1|>|\lambda_2|\geqslant\cdots\geqslant|\lambda_n|$，用幂法迭代，产生序列 $\{m_k\}$，其收敛速度为 $\left|\frac{\lambda_2}{\lambda_1}\right|$，且有 $\lim\limits_{k\to\infty}m_k=\lambda_1$，对于充分大的 k 值，存在常数 M，使得

$$|m_k-\lambda_1|\approx M\left|\frac{\lambda_2}{\lambda_1}\right|^k$$

及

$$|m_{k+1}-\lambda_1|\approx M\left|\frac{\lambda_2}{\lambda_1}\right|^{k+1},$$

两式相除，有

$$\left|\frac{m_{k+1}-\lambda_1}{m_k-\lambda_1}\right|\approx\left|\frac{\lambda_2}{\lambda_1}\right|. \tag{1.20}$$

上式说明，序列 $\{m_k\}$ 是线性收敛于 λ_1 的，如果把第六章中关于 Aitken 加速技巧应用于序列 $\{m_k\}$，就可获得新的序列 $\{\overline{m}_k\}$，它的计算公式为

$$\overline{m}_{k+1}=m_k-\frac{(m_{k+1}-m_k)^2}{m_{k+2}-2m_{k+1}+m_k}, \tag{1.21}$$

显然，它比原序列收敛得快.

例 1.2　用 Aitken 加速计算例 1.1 中矩阵 $\boldsymbol{A}$ 的主特征值.

解：由表 7.1 可知，$m_1=4$，$m_2=9$，$m_3=11.44$，于是利用公式(1.21)得

$$\overline{m}_1=4-\frac{(9-4)^2}{11.44-2\times9+4}=4+9.8=12.8,$$

再利用 m_2,m_3,m_4 求 $\overline{m}_2$，有

$$\overline{m}_2=9-\frac{(11.44-9)^2}{10.9224-2\times11.44+9}=11.01298.$$

同理可得

$$\overline{m}_3=11.44-\frac{(10.9224-11.44)^2}{11.0140-2\times10.9224+11.44}=11.0002269.$$

已知矩阵 $\boldsymbol{A}$ 的准确主特征值为 11，用 Aitken 加速公式计算，迭代 3 次(用到幂法中 m_5 的值)，即可获得较高精度的解，相当于用幂法迭代 7～8 次.

Ⅱ　原点平移法

用来加速幂法收敛的另一个方法是引进新的矩阵 $\boldsymbol{B}$，使得

$$\boldsymbol{B}=\boldsymbol{A}-p\boldsymbol{I},$$

其中，p 是可选择的参数，$\boldsymbol{I}$ 是与 $\boldsymbol{A}$ 同阶的单位矩阵. 由线性代数知识，如果 $\boldsymbol{A}$ 的特征值为 $\lambda_1,\lambda_2,\cdots,\lambda_n$，则 $\boldsymbol{B}$ 的特征值为 $\lambda_1-p,\lambda_2-p,\cdots,\lambda_n-p$，且 $\boldsymbol{B}$ 与 $\boldsymbol{A}$ 有相同的特征向量.

如需计算 $\boldsymbol{A}$ 的主特征值 λ_1，可以适当选择 p，使 λ_1-p 仍是 $\boldsymbol{B}$ 的主特征值，即有

$$|\lambda_1-p|>|\lambda_i-p|\quad(i=2,3,\cdots,n), \tag{1.22}$$

且使

$$\max\left|\frac{\lambda_i - p}{\lambda_1 - p}\right| < \left|\frac{\lambda_2}{\lambda_1}\right|. \tag{1.23}$$

在实际计算中,如何选择 p 值,一般情况下比较困难,但如果当 $\boldsymbol{A}$ 的所有特征值均为实数,且满足

$$|\lambda_1| > |\lambda_2| \geqslant \cdots \geqslant |\lambda_n|$$

时,可以用如下方法选择 p 值.

事实上不管 p 值多大,矩阵 $\boldsymbol{B}=\boldsymbol{A}-p\boldsymbol{I}$ 的主特征值总是 λ_1-p 或 λ_n-p,如果要求 λ_1 及特征向量 $\boldsymbol{x}_1$,只需有 $|\lambda_1-p|>|\lambda_n-p|$,这时可取 $p=\frac{\lambda_2+\lambda_n}{2}$,于是有关系式

$$|\lambda_1-p|>|\lambda_2-p|\geqslant|\lambda_i-p| \quad (i=3,4,\cdots,n),$$

且其收敛率 $r=\left|\frac{\lambda_2-p}{\lambda_1-p}\right|$. 这个 r 值相对于其他 p 值为最小.

若要求特征值 λ_n 及特征向量 $\boldsymbol{x}_n$,可取 $p=\frac{\lambda_1+\lambda_{n-1}}{2}$,这时有 $|\lambda_n-p|>|\lambda_{n-1}-p|\geqslant |\lambda_i-p| \quad (i=1,2,\cdots,n-2)$,且其收敛率 $r=\left|\frac{\lambda_{n-1}-p}{\lambda_i-p}\right|$,它相对于其他 p 值为最小.

不管属于何种情况,最佳 p 值的选择均依赖于矩阵 $\boldsymbol{A}$ 的特征值的大致分布能够估计,即只有此时,上述方法才有效. 取到合适的 p 值后,用幂法计算 $\boldsymbol{B}$ 的主特征值可以提高收敛速度,这种方法称为**原点平移法**.

求得 $\boldsymbol{B}$ 的特征值后,$\boldsymbol{A}$ 的特征值为

$$\lambda_1^{(\boldsymbol{A})} = \lambda_1^{(\boldsymbol{B})} + p, \tag{1.24}$$

且 $\boldsymbol{B}$ 的特征向量与 $\boldsymbol{A}$ 的特征向量相等.

例 1.3　用原点平移法求矩阵

$$\boldsymbol{A} = \begin{bmatrix} 1.0 & 1.0 & 0.5 \\ 1.0 & 1.0 & 0.25 \\ 0.5 & 0.25 & 2.0 \end{bmatrix}$$

的主特征值及对应的特征向量.

解:取 $p=0.75$,则 $\boldsymbol{B}=\boldsymbol{A}-p\boldsymbol{I}=\boldsymbol{A}-0.75\boldsymbol{I}$,

$$\boldsymbol{B} = \begin{bmatrix} 0.25 & 1.0 & 0.5 \\ 1.0 & 0.25 & 0.25 \\ 0.5 & 0.25 & 0.25 \end{bmatrix}.$$

对 $\boldsymbol{B}_2$ 用幂法计算,取初始向量 $\boldsymbol{v}_0=(1,1,1)^{\mathrm{T}}$,计算结果见表 7.2.

表 7.2

k	v_k^{T}(规范化向量)	$m_k=\max(\boldsymbol{Y}_k)$
0	$(1,1,1)^{\mathrm{T}}$	
5	$(0.7491,0.6522,1)^{\mathrm{T}}$	1.791401
6	$(0.7491,0.6511,1)^{\mathrm{T}}$	1.7888443
7	$(0.7488,0.6501,1)^{\mathrm{T}}$	1.7873300
8	$(0.7484,0.6499,1)^{\mathrm{T}}$	1.7869152
9	$(0.7483,0.6497,1)^{\mathrm{T}}$	1.7866587
10	$(0.7482,0.6497,1)^{\mathrm{T}}$	1.7865914

其中,$\boldsymbol{Y}_k$ 是用 8 位浮点数计算的舍入值,于是得 $\lambda_1^{(\boldsymbol{B})}\approx 1.7865914$. 相应的 $\lambda_1^{(\boldsymbol{A})}\approx 1.7865914+0.75=2.5365914$,特征向量 $\boldsymbol{x}_1\approx(0.7482,0.6479,1)^{\mathrm{T}}$. 如对 $\boldsymbol{A}$ 作幂法计算,仍取 $\boldsymbol{v}_0=(1,1,1)^{\mathrm{T}}$,迭代 15 次可得

$$m_1=\max(\boldsymbol{v}_{15})=2.5366256,$$
$$\boldsymbol{Y}_{15}=(0.7483,0.6479,1)^{\mathrm{T}}.$$

$\boldsymbol{A}$ 的准确主特征值 $\lambda_1=2.5365258$,对应的特征向量

$$\boldsymbol{x}_1=(0.74822116,0.6496616,1)^{\mathrm{T}}.$$

1.3　反幂法

如果矩阵 $\boldsymbol{A}$ 为非奇异阵,则 $\boldsymbol{A}^{-1}$ 存在且 $\boldsymbol{A}$ 的特征值均不为 0. 设 $\boldsymbol{A}$ 的所有特征值为

$$|\lambda_1|\geqslant|v_2|\geqslant\cdots\geqslant|\lambda_n|>0, \tag{1.25}$$

由于 $\boldsymbol{A}\boldsymbol{x}_i=\lambda_1\boldsymbol{x}_i$,可得

$$\boldsymbol{A}^{-1}\boldsymbol{x}_i=\frac{1}{\lambda_i}\boldsymbol{x}_i.$$

矩阵 $\boldsymbol{A}^{-1}$ 的特征值为 $\frac{1}{\lambda_i}(i=1,2,\cdots,n)$,并且

$$\left|\frac{1}{\lambda_n}\right|\geqslant\left|\frac{1}{\lambda_{n-1}}\right|\geqslant\cdots\geqslant\left|\frac{1}{\lambda_1}\right|,$$

于是 $\boldsymbol{A}^{-1}$ 的主特征值为 $\frac{1}{\lambda_n}$,而且 $\boldsymbol{A}^{-1}$ 对应于 $\frac{1}{\lambda_i}$ 的特征向量仍是 $\boldsymbol{x}_i$,因此对矩阵 $\boldsymbol{A}^{-1}$ 应用幂法求主特征值 $\frac{1}{\lambda_n}$,就是对 $\boldsymbol{A}$ 求绝对值最小的特征值. 用 $\boldsymbol{A}^{-1}$ 代替 $\boldsymbol{A}$ 作幂法计算,称为**反幂法.**

为了简便,仅考虑 $\boldsymbol{A}^{-1}$ 的主特征值为单根的情况,即满足

$$\left|\frac{1}{\lambda_n}\right|>\left|\frac{1}{\lambda_{n-1}}\right|\geqslant\cdots\geqslant\left|\frac{1}{\lambda_1}\right|.$$

任给初始向量,可做如下迭代

$$\boldsymbol{Y}_k=\boldsymbol{A}^{-1}\boldsymbol{v}_{k-1}\quad(k=1,2,\cdots). \tag{1.26}$$

式(1.26)中需要计算 $\boldsymbol{A}$ 的逆矩阵，由此，不仅带来巨大的计算工作量，而且还存在舍入误差. 为了避免求逆矩阵 $\boldsymbol{A}^{-1}$，把式(1.26)改写为

$$\boldsymbol{A}\boldsymbol{Y}_k = \boldsymbol{v}_{k-1},$$

然后，再把迭代向量作规一化的计算，取初始迭代向量为 $\boldsymbol{v}_0$，$k=1,2,\cdots$，计算公式为

$$\begin{cases}\boldsymbol{A}\boldsymbol{Y}_k = \boldsymbol{v}_{k-1}, \\ m_k = \max(\boldsymbol{Y}_k), \\ \boldsymbol{v}_k = \dfrac{\boldsymbol{Y}_k}{m_k},\end{cases}$$

则当 $k\to\infty$时，$\boldsymbol{v}_k \to \dfrac{\boldsymbol{x}_k}{\max(\boldsymbol{x}_k)}$，并且

$$m_k \to \frac{1}{\lambda_n}.$$

λ_n 即为矩阵$\boldsymbol{A}$ 按模最小的特征值，特征向量为 $\boldsymbol{x}_n$，其收敛率为$\left|\dfrac{\lambda_{n-1}}{\lambda_n}\right|$.

由式(1.27)可知，用反幂法迭代一次，需要解一个线性方程组，实际计算时，可以事先把 $\boldsymbol{A}$ 作$\boldsymbol{LU}$ 分解，这样，每迭代一次，只要解两个三角方程组.

例 1.4 用反幂法求矩阵

$$\begin{bmatrix} 2 & 8 & 9 \\ 8 & 3 & 4 \\ 9 & 4 & 7 \end{bmatrix}$$

按模最小的特征值及其对应的特征向量.

解：首先对 $\boldsymbol{A}$ 作$\boldsymbol{LU}$ 分解，可得

$$\boldsymbol{L} = \begin{bmatrix} 1 & & \\ 4 & 1 & \\ 4.5 & 1.1034 & 1 \end{bmatrix}, \quad \boldsymbol{U} = \begin{bmatrix} 2 & 8 & 9 \\ & -29 & -32 \\ & & 1.8103 \end{bmatrix}.$$

取初始向量 $\boldsymbol{v}_0=(1,1,1)^{\mathrm{T}}$，用公式(1.27)计算，结果列于表 7.3.

表 7.3

k	$\boldsymbol{v}_k^{\mathrm{T}}$(规一化向量)	$\max(\boldsymbol{Y}_k)$
0	$(1.0000,1.0000,1.0000)^{\mathrm{T}}$	
1	$(0.4348,1.0000,-0.4783)^{\mathrm{T}}$	1.0000
2	$(0.1902,1.0000,-0.8834)^{\mathrm{T}}$	4.5652
3	$(0.1843,1.0000,-0.9124)^{\mathrm{T}}$	0.9877
4	$(0.1831,1.0000,-0.9329)^{\mathrm{T}}$	0.8245
5	$(0.1832,1.0000,-0.9130)^{\mathrm{T}}$	0.8134

迭代 5 次，可得 $\bar{\lambda}_1 \approx 0.8134$，对应的特征向量为

$$\boldsymbol{x}_3 \approx (0.1832, 1.0000, -0.9130)^{\mathrm{T}},$$

于是矩阵 $\boldsymbol{A}$ 按模最小的特征值 $\lambda_3=\frac{1}{\lambda_1}=\frac{1}{0.8134}=1.2294$，对应的特征向量为 $\boldsymbol{x}_3$.

当矩阵 $\boldsymbol{A}$ 有一个近似的特征值已知时，用反幂法可以很快地使其精确化. 如果矩阵 $(\boldsymbol{A}-p\boldsymbol{I})^{-1}$ 存在，设 p 是 $\boldsymbol{A}$ 的特征值 λ_i 的一个近似值，显然

$$\frac{1}{\lambda_1-p},\frac{1}{\lambda_2-p},\cdots,\frac{1}{\lambda_i-p},\cdots,\frac{1}{\lambda_n-p}$$

是 $(\boldsymbol{A}-p\boldsymbol{I})^{-1}$ 的特征值，且 $\boldsymbol{x}_1,\boldsymbol{x}_2,\cdots,\boldsymbol{x}_n$ 仍是它的特征向量. 由于 $|\lambda_i-p|\ll|\lambda_j-p|(i\neq j)$，则 $\frac{1}{\lambda_i-p}$ 是 $(\boldsymbol{A}-p\boldsymbol{I})^{-1}$ 的主特征值. 用矩阵 $(\boldsymbol{A}-p\boldsymbol{I})^{-1}$ 代替公式(1.27)中的 $\boldsymbol{A}$，可得迭代序列 $\{\boldsymbol{Y}_k\}$，又因为 $|\lambda_i-p|$ 很小，收敛速度 $\max\left|\frac{\lambda_i-p}{\lambda_j-p}\right|(i\neq j)$ 就较大，一般只要迭代 2～3 次，就能获得较为满意的特征向量.

§2　实对称矩阵的 Jacobi 方法

一个实对称阵可通过正交相似变换化为对角阵，其对角元即为原矩阵的特征值. Jacobi 方法就是通过一系列用平面旋转变换所构成的正交相似变换将原矩阵对角化，从而求得原矩阵的全部特征值和对应特征向量的方法，通常也称为旋转法.

设 $\boldsymbol{A}$ 为 n 阶实对称矩阵，存在一个正交矩阵 $\boldsymbol{P}$，使

$$\boldsymbol{PAP}^{\mathrm{T}}=\mathrm{diag}(\lambda_1,\lambda_2,\cdots,\lambda_n)=\boldsymbol{D}.$$

$\boldsymbol{D}$ 为对角阵，其对角线上的元素 $\lambda_i(i=1,2,\cdots,n)$ 就是 $\boldsymbol{A}$ 的全部特征值，$\boldsymbol{P}^{\mathrm{T}}$ 的列向量 $\boldsymbol{v}_i(i=1,2,\cdots,n)$ 就是 $\boldsymbol{A}$ 的特征向量. 为了寻找合适的矩阵 $\boldsymbol{P}$，先证明如下定理.

定理 2.1　设 $\boldsymbol{A}$ 为 n 阶实对称矩阵，$\boldsymbol{P}$ 是正交矩阵，$\boldsymbol{B}=\boldsymbol{PAP}^{\mathrm{T}}$，则

$$\|\boldsymbol{B}\|_F^2=\|\boldsymbol{A}\|_F^2. \tag{2.1}$$

证明：由范数定理，矩阵 $\boldsymbol{A}$ 的 F 范数为

$$\|\boldsymbol{A}\|_F^2=\sum_{i=1}^n\sum_{j=1}^n|a_{ij}|^2=\mathrm{tr}(\boldsymbol{A}^{\mathrm{T}}\boldsymbol{A})=\mathrm{tr}(\boldsymbol{A}^2)=\sum_{i=1}^n\lambda_i^2(\boldsymbol{A}),$$

其中，$\mathrm{tr}(\boldsymbol{A}^2)$ 是矩阵 $\boldsymbol{A}$ 的追迹.

同理，

$$\|\boldsymbol{B}\|_F^2=\sum_{i=1}^n\sum_{j=1}^n|b_{ij}|^2=\mathrm{tr}(\boldsymbol{B}^{\mathrm{T}}\boldsymbol{B})=\mathrm{tr}(\boldsymbol{B}^2)=\sum_{i=1}^n\lambda_i^2(\boldsymbol{B}).$$

因为矩阵 $\boldsymbol{A}$ 与 $\boldsymbol{B}$ 相似，于是

$$\lambda_i(\boldsymbol{A})=\lambda_i(\boldsymbol{B}),$$

所以

$$\|\boldsymbol{A}\|_F^2=\|\boldsymbol{B}\|_F^2.$$

上述定理指出，如果构造一个矩阵序列 $\{\boldsymbol{A}_k\}$，而 $\boldsymbol{A}_k$ 是由 $\boldsymbol{A}_{k-1}$ 通过正交变换得到，那么该序列内的每一个矩阵 $\boldsymbol{A}_k$ 的 F 范数都等于原矩阵 $\boldsymbol{A}=\boldsymbol{A}_1$ 的 F 范数. 这样，要选择的

正交矩阵,希望通过正交变换后使非对角线元素的绝对值不断缩小,从而对角线元素的绝对值就能不断增大.为了方便,引入记号

$$E_k = \sum_{\substack{i,j=1 \\ i\neq j}}^{n} |a_{ij}^{(k)}|^2, \tag{2.2}$$

$$D_k = \sum_{i=1}^{n} |a_{ii}^{(k)}|^2. \tag{2.3}$$

它们分别表示矩阵 $\boldsymbol{A}$ 的非对角线元素的平方和与对角线元素的平方和.如果在每一步变换中,使得 $D_{k+1}-D_k$ 增加到最大,那么上述算法将以最快的速度收敛于对角矩阵.

2.1 Jacobi 方法

设 $\boldsymbol{A}=\boldsymbol{A}_1$ 是 n 阶实对称矩阵,并有 $\boldsymbol{A}_1=(a_{ij}^{(1)})_{n\times n}$,用平面旋转矩阵 $\boldsymbol{R}(i,j)$ 对 $\boldsymbol{A}_1$ 作相似变换,于是依次构造矩阵序列 $\{\boldsymbol{A}_k\}$,使得

$$\boldsymbol{A}_{k+1}=\boldsymbol{R}(i,j)\boldsymbol{A}_k\boldsymbol{R}^{\mathrm{T}}(i,j),$$

其中,$\boldsymbol{R}(i,j)$ 是在平面 (i,j) 上旋转角为 θ 的一个旋转变换,设为

$$\begin{cases} y_i = x_i\cos\theta + x_j\sin\theta, \\ y_j = -x_i\sin\theta + x_j\cos\theta, \\ y_k = x_k \quad (k\neq i,j), \end{cases} \tag{2.4}$$

或写成

$$\boldsymbol{R}(i,j)\boldsymbol{x}=\boldsymbol{y},$$

$$\boldsymbol{R}(i,j)=\begin{bmatrix} 1 &&&&&&&&& \\ & \ddots &&&&&&&& \\ && 1 &&&&&&& \\ &&& \cos\theta &&&& \sin\theta && \\ &&&& 1 &&&&& \\ &&&&& \ddots &&&& \\ &&&&&& 1 &&& \\ &&& -\sin\theta &&&& \cos\theta && \\ &&&&&&&& 1 & \\ &&&&&&&&& \ddots \\ &&&&&&&&&& 1 \end{bmatrix}\begin{matrix} \\ \\ \\ i \\ \\ \\ \\ j \\ \\ \\ \\ \end{matrix},$$

(列标:第 i 列、第 j 列)

$$\boldsymbol{x}=(x_1,x_2,\cdots,x_i,\cdots,x_j,\cdots,x_n)^{\mathrm{T}},$$

$$\boldsymbol{y}=(y_1,y_2,\cdots,y_i,\cdots,y_j,\cdots,y_n)^{\mathrm{T}}.$$

容易验证如下结论.

(1)如果 $\boldsymbol{A}=\boldsymbol{A}_1$ 是对称阵,则 $\boldsymbol{A}_2=\boldsymbol{R}(i,j)\boldsymbol{A}_1\boldsymbol{R}^{\mathrm{T}}(i,j)$ 也是对称阵.因为 $\boldsymbol{A}_2^{\mathrm{T}}=[\boldsymbol{R}(i,j)\boldsymbol{A}_1\boldsymbol{R}^{\mathrm{T}}(i,j)]^{\mathrm{T}}=\boldsymbol{R}(i,j)\boldsymbol{A}_1^{\mathrm{T}}\boldsymbol{R}^{\mathrm{T}}(i,j)=\boldsymbol{R}(i,j)\boldsymbol{A}_1\boldsymbol{R}^{\mathrm{T}}(i,j)=\boldsymbol{A}_2$,由此可知,用一系

列 $\boldsymbol{R}(i,j)$ 作相似变换，所得矩阵序列 $\{\boldsymbol{A}_k\}$ 中每一个元素均是对称阵.

(2)用 $\boldsymbol{R}(i,j)$ 左乘 $\boldsymbol{A}_k$ 后，只改变 $\boldsymbol{A}_k$ 中第 i 行与第 j 行元素，而用 $\boldsymbol{R}^{\mathrm{T}}(i,j)$ 右乘 $\boldsymbol{A}_k$ 后，只改变 $\boldsymbol{A}_k$ 中第 i 列与第 j 列元素，其他元素均不改变，计算公式如下：

$$\begin{aligned}
a_{ii}^{(k+1)} &= a_{ii}^{(k)}\cos^2\theta + 2a_{ij}^{(k)}\sin\theta\cos\theta + a_{jj}^{(k)}\sin^2\theta,\\
a_{jj}^{(k+1)} &= a_{ii}^{(k)}\sin^2\theta - 2a_{ij}^{(k)}\sin\theta\cos\theta + a_{jj}^{(k)}\cos^2\theta,\\
a_{ij}^{(k+1)} &= a_{ji}^{(k+1)} = 1/2(a_{jj}^{(k)} - a_{ii}^{(k)})\sin 2\theta + a_{ij}^{(k)}\cos 2\theta,\\
a_{il}^{(k+1)} &= a_{li}^{(k+1)} = a_{il}^{(k)}\cos\theta + a_{jl}^{(k)}\sin\theta,\\
a_{jl}^{(k+1)} &= a_{lj}^{(k+1)} = -a_{il}^{(k)}\sin\theta + a_{jl}^{(k)}\cos\theta \quad (l \neq i,j),\\
a_{lm}^{(k+1)} &= a_{ml}^{(k+1)} = a_{lm}^{(k)} \quad (l,m \neq i,j),
\end{aligned} \tag{2.5}$$

如果选择这样的 θ，使 $a_{ij}^{(k+1)}=a_{ji}^{(k+1)}=0$，只要取

$$\begin{cases}
\tan 2\theta = \dfrac{2a_{ij}^{(k)}}{a_{ii}^{(k)} - a_{jj}^{(k)}} & (a_{ii}^{(k)} - a_{jj}^{(k)} \neq 0),\\
\theta = \pm\dfrac{\pi}{4} & (a_{jj}^{(k)} - a_{ii}^{(k)} = 0),
\end{cases} \tag{2.6}$$

并规定 $|\theta|\leqslant\frac{\pi}{4}$，(2.6)第二式中，当 $a_{ij}^{(k)}>0$ 时，取 $\theta=\frac{\pi}{4}$；当 $a_{ij}^{(k)}<0$ 时，取 $\theta=-\frac{\pi}{4}$. 由计算公式(2.5)及(2.6)，可得如下定理.

定理 2.2　设 $\boldsymbol{A}_k$ 为 n 阶实对称矩阵，$a_{ij}^{(k)}\neq 0$ 为 $\boldsymbol{A}_k$ 的一个非对角元素，且 $\boldsymbol{A}_{k+1}=\boldsymbol{R}(i,j)\boldsymbol{A}_k\boldsymbol{R}^{\mathrm{T}}(i,j)$，则

$$\begin{cases}
E_{k+1}=E_k-2\,(a_{ij}^{(k)})^2,\\
D_{k+1}=D_k+2\,(a_{ij}^{(k)})^2.
\end{cases}$$

证明：由计算公式(7.25)可知

$$\begin{aligned}
&(a_{ii}^{(k+1)})^2+(a_{jj}^{(k+1)})^2\\
&=(a_{ii}^{(k)}\cos^2\theta+2a_{ij}^{(k)}\sin\theta\cos\theta+a_{jj}^{(k)}\sin^2\theta)^2+(a_{ii}^{(k)}\sin^2\theta-2a_{ij}^{(k)}\sin\theta\cos\theta+a_{jj}^{(k)}\cos^2\theta)^2\\
&=(a_{ii}^{(k)})^2+(a_{jj}^{(k)})^2+4a_{ii}^{(k)}(a_{jj}^{(k)}-a_{jj}^{(k)})\sin\theta\cos\theta(\cos^2\theta-\sin^2\theta)+\\
&\quad 2[4\,(a_{jj}^{(k)})^2-(a_{ii}^{(k)}-a_{jj}^{(k)})^2]\sin^2\theta\cos^2\theta,
\end{aligned}$$

把条件(2.6)代入，经过整理可得

$$(a_{ij}^{(k+1)})^2+(a_{jj}^{(k+1)})^2=(a_{ii}^{(k)})^2+(a_{jj}^{(k)})^2+2\,(a_{ij}^{(k)})^2.$$

而对于 D_{k+1} 中其他对角元素，通过变换后没有改变它们的值，所以定理 2.2 中第二式得证.

其次，由定理 2.1，

因为

$$\|\boldsymbol{A}_{k+1}\|_F^2 = \|\boldsymbol{A}_k\|_F^2,$$

所以

$$E_{k+1} = \|\boldsymbol{A}_{k+1}\|_F^2 - D_{k+1} = E_k - 2\,(a_{ij}^{(k)})^2,$$

第一式得证.

定理 2.2 说明，经过一次正交变换后，矩阵 $\boldsymbol{A}_{k+1}$ 中对角线上元素的平方和比原来增加了 $2\,(a_{ij}^{(k)})^2$，而非对角线上元素的平方和却减少了 $2\,(a_{ij}^{(k)})^2$，如对 $\boldsymbol{A}_1$ 进行一系列相似

变换,就有可能使非对角线上元素的平方和减少到充分小的程度,由此可得 Jacobi 方法的计算过程如下:

(1)选择 $\boldsymbol{A}=\boldsymbol{A}_1$ 的非对角元中绝对值最大的元素(称为主元素),如 $a_{i_1j_1}^{(1)}=\max\limits_{l\neq k}|a_{lk}^{(1)}|$,设 $a_{i_1l_1}^{(1)}\neq 0$,否则 $\boldsymbol{A}_1$ 已经对角化了. 由公式(2.6)求得旋转角 θ,作平面旋转矩阵 $\boldsymbol{R}_1(i_1,j_1)$,并有

$$\boldsymbol{A}_2=\boldsymbol{R}_1(i_1,j_1)\boldsymbol{A}_1\boldsymbol{R}_1^{\mathrm{T}}(i_1,j_1),$$

$\boldsymbol{A}_2$ 中元素由式(2.5)进行计算,其中 $a_{j_1i_1}^{(2)}=a_{i_1j_1}^{(2)}=0$.

(2)再选 $\boldsymbol{A}_2=(a_{ij}^{(2)})_{n\times n}$ 中非对角线上的主元素,如

$$|a_{i_2j_2}^{(2)}|=\max_{l\neq k}|a_{l,k}^{(2)}|,$$

求 θ 及平面旋转矩阵 $\boldsymbol{R}_2(i_2,j_2)$,作相似变换 $\boldsymbol{A}_3=\boldsymbol{R}_2(i_2,j_2)\cdot\boldsymbol{A}_2\boldsymbol{R}_2^{\mathrm{T}}(i_2,j_2)$,并有 $a_{i_2j_2}^{(3)}=a_{j_2i_2}^{(3)}=0$. 但必须注意的是,通过第二次变换,上一次已经消零的元素又可能变为非零.

(3)继续上述过程,连续对 $\boldsymbol{A}_1$ 施行一系列平面旋转变换,直到将 $\boldsymbol{A}_1$ 的非对角线元素全部化为充分小时为止.

定理 2.3(Jacobi 方法的收敛性) 设 $\boldsymbol{A}=\boldsymbol{A}_1=(a_{ij}^{(1)})_{n\times n}$ 为实对称矩阵,对 $\boldsymbol{A}_1$ 施行一系列平面旋转变换

$$\boldsymbol{A}_{k+1}=\boldsymbol{R}_k\boldsymbol{A}_k\boldsymbol{R}_k^{\mathrm{T}}\quad(k=1,2,\cdots),$$

则

$$\lim_{k\to\infty}\boldsymbol{A}_k=\boldsymbol{D}. \tag{2.8}$$

其中,$\boldsymbol{D}$ 为对角阵.

证明:因为 $E_k=\sum\limits_{i\neq 1}(a_{ij}^{(k)})^2$,且

$$E_{k+1}=E_k-2(a_{ij}^{(k)})^2,$$

由 Jacobi 方法知

$$|a_{ij}^{(k)}|=\max_{l\neq s}|a_{ls}^{(k)}|,$$

所以

$$E_k\leqslant n(n-1)(a_{ij}^{(k)})^2,$$

则

$$(a_{ij}^{(k)})^2\geqslant\frac{E_k}{n(n-1)}. \tag{2.9}$$

把式(2.9)代入 E_{k+1},可得

$$E_{k+1}\leqslant E_k\left[1-\frac{2}{n(n-1)}\right].$$

反复应用上式,有

$$E_k\leqslant E_{k-1}\left[1-\frac{2}{n(n-1)}\right]\leqslant\cdots\leqslant E_1\left[1-\frac{2}{n(n-1)}\right]^{k-1}.$$

因为

$$1-\frac{2}{n(n-1)}<1,$$

所以

$$\lim_{k\to\infty} E_k = 0.$$

同时还可证明$\lim\limits_{k\to\infty}\boldsymbol{A}_k$ 存在，即当 $k\to\infty$时，$\boldsymbol{A}_k$ 以对角阵为其极限，$\lim\limits_{k\to\infty}\boldsymbol{A}_k=\boldsymbol{D}$.

由上述分析可知，Jacobi 算法产生了一个确定的以对角阵为极限的矩阵序列，而且此对角阵与序列中每一个矩阵相似，也与原矩阵 $\boldsymbol{A}$ 相似，所以，对角阵中对角线上的元素，就是原矩阵的全部特征值.

下面计算特征向量. 由 Jacobi 方法的收敛性可知，当 k 足够大时，有

$$\boldsymbol{R}_k\boldsymbol{R}_{k-1}\cdots\boldsymbol{R}_1\boldsymbol{A}\boldsymbol{R}_1^{\mathrm{T}}\boldsymbol{R}_2^{\mathrm{T}}\cdots\boldsymbol{R}_k^{\mathrm{T}} \approx \boldsymbol{D}.$$

如果记

$$\boldsymbol{R}_k\boldsymbol{R}_{k-1}\cdots\boldsymbol{R}_1 = \boldsymbol{P}_k,$$

则有

$$\boldsymbol{P}_k\boldsymbol{A}_1\boldsymbol{P}_k^{\mathrm{T}} \approx \boldsymbol{D}$$

及

$$\boldsymbol{A}_1\boldsymbol{P}_k^{\mathrm{T}} \approx \boldsymbol{P}_k^{\mathrm{T}}\boldsymbol{D}. \tag{2.10}$$

所以，$\boldsymbol{P}_k^{\mathrm{T}}$ 的各列向量就是矩阵 $\boldsymbol{A}$ 的近似特征向量，当 $k\to\infty$时，$\boldsymbol{P}_k^{\mathrm{T}}$ 各列向量即为矩阵 $\boldsymbol{A}$ 的特征向量.

在计算机上计算 $\boldsymbol{P}_k^{\mathrm{T}}$ 时，可以用累积的方法进行. 用一个数组 $\boldsymbol{P}$ 保存 $\boldsymbol{R}_k^{\mathrm{T}}$，开始时，令 $\boldsymbol{P}=\boldsymbol{I}$($\boldsymbol{I}$ 为单位阵)，以后对 $\boldsymbol{A}$ 每进行一次平面旋转变换，就计算

$$\boldsymbol{P} \leftarrow \boldsymbol{P}\boldsymbol{R}_k^{\mathrm{T}}. \tag{2.11}$$

因 $\boldsymbol{R}_k^{\mathrm{T}}$ 是初等正交阵，用它左乘 $\boldsymbol{P}$，只需要计算 $\boldsymbol{P}$ 的两列元素，若记 $\boldsymbol{R}_k=\boldsymbol{R}_k(i,j)$，则 $\boldsymbol{P}\boldsymbol{R}_k^{\mathrm{T}}$ 的第 i 列，第 j 列元素的计算公式为

$$\begin{cases} p_{li}^{(k)} = p_{li}^{(k-1)}\cos\theta + p_{lj}^{(k-1)}\sin\theta, \\ p_{lj}^{(k)} = -p_{li}^{(k-1)}\sin\theta + p_{lj}^{(k-1)}\cos\theta \quad (l=1,2,\cdots n), \end{cases} \tag{2.12}$$

应该看到，Jacobi 方法可以同时确定矩阵的特征值和特征向量，而且由 $\boldsymbol{P}^{\mathrm{T}}$ 确定的特征向量形成一个正交系，这是 Jacobi 方法的一个优点.

例 2.1　用 Jacobi 方法求矩阵

$$\boldsymbol{A} = \begin{bmatrix} 2 & -1 & 0 \\ -1 & 2 & -1 \\ 0 & -1 & 2 \end{bmatrix}$$

的特征值和特征向量.

解：第 1 步，$a_{12}=a_{21}=-1$，即 $i=1,j=2,a_{11}=a_{22}=2$，所以取 $\theta=-\dfrac{\pi}{4}$，则 $\sin\theta=-\dfrac{\sqrt{2}}{2}=-0.7071$，$\cos\theta=\dfrac{\sqrt{2}}{2}=0.7071$，

$$\boldsymbol{R}_1(1,2) = \begin{bmatrix} 0.7071 & -0.7071 & 0 \\ 0.7071 & 0.7071 & 0 \\ 0 & 0 & 1 \end{bmatrix},$$

$$\boldsymbol{A}_2 = \boldsymbol{R}_1(1,2)\boldsymbol{A}\boldsymbol{R}_1^{\mathrm{T}}(1,2) = \begin{bmatrix} 3 & 0 & 0.7071 \\ 0 & 1 & -0.7071 \\ 0.7071 & -0.7071 & 2 \end{bmatrix}.$$

类似地,Jacobi 方法进行完 5 步之后,得

$$\boldsymbol{A}_6=\begin{bmatrix}3.4142 & 0 & 0.0020\\ 0 & 1.9998 & -0.0167\\ 0.0020 & -0.0167 & 0.5589\end{bmatrix},$$

$$\boldsymbol{P}\approx\boldsymbol{R}_1^{\mathrm{T}}\boldsymbol{R}_2^{\mathrm{T}}\boldsymbol{R}_3^{\mathrm{T}}\boldsymbol{R}_4^{\mathrm{T}}\boldsymbol{R}_5^{\mathrm{T}}=\begin{bmatrix}0.5000 & 0.7071 & 0.5000\\ -0.7071 & 0 & 0.7071\\ 0.5000 & -0.7071 & 0.5000\end{bmatrix}.$$

则 $\boldsymbol{A}$ 的近似特征值为

$$\lambda_1\approx 3.4142,\quad \lambda_2\approx 1.9998,\quad \lambda_3\approx 0.5859.$$

对应的特征向量为

$$\boldsymbol{x}_1\approx[0.5000,-0.7071,0.5000]^{\mathrm{T}},$$
$$\boldsymbol{x}_2\approx[0.7071,0,-0.7071]^{\mathrm{T}},$$
$$\boldsymbol{x}_3\approx[0.5000,0.7071,0.5000]^{\mathrm{T}}.$$

而原矩阵 $\boldsymbol{A}$ 的准确特征值为

$$\lambda_1=2+\sqrt{2},\quad \lambda_2=2,\quad \lambda_3=2-\sqrt{2}.$$

由此可知,用 Jacobi 方法求得的近似值具有较高的精确度,读者可以验证,3 个特征向量有较好的正交性.

2.2 Jacobi 方法的变形

上面给出的 Jacobi 算法,在一次寻找非对角元的主元素时,常要花费很多时间,为了克服这一缺点,在实际使用时,提出了不少修正方案,下面介绍改进方法.

(1)循环 Jacobi 法.

该法不必寻找主元素,而是按照矩阵元素的自然排列次序,依次地把非对角元素消零. 例如按行进行,就是按次序(1,2),(1,3),…,(1,n),(2,3),…,($n-1$,n)将元素消零,并且每一步都要进行检验,以判断被消去元素的大小与对角元素的平方和相比,是否达到可以忽略不计的程度.

(2)Jacobi 过关法.

首先可设立一种称为关口的阀,然后采用有限制的搜索,例如,计算 $\boldsymbol{A}$ 的非对角元素的平方和为

$$v_0=[E(\boldsymbol{A})]^{1/2}=\Big[2\sum_{j=1}^{n-1}\sum_{k=j+1}^{n}a_{jk}^2\Big]^{1/2}.$$

第一次搜索,以 $v_1=\dfrac{v_0}{n}$ 为阀,在矩阵 $\boldsymbol{A}$ 的非对角元素中按行(或列)搜索,逐次相比较,如果非对角元素有 $|a_{ij}|\geqslant v_1$,则选择适当的平面旋转矩阵 $\boldsymbol{R}(i,j)$,使 a_{ij} 化为 0;否则让 a_{ij} 过关(即不进行消零). 由于在某次消除了的元素,可能在以后的旋转变换中又复增长,因此要经过多次搜索,一直到 $\boldsymbol{A}_k=(a_{ij}^{(k)})_{n\times n}$ 中所有非对角线上的元素都满足 $|a_{ij}^{(k)}|<v_1$ 为止.

第二次搜索,缩小关口,如令 $v_2=\frac{v_1}{n}$,对 $\boldsymbol{A}_k$ 重复以上步骤,直到 $\boldsymbol{A}_m=(a_{ij}^{(m)})_{n\times n}$ 中所有非对角线上的元素都满足 $|a_{ij}^{(m)}|<v_2$ 为止.

如果 $\boldsymbol{A}$ 经过一系列关口 $v_1,v_2,\cdots,v_s$ 及相应的一系列正交变换约化为矩阵 $\boldsymbol{A}_s=(a_{ij}^{(s)})_{n\times n}$,且有

$$|a_{ij}^{(s)}|<v_s\leqslant\frac{\varepsilon}{n}v_0\quad(i\neq j),$$

则由

$$E(\boldsymbol{A}_s)=\sum_{i\neq j}|a_{ij}^{(s)}|^2\leqslant n(n-1)v_s^2<n^2v_s^2\leqslant\varepsilon^2v_0^2$$

得

$$\frac{E(\boldsymbol{A}_s)}{E(\boldsymbol{A}_1)}\leqslant\varepsilon^2,$$

这就说明 Jacobi 过关法是收敛的.

用 Jacobi 方法求实对称矩阵的全部特征值及其对应的特征向量的方法是收敛的,且求得的特征向量具有较好的正交性,因此适合于求中小型矩阵的特征值. 但因在每一步约化过程中,必须对整个矩阵进行计算,而且在某一步已经化零的元素,在以后各步中又可能变成非零元素,无疑增加了计算的工作量,特别对稀疏矩阵来说,经过变换以后,稀疏性反被破坏. 另一方面,在实际问题中,有时也并不需要求出全部特征值,而只要求某个或某几个特征值就可以了. 为此在下一节介绍另一种算法,以弥补 Jacobi 方法的不足.

§3　对称矩阵的 Givens-Householder 方法

Givens-Householder 方法是计算一个实对称矩阵 $\boldsymbol{A}$ 的部分或全部特征值及其特征向量的方法. 计算过程可以分为三步:第一步是通过 Householder 变换把原矩阵 $\boldsymbol{A}$ 化为三对角矩阵,即

$$\boldsymbol{C}=\begin{bmatrix} * & * & & & \\ * & * & * & & \\ & \ddots & \ddots & \ddots & \\ & & \ddots & \ddots & * \\ & & & * & * \end{bmatrix}. \tag{3.1}$$

第二步是计算三对角矩阵 $\boldsymbol{C}$ 的部分或全部特征值;第三步是计算 $\boldsymbol{A}$ 对应的特征向量. 下面就对这三步分别进行论述.

3.1 三对角化过程

现在我们采用 Householder 变换,整个过程由 $n-2$ 步组成,第一步的变换矩阵都是初等正交对称矩阵

$$\boldsymbol{P}=\boldsymbol{I}-2\boldsymbol{\omega}\boldsymbol{\omega}^{\mathrm{T}},$$

其中,向量 $\boldsymbol{\omega}$ 满足 $\|\boldsymbol{\omega}\|_2=1$,记

$$\boldsymbol{A}_0=\boldsymbol{A},$$
$$\boldsymbol{A}_r=\boldsymbol{P}_r\boldsymbol{A}_{r-1}\boldsymbol{P}_r \quad (r=1,2,\cdots,n-2), \tag{3.2}$$

其中,$\boldsymbol{P}_r$ 是初等正交对称矩阵,在第 r 步把 $\boldsymbol{A}_{r-1}$ 的 (i,r) 和 (r,i) $(i=r+2,r+3,\cdots,n)$ 处的元素化为 0,同时不破坏前面已经得到的三对角形式. 在第 r 步开始前,矩阵 $\boldsymbol{A}_{r-1}$ 具有如下形式:

$$\boldsymbol{A}_{r-1}=\left[\begin{array}{cccc|cccc} * & * & & & & & & \\ * & * & * & & & & & \\ & \ddots & \ddots & \ddots & & & & \\ & & \ddots & \ddots & \ddots & & & \\ & & & * & * & & & \\ \hline & & & * & * & * & \cdots & * \\ & & & & * & * & \cdots & * \\ & & & & \vdots & \vdots & & \vdots \\ & & & & * & * & \cdots & * \end{array}\right]=\left[\begin{array}{c|c} \boldsymbol{C}_{r-1} & \begin{array}{c} 0 \\ \boldsymbol{b}_{r-1}^{\mathrm{T}} \end{array} \\ \hline \begin{array}{c|c} 0 & \boldsymbol{b}_{r-1} \end{array} & \boldsymbol{B}_{r-1} \end{array}\right]. \tag{3.3}$$

其中,$\boldsymbol{C}_{r-1}$ 是 r 阶三对角阵,$\boldsymbol{B}_{r-1}$ 是 $n-r$ 阶方阵,$\boldsymbol{b}_{r-1}$ 是 $n-r$ 维列向量. 把第 r 步的变换矩阵 $\boldsymbol{P}_r$ 写成

$$\boldsymbol{P}_r=\begin{bmatrix} \boldsymbol{I}_r & 0 \\ 0 & \boldsymbol{Q}_r \end{bmatrix},$$

其中,$\boldsymbol{I}_r$ 为 r 阶单位矩阵,$\boldsymbol{Q}_r$ 为 $n-r$ 阶初等正交对称矩阵,于是

$$\boldsymbol{A}_r=\boldsymbol{P}_r\boldsymbol{A}_{r-1}\boldsymbol{P}_r=\left[\begin{array}{c|c} \boldsymbol{C}_{r-1} & \begin{array}{c} 0 \\ (\boldsymbol{Q}_r\boldsymbol{b}_{r-1})^{\mathrm{T}} \end{array} \\ \hline \begin{array}{c|c} 0 & \boldsymbol{Q}_r\boldsymbol{b}_{r-1} \end{array} & \boldsymbol{Q}_r\boldsymbol{B}_{r-1}\boldsymbol{Q}_r \end{array}\right] \tag{3.4}$$

因此,要选取合适的矩阵 $\boldsymbol{Q}_r$,使得向量 $\boldsymbol{Q}_r\boldsymbol{b}_{r-1}$ 除第一个分量外全为 0. 这样,$\boldsymbol{A}_r$ 的前 r 行和 r 列就具有三对角的形式了. 为了避免标号的复杂性,我们仍用 a_{ij} 表示矩阵 $\boldsymbol{A}_{r-1}$ 在位置 (i,j) 处的元素,记为

$$\boldsymbol{P}_r=\boldsymbol{I}-2\boldsymbol{\omega}_r\boldsymbol{\omega}_r^{\mathrm{T}}=\boldsymbol{I}-\boldsymbol{u}_r\boldsymbol{u}_r^{\mathrm{T}}/\alpha_r, \tag{3.5}$$

其中,

$$\boldsymbol{u}_r=[\underbrace{0,\cdots,0}_{r\text{个}0},a_{r+1,r}\mp s_r,a_{r+2,r},\cdots,a_{nr}]^{\mathrm{T}}$$

$$s_r=\left(\sum_{i=r+1}^{n}a_{ir}^2\right)^{\frac{1}{2}}, \quad \alpha_r=s_r^2\mp a_{r+1,r}s_r, \tag{3.6}$$

于是 $\boldsymbol{A}_r$ 在位置 $(r+1,r)$ 处的元素是 $\pm s_r$，即 $\boldsymbol{A}_r$ 有如下形式：

$$\boldsymbol{A}_r=\left[\begin{array}{cc|c}\multicolumn{2}{c|}{\boldsymbol{C}_{r-1}} & \begin{array}{c}0\\ \hline \pm s_r\quad 0\cdots 0\end{array}\\ \hline 0 & \begin{array}{c}\pm s_r\\0\\ \vdots\\0\end{array} & \boldsymbol{B}_r\end{array}\right]\tag{3.7}$$

其中，$\boldsymbol{B}_r=\boldsymbol{Q}_r\boldsymbol{B}_{r-1}\boldsymbol{Q}_r$，式(3.7)中 s_r 前面的符号“±”与式(3.6)中 $a_{r+1,r}s_r$ 前面的符号“∓”要对应起来. 为了增加计算的稳定性，避免出现相互抵消的情况，要保证式(3.6)中的 $\mp a_{r+1,r}s_r$ 是正的. 如果矩阵 $\boldsymbol{A}_{r-1}$ 的前 r 行和 r 列已经具有三对角的形式了，即向量 $\boldsymbol{b}_{r-1}$ 除第一个元素外全是 0，则第 r 步实际上可以被省略，即取 $\boldsymbol{P}_r=\boldsymbol{I}$.

经过 $n-2$ 次这样的变换后，矩阵

$$\boldsymbol{A}_{n-2}=(\boldsymbol{P}_{n-2}\cdots\boldsymbol{P}_2\boldsymbol{P}_1)\boldsymbol{A}(\boldsymbol{P}_1\boldsymbol{P}_2\cdots\boldsymbol{P}_{n-2})\tag{3.8}$$

就是三对角矩阵了，把它记为

$$\boldsymbol{C}=\boldsymbol{A}_{n-2}=\begin{bmatrix}\alpha_1 & \beta_1 & & & \\ \beta_1 & \alpha_2 & \beta_2 & & \\ & \ddots & \ddots & \ddots & \\ & & \ddots & \ddots & \beta_{n-1}\\ & & & \beta_{n-1} & \alpha_n\end{bmatrix}.\tag{3.9}$$

在由 $\boldsymbol{A}_{r-1}$ 形成 $\boldsymbol{A}_r$ 时，可以利用 $\boldsymbol{A}_{r-1}$ 的对称性及 $\boldsymbol{P}_r$ 的特殊形式使计算简化. 事实上，

$$\begin{aligned}\boldsymbol{A}_r&=\boldsymbol{P}_r\boldsymbol{A}_{r-1}\boldsymbol{P}_r=(\boldsymbol{I}-\boldsymbol{u}_r\boldsymbol{u}_r^{\mathrm{T}}/\alpha_r)\boldsymbol{A}_{r-1}(\boldsymbol{I}-\boldsymbol{u}_r\boldsymbol{u}_r^{\mathrm{T}}/\alpha_r)\\&=\boldsymbol{A}_{r-1}-\boldsymbol{u}_r\boldsymbol{u}_r^{\mathrm{T}}\boldsymbol{A}_{r-1}/\alpha_r-\boldsymbol{A}_{r-1}\boldsymbol{u}_r\boldsymbol{u}_r^{\mathrm{T}}/\alpha_r+\boldsymbol{u}_r\boldsymbol{u}_r^{\mathrm{T}}\boldsymbol{A}_{r-1}\boldsymbol{u}_r\boldsymbol{u}_r^{\mathrm{T}}/\alpha_r^2,\end{aligned}$$

记

$$\begin{cases}\boldsymbol{y}_r=\boldsymbol{A}_{r-1}\boldsymbol{u}_r/\alpha_r,\\ k_r=\dfrac{1}{2}\boldsymbol{u}_r^{\mathrm{T}}\boldsymbol{y}_r/\alpha_r,\\ \boldsymbol{q}_r=\boldsymbol{y}_r-k_r\boldsymbol{u}_r,\end{cases}\tag{3.10}$$

则

$$\boldsymbol{A}_r=\boldsymbol{A}_{r-1}-(\boldsymbol{u}_r\boldsymbol{q}_r^{\mathrm{T}}+\boldsymbol{q}_r\boldsymbol{u}_r^{\mathrm{T}}).\tag{3.11}$$

由式(3.7)所示的 $\boldsymbol{A}_r$ 特殊形式，在第 r 步只需形成 $\boldsymbol{A}_r$ 的右下角 $n-r$ 阶方阵 $\boldsymbol{B}_r$，而 $\boldsymbol{A}_r$ 在位置 $(r+1,r)$ 处的元素可以直接赋值 $\pm s_r$，在位置 $(r+2,r)$ 直到 (n,r) 处的元素直接赋值 0，其余的元素都不变. 再根据 $\boldsymbol{A}_r$ 的对称性，只需要计算 $\boldsymbol{B}_r$ 的下三角(或上三角)部分的元素，而另一部分的元素可根据对称性而直接得到，这样不仅能减少计算量，而且能保证 $\boldsymbol{A}_r$ 是精确的对称矩阵.

在按照式(3.10)形成向量 $\boldsymbol{y}_r$ 时，只需形成 $\boldsymbol{y}_r$ 的最后 $n-r$ 个元素，因为它的前 $r-1$ 个元素是 0，而第 r 个元素是不需要的，于是形成 $\boldsymbol{y}_r$ 需要 $(n-r)^2+(n-r)$ 次乘除法，形成 k_r 和 $\boldsymbol{q}_r$ 分别需要 $n-r+2$ 和 $n-r$ 次乘除法，由式(3.11)形成 $\boldsymbol{A}_r$ 需要 $(n-r)^2+(n-r)$ 次乘除法，从式(3.6)计算 s_r^2 需要 $n-r$ 次乘法. 因此，第 r 步总共包含了约

$2(n-r)^2+5(n-r)$次乘除法和一次开平方的运算,整个三对角化过程大约需要$\frac{2}{3}n^3+\frac{3}{2}n^2$次乘除法和$n-2$次开平方运算.

如果要计算$\boldsymbol{A}$的特征向量,则每一次的变换矩阵$\boldsymbol{P}_r$需要保存,由式(3.5)可知,这主要是保存向量$\boldsymbol{u}_r$的问题.从式(3.6)$\boldsymbol{u}_r$的特殊形式,把它存放在原矩阵$\boldsymbol{A}$的第r列的下三角部分是最适合的,因为这样只要把元素$a_{r+1,r}$改为$a_{r+1,r}\mp s_r$就行了,而其余的元素不需要变动.但$\boldsymbol{A}_r$在位置$(r+1,r)$上的元素是$\mp s_r$,这是三对角矩阵$\boldsymbol{C}$的次对角元,需要把它另外保存起来,于是,原来矩阵$\boldsymbol{A}$只要存放下三角部分就行了.

Householder 变换是一个相当稳定的过程.如果需要更精确的结果,可以采用双倍位积累内积;对一般的情况,单倍位的运算已经是很好的了.

3.2 用二分法求特征值

现在考虑三对角矩阵

$$\boldsymbol{C}=\boldsymbol{A}_{n-2}=\begin{bmatrix}\alpha_1 & \beta_1 & & & \\ \beta_1 & \alpha_2 & \beta_2 & & \\ & \ddots & \ddots & \ddots & \\ & & \ddots & \ddots & \beta_{n-1} \\ & & & \beta_{n-1} & \alpha_n\end{bmatrix}$$

特征值的计算.如果次对角元β_i中有等于0的,可以把$\boldsymbol{C}$分成几个对角块,每一块仍是对称三对角矩阵,且次对角元全不为0,于是,$\boldsymbol{C}$的特征值由各对角块的特征值组成.不失一般性,可以假设所有的$\beta_i\neq 0$,定义一个多项式序列:

$$\begin{aligned}&p_0(\lambda)\equiv 1,\\&p_1(\lambda)=\alpha_1-\lambda,\\&p_i(\lambda)=(\alpha_i-\lambda)p_{i-1}(\lambda)-\beta_{i-1}^2p_{i-2}(\lambda)\quad(i=2,3,\cdots,n).\end{aligned}\tag{3.12}$$

容易验证,$p_i(\lambda)$是行列式$\det(\boldsymbol{C}-\lambda\boldsymbol{I})$的第$i$阶主子式,特别地,$p_n(\lambda)=\det(\boldsymbol{C}-\lambda\boldsymbol{I})$,于是多项式$p_n(\lambda)$的根就是矩阵$\boldsymbol{C}$的特征值.由$\boldsymbol{C}$的对称性,多项式$p_1(\lambda),p_2(\lambda),\cdots,p_n(\lambda)$的根全是实数.另外,多项式序列(3.12)还具有如下性质:

(1) $\lim\limits_{\lambda\to-\infty}p_i(\lambda)>0$,$\lim\limits_{\lambda\to+\infty}p_i(\lambda)$的符号为$(-1)^i\quad(i=1,2,\cdots,n)$;

(2)相邻两个多项式无公共根;

(3)若$p_i(\alpha)=0$,则$p_{i-1}(\alpha)p_{i+1}(\alpha)<0\quad(1\leqslant i<n)$;

(4)$p_i(\lambda)$的零点全为单重的,并且将$p_{i+1}(\lambda)$的零点严格地隔离开来$(1\leqslant i\leqslant n)$.

证明:(1)由于$p_i(\lambda)$是行列式$\det(\boldsymbol{C}-\lambda\boldsymbol{I})$的第$i$阶主子式,$p_i(\lambda)$中$\lambda$的最高次项的系数是$(-1)^i$,则(1)得证.

(2)反设对某个i,多项式$p_{i-1}(\lambda)$和$p_i(\lambda)$有公共零点α,即

$$p_{i-1}(\alpha)=p_i(\alpha)=0,$$

由$p_i(\alpha)=(\alpha_i-\alpha)p_{i-1}(\alpha)-\beta_{i-1}^2p_{i-2}(\alpha)=0$及$\beta_{i-1}\neq 0$可得$p_{i-2}(\alpha)=0$,一直倒推下去,可得$p_0(\alpha)=0$,与$p_0(\alpha)\equiv 1$矛盾,所以(2)成立.

(3)由性质(2),因为 $p_i(\alpha)=0$,所以 $p_{i-1}(\alpha)\neq 0$,则

$$p_{i-1}(\alpha)p_{i+1}(\alpha)=-\beta_i^2(p_{i-1}(\alpha))^2<0.$$

(4)用归纳法进行证明.

当 $i=1$ 时,$p_1(\lambda)=\alpha_1-\lambda$,$\alpha_1$ 是 $p_1(\lambda)$ 的零点. 另一方面,$p_2(\alpha_1)=-\beta_1^2<0$,$p_2(-\infty)>0$,$p_2(+\infty)>0$,所以在区间$(-\infty,\alpha_1)$和$(\alpha_1,+\infty)$内各有 $p_2(\lambda)$的一个零点,则当 $i=1$ 时,(4)成立.

假设当 $i=k-1$ 时,(4)成立,即 $p_{k-1}(\lambda)$和 $p_k(\lambda)$的零点全是单重的,且 $p_{k-1}(\lambda)$的零点将 $p_k(\lambda)$的零点严格隔开. 设 $p_{k-1}(\lambda)$的零点由小到大排列为 $x_1<x_2<\cdots<x_{k-1}$,$p_k(\lambda)$的零点由小到大排列为 $y_1<y_2<\cdots<y_k$,根据假设,一定有

$$y_1<x_1<y_2<x_2<\cdots<y_{k-1}<x_{k-1}<y_k. \tag{3.13}$$

当 $i=k$ 时,有

$$p_{k+1}(y_j)=-\beta_k^2 p_{k-1}(y_j),$$

而 $p_{k-1}(-\infty)>0$,$p_{k-1}(x_1)=0$,根据

$$p_{k-1}(y)=\prod_{i=1}^{k-1}(x_i-y)$$

得

$$p_{k-1}(y_1)>0,p_{k-1}(y_2)<0,p_{k-1}(y_3)>0,\cdots$$

即 $p_{k-1}(y_j)$的符号为$(-1)^{j+1}$(如图 7—1 所示). 所以,$p_{k+1}(y_j)$的符号为$(-1)^j$,即

$$p_{k+1}(-\infty)>0,p_{k+1}(y_1)<0,p_{k+2}(y_2)>0,\cdots$$

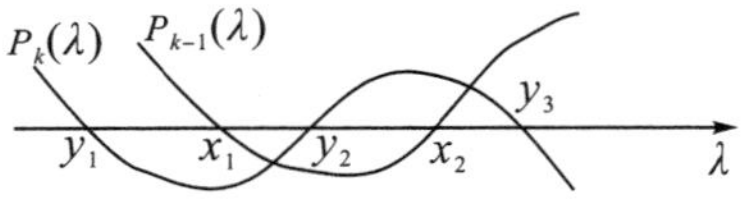

图 7—1

于是,在区间$(-\infty,y_1)$,(y_1,y_2),…,$(y_k,+\infty)$内都有 $p_{k+1}(\lambda)$的根. 这里共有 $k+1$ 个区间,而 $p_{k+1}(\lambda)$只有 $k+1$ 个根,因此,在每个区间内有且仅有一个根,性质(4)证毕.

我们定义 $a_k(\lambda)$是序列 $p_0(\lambda)$,$p_1(\lambda)$,…,$p_k(\lambda)$中相邻两个数中符号一致的总数. 如果某个 $p_i(\lambda)=0$,则规定 $p_i(\lambda)$的符号与 $p_{i-1}(\lambda)$的符号相同(根据性质(4),$p_{i-1}(\lambda)$不可能为 0). 例如,对于矩阵

$$\boldsymbol{C}=\begin{bmatrix}2&1&0\\1&2&1\\0&1&2\end{bmatrix},$$

有

$$\begin{aligned}p_0(\lambda)&\equiv 1,\\p_1(\lambda)&=2-\lambda,\\p_2(\lambda)&=(2-\lambda)^2-1,\\p_3(\lambda)&=(2-\lambda)^3-2(2-\lambda).\end{aligned}$$

对各种 λ,$a_3(\lambda)$的值见表 7.1.

表 7.1

λ	-1	0	1	2	3	4
$p_0(\lambda)$	+	+	+	+	+	+
$p_1(\lambda)$	+	+	+	0	−	−
$p_2(\lambda)$	+	+	0	−	0	+
$p_3(\lambda)$	+	+	−	0	+	−
$a_3(\lambda)$	3	3	2	2	1	0

定理 3.1　若对称三对角矩阵的所有次对角元不为 0,则$a_l(\alpha)$是 $p_l(\lambda)$在区间$[\alpha,+\infty)$中根的数目($1\leqslant l\leqslant n$).

证明:用归纳法.

当 $l=1$ 时,对任意给定的实数 α,若 $p_1(\alpha)<0$,则 $a_1(\alpha)=0$. 因为 $p_1(-\infty)>0$,所以 $p_1(\lambda)$在区间$(-\infty,\alpha)$内,即在区间$[\alpha,+\infty)$中无根. 若 $p_1(\alpha)\geqslant 0$,则 $a_1(\alpha)=1$. 因为 $p_1(+\infty)<0$,所以$p_1(\lambda)$的根在区间$[\alpha,+\infty)$内,于是,当 $l=1$ 时,定理成立.

假设当 $l=r$ 时定理成立,设 $a_r(\alpha)=k$,$p_r(\lambda)$的根是

$$x_1>x_2>\cdots>x_r,$$

则

$$x_1>x_2>\cdots>x_k\geqslant\alpha>x_{k+1}>\cdots>x_r. \tag{3.14}$$

当 $l=r+1$ 时,设 $p_{r+1}(\lambda)$的根是

$$y_1>y_2>\cdots>y_{r+1},$$

根据性质(4)有

$$y_1>x_1>y_2>x_2>\cdots>y_k>x_k>y_{k+1}>x_{k+1}>\cdots>\cdots>y_r>x_r>y_{r+1}; \tag{3.15}$$

另一方面,显然有

$$\begin{cases} p_r(\alpha)=\prod\limits_{i=1}^{r}(x_i-\alpha), \\ p_{r+1}(\alpha)=\prod\limits_{i=1}^{r+1}(y_i-\alpha). \end{cases} \tag{3.16}$$

下面分四种情况讨论:

(i)如果 $x_k>\alpha>y_{k+1}$,由式(3.15)和式(3.16),$p_{r+1}(\alpha)$和$p_r(\alpha)$异号,于是$a_{r+1}(\alpha)=a_r(\alpha)=k$;

(ii)如果 $y_{k+1}>\alpha>x_{k+1}$,则 $p_{r+1}(\alpha)$和 $p_r(\alpha)$同号,于是$a_{r+1}(\alpha)=k+1$;

(iii)如果 $y_{k+1}=\alpha$,则 $p_{r+1}(\alpha)=0$,根据前面的规定,$p_{r+1}(\alpha)$和 $p_r(\alpha)$同号,于是 $a_{r+1}(\alpha)=k+1$;

(iv)如果 $x_k=\alpha$,则 $p_r(\alpha)=0$,因此 $a_{r-1}(\alpha)=k-1$. 设$p_{r-1}(\lambda)$的根是

$$z_1 > z_2 > \cdots > z_{r-1},$$

根据性质(4),有

$$x_1 > z_1 > x_2 > z_2 > \cdots > z_{k-1} > x_k = \alpha > z_k > x_{k+1} > \cdots > z_{r-1} > x_r;$$

另一方面,有

$$p_{r-1}(\alpha) = \prod_{i=1}^{r-1}(z_i - \alpha). \tag{3.17}$$

于是,$p_{r-1}(\alpha)$的符号为$(-1)^{r-k}$,由式(3.16)可知 $p_{r+1}(\alpha)$的符号为$(-1)^{r-k+1}$,因此 $a_{r+1}(\alpha)=k$.

上述四种情况,定理的结论对 $l=r+1$ 都成立.

我们特别感兴趣的是定理 3.1 中 $l=n$ 的情况,此时得到如下的推论.

推论　若对称三对角矩阵中所有的次对角元不为 0,则$a_n(\alpha)$是该矩阵在区间$[\alpha,+\infty)$中特征值的数目.

以后我们将省略下标 n,而记 $a_n(\alpha)$为 $a(\alpha)$.

在证明定理 3.1 的过程中,主要用到前面的性质(4),而未用到矩阵的对称性. 实际上,定理 3.1 及其推论对 Jacobi 矩阵也成立. 所谓三对角阵为 Jacobi 矩阵是指它的次对角元满足 $b_i c_i > 0\ (i=1,2,\cdots,n-1)$.

$$\boldsymbol{C} = \begin{bmatrix} a_1 & b_1 & & & \\ c_1 & a_2 & b_2 & & \\ & \ddots & \ddots & \ddots & \\ & & \ddots & \ddots & b_{n-1} \\ & & & c_{n-1} & a_n \end{bmatrix}.$$

实际上,多项式序列(3.12)是一个 Sturm 序列.

根据定理 3.1 的推论,可以用二分法求出三对角矩阵 $\boldsymbol{C}$ 的任何一个特征值. 设 $\boldsymbol{C}$ 的特征值为

$$\lambda_1 > \lambda_2 > \cdots > \lambda_n,$$

则任何一个特征值 λ_i 都满足

$$|\lambda_i| \leqslant \|\boldsymbol{C}\|_\infty.$$

现在求第 m 个代数最大的特征值λ_m. 设已经知道一个包含 λ_m 的区间$[l_0,u_0]$,则有

$$a(l_0) \geqslant m,\quad a(u_0) \leqslant m,$$

取区间$[l_0,u_0]$的中点 $r_1=\dfrac{1}{2}(l_0+u_0)$,计算 $a(r_1)$. 若 $a(r_1)\geqslant m$,则 $\lambda_m \in [r_1,u_0]$. 取 $l_1=r_1, u_1=u_0$,就有 $\lambda_m \in [l_1,u_1]$,否则,$\lambda_m \in [l_0,r_1]$. 取 $l_1=l_0, u_1=r_1$,就有 $\lambda_m \in [l_1,u_1]$. 继续进行这样的二分法后,始终保留包含 λ_m 的区间,经过 k 次二等分过程,将获得一个长度为 $2^{-k}(u_0-l_0)$的区间$[l_k,u_k]$,而 $\lambda_m \in [l_k,u_k]$,当 k 适当大时,这个区间的长度就非常小,可以取该区间的中点作为 λ_m 的近似值.

实际计算时,$a(\lambda)$不能直接通过计算 $p_i(\lambda)(i=1,2,\cdots,n)$的值来实现,因为高阶多项式的计算容易发生上溢和下溢,为此定义一个新的序列

$$s_1(\lambda) = \frac{p_1(\lambda)}{p_0(\lambda)} = \alpha_1 - \lambda,$$

$$s_i(\lambda)=\frac{p_i(\lambda)}{p_{i-1}(\lambda)}=\frac{(\alpha_i-\lambda)p_{i-1}(\lambda)-\beta_{i-1}^2p_{i-2}(\lambda)}{p_{i-1}(\lambda)}$$
$$=\begin{cases}\alpha_i-\lambda-\dfrac{\beta_{i-1}^2}{s_{i-1}(\lambda)} & (p_{i-1}(\lambda)\neq 0\text{ 且 }p_{i-2}(\lambda)\neq 0),\\ \alpha_i-\lambda & (p_{i-1}(\lambda)\neq 0\text{ 且 }p_{i-2}(\lambda)=0),\\ -\infty & (p_{i-1}(\lambda)=0\text{ 且 }p_{i-2}(\lambda)\neq 0)\quad (i=2,3,\cdots,n).\end{cases}\tag{3.18}$$

根据前面的性质(2),不可能出现 $p_{i-1}(\lambda)$和 $p_{i-2}(\lambda)$同时为 0 的情况.上述序列又可以写成如下的形式:

$$s_1(\lambda)=\alpha_1-\lambda,$$
$$s_i(\lambda)=\begin{cases}\alpha_i-\lambda-\dfrac{\beta_{i-1}^2}{s_{i-1}(\lambda)} & (s_{i-1}(\lambda)\cdot s_{i-2}(\lambda)\neq 0),\\ \alpha_i-\lambda & (s_{i-2}(\lambda)=0),\\ -\infty & (s_{i-1}(\lambda)=0)\quad (i=2,3,\cdots,n).\end{cases}\tag{3.19}$$

于是,$a(\lambda)$等于序列$\{s_1(\lambda),s_2(\lambda),\cdots,s_n(\lambda)\}$中非负项的数目.如果所有的 β_i^2 预先被计算好并存放起来,则每一次序列$\{s_1(\lambda),s_2(\lambda),\cdots,s_n(\lambda)\}$的计算最多需要 $n-1$ 次除法和 $2n-1$ 次减法、求一个特征值平均不超过 t 次的二分法,如果 n 个特征值都需要被计算(对于大的 n,往往只需要少数几个特征值),则总共约需要 n^2t 次除法和 $2n^2t$ 次减法、对于适当大的 n,与三对角化过程相比较,这个计算量是小的.实际问题中往往只需要求出少数几个特征值,因此,用二分法求对称三对角矩阵的特征值所需的计算量是很小的.

二分法具有较大的灵活性,既可以求出某些指定数目的较大或较小的特征值,也可以求出某个区间内的特征值,而且对各个特征值的精度要求可以不一样.因为符号一致数 $a(\alpha)$告诉我们在点 α 右端有几个特征值,所以在求某个特征值时,可以同时确定包含另外一些特征值的区间.

3.3 特征向量的计算

关于矩阵 $\boldsymbol{A}$ 的特征向量的计算既可以直接从矩阵 $\boldsymbol{A}$ 出发,也可以先计算三对角阵 $\boldsymbol{C}$ 的特征向量,再求得 $\boldsymbol{A}$ 的特征向量.因为矩阵 $\boldsymbol{C}$ 的结构简单,所以计算 $\boldsymbol{C}$ 的特征向量就相对容易一些.设 λ 和 $\boldsymbol{x}$ 分别为 $\boldsymbol{C}$ 的特征值和对应的特征向量,即

$$\boldsymbol{Cx}=\lambda\boldsymbol{x},\tag{3.20}$$

由式(3.8)可得

$$\boldsymbol{A}(\boldsymbol{P}_1\boldsymbol{P}_2\cdots\boldsymbol{P}_{n-2})\boldsymbol{x}=\lambda(\boldsymbol{P}_1\boldsymbol{P}_2\cdots\boldsymbol{P}_{n-2})\boldsymbol{x},\tag{3.21}$$

于是向量

$$\boldsymbol{Z}=\boldsymbol{P}_1\boldsymbol{P}_2\cdots\boldsymbol{P}_{n-2}\boldsymbol{x}\tag{3.22}$$

即为矩阵 $\boldsymbol{A}$ 对应于 λ 的特征向量.若记

$$\boldsymbol{y}_{n-1}=\boldsymbol{x},$$
$$\boldsymbol{y}_r=\boldsymbol{P}_r\boldsymbol{y}_{r+1}\quad (r=n-2,n-1,\cdots,1),\tag{3.23}$$

则可求得

$$\boldsymbol{Z} = \boldsymbol{y}_1.$$

§4　QR 方法

QR 方法已成为计算一般矩阵的全部特征值和特征向量的最有效方法之一. 类似于 Givens-Householder 方法,它也是一种变换迭代法,即先将原矩阵变换到“中间矩阵”——上准三角阵(也称为上 Hessenberg 矩阵),然后再对上准三角阵进行迭代运算. 其基本收敛速度一般为二次,当原矩阵对称时,则可达到三次收敛.

4.1　QR 算法

由线性代数理论知,当 n 阶方阵 $\boldsymbol{A}$ 满秩时,可通过将 $\boldsymbol{A}$ 的列正交化而得到 $\boldsymbol{A}$ 的正交三角分解

$$\boldsymbol{A} = \boldsymbol{QR}. \tag{4.1}$$

其中,$\boldsymbol{Q}$ 为正交阵,$\boldsymbol{R}$ 为上三角阵. 若选 $\boldsymbol{R}$ 的对角元全为正,则该分解唯一. 这一过程可通过 Householder 变换来实现. 即使 $\boldsymbol{A}$ 不满秩,仍可得到分解(4.1),只是 $\boldsymbol{R}$ 的对角元中会出现零元.

令 $\boldsymbol{A} = \boldsymbol{A}_1$,对 $\boldsymbol{A}_1$ 进行正交三角分解

$$\boldsymbol{A}_1 = \boldsymbol{Q}_1\boldsymbol{R}_1,$$

然后将 $\boldsymbol{Q}_1$ 和 $\boldsymbol{R}_1$ 逆序相乘,得

$$\boldsymbol{A}_2 = \boldsymbol{R}_1\boldsymbol{Q}_1,$$

这就完成了 QR 算法的第一步. 以 $\boldsymbol{A}_2$ 代替 $\boldsymbol{A}_1$,重复上述过程可求得 $\boldsymbol{A}_3$. 依此类推,可得 QR 算法的计算公式

$$\begin{cases} \boldsymbol{A}_k = \boldsymbol{Q}_k\boldsymbol{R}_k, \\ \boldsymbol{A}_{k+1} = \boldsymbol{R}_k\boldsymbol{Q}_k = \boldsymbol{Q}_{k+1}\boldsymbol{R}_{k+1} \quad (k = 1, 2, \cdots). \end{cases} \tag{4.2}$$

QR 算法产生了一个矩阵序列$\{\boldsymbol{A}_k\}$,$\{\boldsymbol{A}_k\}$有两个基本性质.

(1)序列$\{\boldsymbol{A}_k\}$中每一项 $\boldsymbol{A}_k$ 都与矩阵 $\boldsymbol{A}$ 相似.

因为

$$\boldsymbol{A}_{k+1} = \boldsymbol{R}_k\boldsymbol{Q}_k = \boldsymbol{Q}_k^{-1}\boldsymbol{A}_k\boldsymbol{Q}_k = \cdots = \boldsymbol{Q}_k^{-1}\boldsymbol{Q}_{k-1}^{-1}\cdots\boldsymbol{Q}_1^{-1}\boldsymbol{A}_1\boldsymbol{Q}_1\cdots\boldsymbol{Q}_{k-1}\boldsymbol{Q}_k,$$

令 $\boldsymbol{E}_k = \boldsymbol{Q}_1\boldsymbol{Q}_2\cdots\boldsymbol{Q}_k$,则有

$$\boldsymbol{A}_{k+1} = \boldsymbol{E}_k^{-1}\boldsymbol{A}_1\boldsymbol{E}_k, \tag{4.3}$$

因此 $\boldsymbol{A}_{k+1}$ 与 $\boldsymbol{A}_1$(即 $\boldsymbol{A}$)相似,则特征值相同.

(2)QR 算法实现了 $\boldsymbol{A}$ 的 k 次幂的 $\boldsymbol{QR}$ 分解.

令 $\boldsymbol{H}_k = \boldsymbol{R}_k\boldsymbol{R}_{k-1}\cdots\boldsymbol{R}_1$,则有

$$\boldsymbol{E}_k\boldsymbol{H}_k=\boldsymbol{Q}_1\boldsymbol{Q}_2\cdots\boldsymbol{Q}_k\boldsymbol{R}_k\boldsymbol{R}_{k-1}\cdots\boldsymbol{R}_1=\boldsymbol{E}_{k-1}\boldsymbol{A}_k\boldsymbol{H}_{k-1}=\boldsymbol{A}_1\boldsymbol{E}_{k-1}\boldsymbol{H}_{k-1}=\boldsymbol{A}_1^2\boldsymbol{E}_{k-2}\boldsymbol{H}_{k-2}=\cdots=\boldsymbol{A}_1^k. \tag{4.4}$$

这就得到了 $\boldsymbol{A}_1^k$ 的 $\boldsymbol{QR}$ 分解,因为 $\boldsymbol{E}_k=\boldsymbol{Q}_1\boldsymbol{Q}_2\cdots\boldsymbol{Q}_k$ 也是正交阵,$\boldsymbol{H}_k=\boldsymbol{R}_k\cdots\boldsymbol{R}_2\boldsymbol{R}_1$ 为上三角阵.

4.2 QR 方法的收敛性

在一定条件下,序列$\{\boldsymbol{A}_k\}$中矩阵 $\boldsymbol{A}_k$ 的对角元以下的元素都趋于 0. 关于 QR 方法的收敛性,有如下结论.

定理 4.1 设 n 阶矩阵 $\boldsymbol{A}$ 的 n 个特征值满足条件$|\lambda_1|>|\lambda_2|>\cdots>|\lambda_n|>0$,用 $\boldsymbol{A}$ 的左特征向量为行所组成的矩阵 $\boldsymbol{Y}=\boldsymbol{X}^{-1}$($\boldsymbol{X}$ 是以 $\boldsymbol{A}$ 的右特征向量为列所组成的矩阵)有 $\boldsymbol{LR}$ 分解,其中 $\boldsymbol{L}$ 是单位下三角阵,$\boldsymbol{R}$ 是上三角阵,则 $\boldsymbol{A}_k$ 基本收敛于上三角阵 $\boldsymbol{R}$.

证明:略. 可查阅参考文献[5].

从算法(4.2)可知,要实现一步 $\boldsymbol{QR}$ 迭代,就需作一次 $\boldsymbol{QR}$ 分解,再作一次矩阵相乘,当 $\boldsymbol{A}$ 为一般矩阵时,计算量很大. 为了节省计算量,在实际计算时,总是先将原矩阵 $\boldsymbol{A}$ 经相似变换(Householder变换)约化到上准三角阵,即上 Hessenberg 矩阵(称为 H 阵),然后再对 H 阵应用 QR 算法,详细情况见参考文献[5].

§5 矩阵的广义特征值问题

矩阵的广义特征值问题即求数 λ 和非零向量 $\boldsymbol{x}$,使得

$$\boldsymbol{Ax}=\lambda\boldsymbol{Bx}. \tag{5.1}$$

这里 $\boldsymbol{A}$ 和 $\boldsymbol{B}$ 都是 n 阶矩阵,当 $\boldsymbol{B}$ 为单位阵 $\boldsymbol{I}$ 时,公式(5.1)即为求标准特征值问题.

假定矩阵 $\boldsymbol{B}$ 非奇异,则问题(5.1)可化为下列标准特征值问题

$$\boldsymbol{B}^{-1}\boldsymbol{Ax}=\lambda\boldsymbol{x}. \tag{5.2}$$

此时,前面介绍的方法都可用来求解问题(5.2).

若 $\boldsymbol{B}$ 对称正定,则应用 Cholesky 分解将 $\boldsymbol{B}$ 分解为

$$\boldsymbol{B}=\boldsymbol{LL}^{\mathrm{T}},$$

其中,$\boldsymbol{L}$ 为下三角阵,此时公式(5.1)变为

$$\boldsymbol{L}^{-1}\boldsymbol{AL}^{-\mathrm{T}}(\boldsymbol{L}^{\mathrm{T}}\boldsymbol{x})=\lambda(\boldsymbol{L}^{\mathrm{T}}\boldsymbol{x}).$$

若令 $\tilde{\boldsymbol{x}}=\boldsymbol{L}^{\mathrm{T}}\boldsymbol{x}$,$\tilde{\boldsymbol{A}}=\boldsymbol{L}^{-1}\boldsymbol{AL}^{-\mathrm{T}}$,则公式(5.1)就转化为标准特征值问题

$$\tilde{\boldsymbol{A}}\tilde{\boldsymbol{x}}=\lambda\tilde{\boldsymbol{x}}. \tag{5.3}$$

显然 $\tilde{\boldsymbol{A}}$ 对称,若 $\tilde{\boldsymbol{x}}$ 按 $\|\cdot\|_2$ 范数单位化$\tilde{\boldsymbol{x}}^{\mathrm{T}}\tilde{\boldsymbol{x}}=1$,则 $\boldsymbol{x}$ 满足单位化条件

$$\boldsymbol{x}^{\mathrm{T}}\boldsymbol{Bx}=\boldsymbol{x}^{\mathrm{T}}\boldsymbol{LL}^{\mathrm{T}}\boldsymbol{x}=(\boldsymbol{L}^{\mathrm{T}}\boldsymbol{x})^{\mathrm{T}}(\boldsymbol{L}^{\mathrm{T}}\boldsymbol{x})=\tilde{\boldsymbol{x}}^{\mathrm{T}}\tilde{\boldsymbol{x}}=1.$$

当公式(5.1)变为标准特征值公式(5.3)后,前面介绍的计算对称矩阵的特征值和特征向量的方法都适用. 因此,通常将广义特征值问题(5.1)转化为标准特征值问题(5.3)来

求解是行之有效的. 但是,变换到标准特征值问题也有缺点:①当公式(5.1)中的 $\boldsymbol{A}$ 和 $\boldsymbol{B}$ 是稀疏矩阵,特别是带状矩阵时,公式(5.3)中的 $\widetilde{\boldsymbol{A}}$ 一般是满矩阵,当阶数 n 很大时,上述求解方法效率不高;②当 $\boldsymbol{B}$ 的关于求逆的性态很差时,计算公式(5.3)就会使误差很大. 此时,往往要利用另一种有力的方法——行列式查找法. 它是求解标准特征值问题的 Givens-Householder 方法的推广,不必将公式(5.1)化为标准特征值问题进行求解,可以充分利用 $\boldsymbol{A}$ 和 $\boldsymbol{B}$ 的带状性质,$\boldsymbol{B}$ 的求逆的病态不会有直接影响,详细情况见参考文献[5].

小结

本章介绍了求矩阵特征值和特征向量的基本方法,可以分为两大类:一类是迭代法,主要有乘幂法、反幂法等;另一类是变换法,主要有 Jacobi 方法、Givens-Householder 方法、QR 方法等,QR 方法若不采用相似变换将原矩阵化为上准三角阵时,也只是一种迭代法. 在介绍乘幂法时,还讲述了两种加速技术,即 Aitken 加速技术和原点位移法. 上述各种方法各有其适用范围,在实际应用时,要详加分析,选择有效的方法.

另外,本章还简单介绍了矩阵的广义特征值问题.

习　题

1. 用幂法计算下列矩阵的主特征值和对应的特征向量,要求保留 3 位有效数字.

(1)$\boldsymbol{A}=\begin{bmatrix}4&2&2\\2&5&1\\2&1&6\end{bmatrix}$,　(2)$\boldsymbol{B}=\begin{bmatrix}3&-4&3\\-4&6&3\\3&3&1\end{bmatrix}$.

2. 用 Jacobi 方法求矩阵

$$\boldsymbol{A}=\begin{bmatrix}2&-1\\-2&2\end{bmatrix}$$

的特征值和特征向量.

3. 用反幂法求矩阵

$$\boldsymbol{A}=\begin{bmatrix}4&2&2\\2&5&1\\2&1&6\end{bmatrix}$$

按模最小的特征值和对应的特征向量,要求保留 3 位有效数字.

4. 用 Jacobi 方法计算矩阵

$$\boldsymbol{A}=\begin{bmatrix}10&7&8&7\\7&5&6&5\\8&6&10&9\\7&5&9&10\end{bmatrix}$$

的特征值和特征向量.

5. 用稳定的 Householder 变换将对称阵

$$A=\begin{bmatrix}1 & 3 & 4\\ 3 & 1 & 2\\ 4 & 2 & 1\end{bmatrix}$$

化为三对角对称阵,并用二分法求特征值,要求保留 2 位有效数字.

6. 给定矩阵

$$T=\begin{bmatrix}-2 & 1 & & \\ 1 & -2 & 1 & \\ & 1 & -2 & 1\\ & & 1 & -2\end{bmatrix},$$

(1)求 $\boldsymbol{T}$ 在$[-2,0]$内有多少个特征值;

(2)证明 $S(\boldsymbol{T})\geqslant 1$.

7. 用 QR 方法求下列矩阵的全部特征值,要求误差不超过10^{-3}.

$$(1)\boldsymbol{A}=\begin{bmatrix}3 & 1 & 0\\ 1 & 4 & 2\\ 0 & 2 & 1\end{bmatrix},\quad (2)\boldsymbol{B}=\begin{bmatrix}2 & -1 & & \\ -1 & 2 & -1 & \\ & -1 & 2 & -1\\ & & -1 & 2\end{bmatrix}.$$

8. 写出用 Jacobi 方法计算特征值和特征向量的详细算法.

第八章　常微分方程数值解法

在自然科学与工程技术的诸多领域中，常常需要求解常微分方程的定解问题. 这些问题在很多情况下不能求出解析解，只能用近似法进行求解. 近似法主要有两种：一种为近似解析法，如级数解法、逐次逼近法等；另一种是数值解法，它可以给出解在一些离散点上的近似值. 实际计算时，主要依靠数值解法.

本章重点考察一阶常微分方程的初值问题

$$\begin{cases} y' = f(x,y), \\ y(x_0) = y_0. \end{cases}$$

只要函数 $f(x,y)$ 适当光滑，如关于变量 y 满足 Lipschitz 条件

$$|f(x,y) - f(x,y^*)| \leqslant L|y - y^*|,$$

就可以保证上述初值问题解的存在唯一性.

所谓求解常微分方程初值问题的数值解法，即求解 $y(x)$ 在一系列离散点 $x_0 < x_1 < \cdots < x_n < \cdots$ 上的近似值 $y_0, y_1, \cdots, y_n, \cdots$. 相邻两节点间的距离 $h_k = x_k - x_{k-1}$ 称为 x_{k-1} 到 x_k 的**步长**. 今后，若不特别说明，总假定步长 h_k 不变，记为 h.

常微分方程初值问题的数值解法一般分为两大类：

(1)单步法. 这类方法在计算 y_{n+1} 时，只用到前一步的值，即用到 x_{n+1}, x_n, y_n，则给定初值之后，就可逐步计算. 例如 Euler 方法、向后 Euler 方法、梯形公式、R-K 方法等都属于单步法.

(2)多步法. 这类方法在计算 y_{n+1} 时，除用到 x_{n+1}, x_n 和 y_n 以外，还要用到 x_{n-l}，$y_{n-l}(l=1,2,\cdots,k;k>0)$，即前面 k 步的值，如 Adams 方法等.

§1　几种简单的单步法

1.1　Euler 公式

考虑一阶常微分方程的初值问题

$$\begin{cases} y' = f(x, y), \\ y(x_0) = y_0. \end{cases} \tag{1.1}$$

我们知道,在 xy 平面上,微分方程(1.1)的解 $y=y(x)$ 称作其**积分曲线**. 积分曲线 $y(x)$ 上一点 (x,y) 的切线斜率为函数 f 在该点处的值 $f(x,y)$,若按函数 $f(x,y)$ 在 xy 平面上建立一个方向场,那么,积分曲线 $y(x)$ 上每一点的切线方向均与方向场在该点的方向一致.

根据上述几何解释,从初始点 $P_0(x_0,y_0)$ 出发,依方向场在该点的方向作直线,与 $x=x_1$ 交于点 $P_1(x_1,y_1)$,依此类推作出一条折线 $\overline{P_0P_1P_2}$(图 8−1),用这条折线来近似代替积分曲线 $y(x)$ 进行求解,这就是 Euler 方法的几何意义. 因此,Euler 方法又称为折线法.

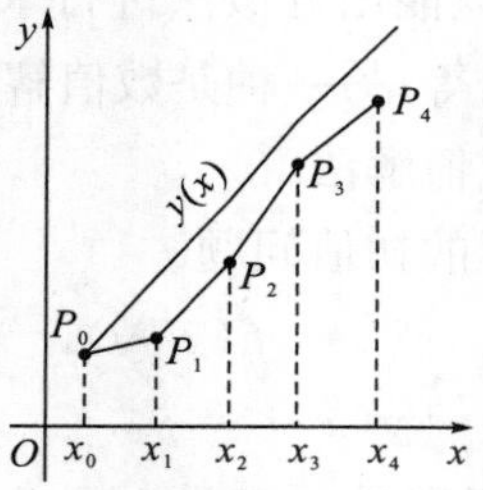

图 8−1

一般地,设已作出该折线的顶点 $P_n(x_n,y_n)$,过 P_n 点按方向场方向作直线与 $x=x_{n+1}$ 相交于点 $P_{n+1}(x_{n+1},y_{n+1})$,则点 P_n,P_{n+1} 的坐标满足

$$\frac{y_{n+1}-y_n}{x_{n+1}-x_n} = f(x_n, y_n),$$

即

$$y_{n+1} = y_n + hf(x_n, y_n) \quad (n = 0,1,\cdots), \tag{1.2}$$

这就是 Euler **公式**.

下面,我们给出 Euler 公式的几种重要解释.

(1)Taylor 级数解释.

将 $y(x)$ 在 x_n 处 Taylor 级数展开,得

$$\begin{aligned} y(x_n+h) &= y(x_n) + hy'(x_n) + \frac{h^2}{2!}y''(x_n) + \cdots \\ &= y(x_n) + hf(x_n, y(x_n)) + \frac{h^2}{2!}y''(x_n) + \cdots \end{aligned}$$

取 h 的线性部分,并用 y_n 近似代替 $y(x_n)$,可得

$$y_{n+1} = y_n + hf(x_n, y_n) \quad (n = 0,1,\cdots),$$

即式(1.2).

(2)差商代替微商.

用向前差商 $\dfrac{y(x_{n+1})-y(x_n)}{h}$ 近似代替式(1.1)中的微商 $y'(x_n)$,并用 y_n 近似代替 $y(x_n)$,则得

$$y_{n+1}=y_n+hf(x_n,y_n)\quad(n=0,1,\cdots),$$

此即式(1.2).

(3)数值积分的解释.

对式(1.1)的第1个方程,从 x 到 $x+k$ 积分得

$$y(x+k)-y(x)=\int_x^{x+k}f(t,y(t))\mathrm{d}t.$$

取 $x=x_n,k=h$,被积函数 $f(t,y(t))$ 取常数 $f(x_n,y_n)$,则可得

$$y_{n+1}=y_n+hf(x_n,y_n)\quad(n=0,1,\cdots),$$

此即式(1.2).

上述每一种解释都代表一种推广途径.数值方法的计算量主要就是计算函数 $f(x,y)$ 值的次数.Euler 公式(1.2)只需计算一次函数值.

例 1.1　用 Euler 方法求初值问题

$$\begin{cases}y'=y-\dfrac{2x}{y},\\ y(0)=1.\end{cases}$$

在[0,1]上的数值解,取步长 $h=0.1$,并与准确解 $y=\sqrt{1+2x}$ 比较.

解:Euler 公式的具体形式为

$$y_{n+1}=y_n+h\left(y_n-\frac{2x_n}{y_n}\right)\quad(n=0,1,\cdots,9),$$

计算结果见表 8.1.

表 8.1

x_n	y_n	精确解 $y(x_n)$	$\lvert y(x_n)-y_n\rvert$
0.1	1.1	1.095445115	0.4554885×10^{-2}
0.2	1.191818182	1.183215957	0.8602225×10^{-2}
0.3	1.277437834	1.264911064	0.1252677×10^{-1}
0.4	1.358212600	1.341640787	0.16571813×10^{-1}
0.5	1.435132919	1.414213562	0.20919357×10^{-1}
0.6	1.508966254	1.483239697	0.25726557×10^{-1}
0.7	1.580338238	1.549193339	0.31144899×10^{-1}
0.8	1.649783431	1.612451550	0.37331881×10^{-1}
0.9	1.717779348	1.673320053	0.44459295×10^{-1}
1.0	1.784770832	1.732050808	0.52720024×10^{-1}

定义 1.1　假定在计算 y_{n+1} 时用到的前一步的值 y_n 是准确值 $y(x_n)$,即 $y_n=y(x_n)$,此时,称误差 $y(x_{n+1})-y_{n+1}$ 为**局部截断误差**.

对 Euler 公式(1.2),因 y_n 是准确的,即 $y_n=y(x_n)$,故

$$f(x_n,y_n)=f(x_n,y(x_n))=y'(x_n),$$

利用公式(1.2)及 Taylor 级数展开可得

$$y(x_{n+1})-y_{n+1}=\frac{h^2}{2}y''(\xi)\approx\frac{h^2}{2}y''(x_n). \tag{1.3}$$

1.2 向后 Euler 公式

由式(1.1)知

$$y'(x_{n+1})=f(x_{n+1},y(x_{n+1})),$$

利用向后差商$\frac{y(x_{n+1})-y(x_n)}{h}$近似代替微商 $y'(x_{n+1})$,并用 y_n 近似代替 $y(x_n)$,得

$$\frac{y_{n+1}-y_n}{h}=f(x_{n+1},y_{n+1}),$$

即

$$y_{n+1}=y_n+hf(x_{n+1},y_{n+1})\quad(n=0,1,\cdots). \tag{1.4}$$

式(1.4)称为**向后** Euler **公式**.

Euler 公式和向后 Euler 公式都是单步法,但是,前者在已知初值 y_0 的基础上可直接计算,这类公式称为**显式公式**;后者的右端中含有待求数 y_{n+1},是一个隐式方程,这类公式称为**隐式公式**.

隐式公式(1.4)常用迭代法来进行计算,即逐步显式化的过程. 先用 Euler 公式计算的结果作初值代入式(1.4)右端,迭代计算,公式如下:

$$\begin{cases}y_{n+1}^{(0)}=y_n+hf(x_n,y_n),\\ y_{n+1}^{(k+1)}=y_n+hf(x_{n+1},y_{n+1}^{(k)})\quad(k=0,1,\cdots),\end{cases} \tag{1.5}$$

用迭代过程(1.5)求解,当然需考察迭代过程收敛的条件,注意到

$$\begin{aligned}|y_{n+1}^{(k+1)}-y_{n+1}^{(k)}|&=h\,|f(x_{n+1},y_{n+1}^{(k)})-f(x_{n+1},y_{n+1}^{(k-1)})|\\&\leqslant hL\,|y_{n+1}^{(k)}-y_{n+1}^{(k-1)}|\leqslant\cdots\leqslant(hL)^k\,|y_{n+1}^{(1)}-y_{n+1}^{(0)}|,\end{aligned}$$

其中,L 为 Lipschitz 常数,所以,当 $0<hL<1$ 时,迭代过程(1.5)收敛.

现在来分析向后 Euler 公式的局部截断误差. 假设 y_n 准确,即 $y_n=y(x_n)$,则由式(1.4)有

$$y_{n+1}=y(x_n)+hf(x_{n+1},y_{n+1}). \tag{1.6}$$

将 $f(x,y)$在 $y(x_{n+1})$处 Taylor 展开,得

$$f(x_{n+1},y_{n+1})=f(x_{n+1},y(x_{n+1}))+f_y(x_{n+1},\xi)[y_{n+1}-y(x_{n+1})],$$

其中,ξ 位于 y_{n+1}和 $y(x_{n+1})$之间,又因为

$$f(x_{n+1},y(x_{n+1}))=y'(x_{n+1})=y(x_n)+hy''(x_n)+\cdots,$$

将其代入式(1.6),得

$$y_{n+1}=hf_y(x_{n+1},\xi)[y_{n+1}-y(x_{n+1})]+y(x_n)+hy'(x_n)+h^2y''(x_n)+\cdots,$$

将其与 Taylor 展开式

$$y(x_{n+1})=y(x_n)+hy'(x_n)+\frac{h^2}{2!}y''(x_n)+\cdots$$

相减,得

$$y(x_{n+1})-y_{n+1}=hf_y(x_{n+1},\xi)[y(x_{n+1})-y_{n+1}]-\frac{h^2}{2!}y''(x_n)+\cdots,$$

而

$$\frac{1}{1-hf_y(x_{n+1},\xi)}=1+hf_y(x_{n+1},\xi)+\cdots,$$

所以,向后 Euler 公式的局部截断误差为

$$y(x_{n+1})-y_{n+1}\approx-\frac{h^2}{2}y''(x_n). \tag{1.7}$$

1.3 梯形公式

将(1.1)中的微分方程两端从 x_n 到 x_{n+1},积分得

$$y(x_{n+1})=y(x_n)+\int_{x_n}^{x_{n+1}}f(t,y(t))\mathrm{d}t.$$

将上式中的积分用梯形求积公式计算,并用 y_n 近似 $y(x_n)$,y_{n+1} 近似 $y(x_{n+1})$,则得梯形公式

$$y_{n+1}=y_n+\frac{h}{2}[f(x_n,y_n)+f(x_{n+1},y_{n+1})]. \tag{1.8}$$

梯形公式(1.8)是一种单步法,也可视为将 Euler 公式(1.2)和向后 Euler 公式(1.4)进行算术平均所得. 由此,可推出梯形公式的局部截断误差为 $O(h^3)$.

梯形公式(1.8)也是隐式格式,可用迭代法求解. 与向后Euler公式类似,仍用 Euler 公式(1.2)计算迭代初值,再迭代计算,其公式为

$$\begin{cases}y_{n+1}^{(0)}=y_n+hf(x_n,y_n),\\ y_{n+1}^{(k+1)}=y_n+\dfrac{h}{2}[f(x_n,y_n)+f(x_{n+1},y_{n+1}^{(k)})]\quad(k=0,1,\cdots).\end{cases} \tag{1.9}$$

根据式(1.9)及 $f(x,y)$关于变量 y 满足 Lipschitz 条件,可知

$$|y_{n+1}^{(k+1)}-y_{n+1}^{(k)}|\leqslant\frac{hL}{2}|y_{n+1}^{(k)}-y_{n+1}^{(k-1)}|,$$

所以迭代过程(1.9)收敛的条件为 $0<\frac{hL}{2}<1$.

1.4 改进的 Euler 公式

本章数值方法的工作量主要是函数值 $f(x,y)$的计算次数,梯形公式虽然提高了精度,但需迭代计算,这就增加了工作量. 为控制计算量,通常只迭代一次就进入下一步计算,从而简化算法.

先用 Euler 公式计算出近似值 $\bar{y}_{n+1}$,称为**预测值**. 预测值的精度可能较差,再用梯形公式(1.8)将其校正一次(即按式(1.9)只迭代一次)得 y_{n+1},称为**校正值**,这样得到的预测－校正公式称为**改进的 Euler 公式**.

$$\begin{cases}\text{预测} \quad \bar{y}_{n+1}=\bar{y}_n+hf(x_n,y_n), \\ \text{校正} \quad y_{n+1}=y_n+\dfrac{h}{2}[f(x_n,y_n)+f(x_{n+1},\bar{y}_{n+1})].\end{cases} \tag{1.10}$$

若将(1.10)中的第一式代入第二式,得

$$y_{n+1}=y_n+\frac{h}{2}[f(x_n,y_n)+f(x_{n+1},y_n+hf(x_n,y_n))].$$

这是一种显式单步法,为计算方便,将式(1.10)改写为

$$\begin{cases}y_{n+1}=y_n+\dfrac{h}{2}(K_1+K_2), \\ K_1=f(x_n,y_n), \\ K_2=f(x_n+h,y_n+hK_1).\end{cases} \tag{1.11}$$

例 1.2　用梯形公式及改进的 Euler 公式求初值问题

$$\begin{cases}y'=y-\dfrac{2x}{y}, \\ y(0)=1\end{cases}$$

在[0,1]上的数值解,取步长 $h=0.1$.

解:梯形公式的具体形式为

$$\begin{cases}y_{n+1}^{(0)}=y_n+h\left(y_n-\dfrac{2x_n}{y_n}\right), \\ y_{n+1}^{(k+1)}=y_n+\dfrac{h}{2}\left(y_n-\dfrac{2x_n}{y_n}+y_{n+1}^{(k)}-\dfrac{2x_{n+1}}{y_{n+1}^{(k)}}\right) \quad (k=0,1,\cdots).\end{cases} \tag{1.15}$$

初值 $y_0=1$, $h=0.1$,式(1.15)中当取 $k=0$ 时,即为改进的 Euler 公式,计算结果见表 8.2.

表 8.2

x_n	梯形公式(1.9)		改进的 Euler 公式(1.10)	
	y_n	$\lvert y(x_n)-y_n\rvert$	y_n	$\lvert y(x_n)-y_n\rvert$
0.1	1.095655838	0.210723303×10^{-3}	1.095909091	0.463975899×10^{-3}
0.2	1.183593669	0.377712543×10^{-3}	1.184096569	0.880612623×10^{-3}
0.3	1.265440529	0.529464944×10^{-3}	1.266201361	0.129029681×10^{-2}
0.4	1.342322417	0.681630637×10^{-3}	1.343360151	0.171936498×10^{-2}
0.5	1.415058105	0.844542740×10^{-3}	1.416401929	0.218836616×10^{-2}
0.6	1.484266056	0.102635812×10^{-2}	1.485955602	0.271590500×10^{-2}
0.7	1.550427908	0.123456962×10^{-2}	1.552514091	0.332075284×10^{-2}
0.8	1.613928404	0.147685419×10^{-2}	1.616474783	0.402323309×10^{-2}
0.9	1.675081692	0.176163896×10^{-2}	1.678166364	0.484631061×10^{-2}
1.0	1.734149362	0.209855456×10^{-2}	1.737867401	0.581659347×10^{-2}

对比表 8.1 和表 8.2 可以看出,梯形公式和改进的 Euler 公式比 Euler 公式的精度要高.

1.5　Euler 两步公式及其改进

改进的 Euler 公式(1.10)的预测公式为 Euler 公式，校正公式为梯形公式，两者的精度不匹配. 为此，考虑用中心差商 $\frac{y(x_{n+1})-y(x_{n-1})}{2h}$ 来近似代替微分方程中的微商 $y'(x_n)$，并用 y_n 近似 $y(x_n)$，y_{n+1} 近似 $y(x_{n+1})$，得计算公式

$$y_{n+1}=y_{n-1}+2hf(x_n,y_n). \tag{1.12}$$

该公式计算 y_{n+1} 时，用到了前面两步的近似值 y_{n-1} 和 y_n，故称为 Euler **两步公式**. Euler 两步公式在已知初值 y_0 时，不能自开始，必须再提供一个开始值 y_1 后才能进行计算. 该方法调用了两个节点上的已知信息，从而能以较少的计算量获得较高的精度.

注：两步法(1.12)本应放在多步法中介绍，此处是为了和改进的 Euler 公式做比较才提出来的.

若用 Euler 两步公式与梯形公式匹配，则得如下的预测-校正公式：

$$\begin{cases}\text{预测}\quad \bar{y}_{n+1}=y_{n-1}+2hf(x_n,y_n),\\ \text{校正}\quad y_{n+1}=y_n+\frac{h}{2}[f(x_n,y_n)+f(x_{n+1},\bar{y}_{n+1})].\end{cases} \tag{1.13}$$

公式(1.13)与公式(1.11)相比，(1.13)的预测公式和校正公式有相同的精度，可以很方便地估计出局部截断误差. 根据这一估计，可以构造一种高精度的简易算法.

先用 Taylor 级数展开来估计局部截断误差. 假设公式(1.13)中的预测公式中的 y_n 和 y_{n-1} 都是准确的，即 $y_n=y(x_n)$，$y_{n-1}=y(x_{n-1})$，则易知预测公式的局部截断误差为

$$y(x_{n+1})-\bar{y}_{n+1}\approx\frac{h^3}{3}y'''(x_n). \tag{1.14}$$

分析式(1.13)中的校正公式的局部截断误差时，假定其中的预测值 $\bar{y}_{n+1}$ 是准确的，即 $\bar{y}_{n+1}=y(x_{n+1})$，此时有

$$y(x_{n+1})-y_{n+1}\approx-\frac{h^3}{12}y'''(x_n). \tag{1.15}$$

由(1.14)和(1.15)两式，有

$$\frac{y(x_{n+1})-y_{n+1}}{y(x_{n+1})-\bar{y}_{n+1}}\approx-\frac{1}{4},$$

则可得事后误差估计

$$y(x_{n+1})-\bar{y}_{n+1}\approx-\frac{4}{5}(\bar{y}_{n+1}-y_{n+1}), \tag{1.16}$$

$$y(x_{n+1})-y_{n+1}\approx\frac{1}{5}(\bar{y}_{n+1}-y_{n+1}). \tag{1.17}$$

类似数值积分外推技术中的误差补偿思想，将误差作为计算结果的一种补偿，有可能得到精度更高的计算公式.

设 p_n 和 c_n 分别表示第 n 步的预测值和校正值，按估计式(1.16)和(1.17)，$p_{n+1}-\frac{4}{5}(p_{n+1}-c_{n+1})$ 和 $c_{n+1}+\frac{1}{5}(p_{n+1}-c_{n+1})$ 分别可以作为 p_{n+1} 和 c_{n+1} 的改进值. 在

校正值 c_{n+1} 未计算出来之前,可用前一步的 $p_n - c_n$ 来代替 $p_{n+1} - c_{n+1}$. 这样可以得到下述公式:

预测 $\quad p_{n+1} = y_{n-1} + 2hy'_n,$

改进 $\quad M_{n+1} = p_{n+1} - \frac{4}{5}(p_n - c_n),$

计算 $\quad M'_{n+1} = f(x_{n+1}, M_{n+1}),$

校正 $\quad c_{n+1} = y_n + \frac{h}{2}(M'_{n+1} + y'_n),$

改进 $\quad y_{n+1} = c_{n+1} + \frac{1}{5}(p_{n+1} - c_{n+1}),$

计算 $\quad y'_{n+1} = f(x_{n+1}, y_{n+1}).$

实际计算时,y_1 可用其他单步法来计算,$p_1 - c_1$ 一般取为 0.

§2 Runge-Kutta 方法

由前述可知,Taylor 级数展开法和数值积分方法是常微分方程初值问题数值方法推广的两条重要途径,实际上,它们也是构造高阶数值方法的有效途径. 本节以 Taylor 级数展开法为基础,介绍如何推导单步高阶方法.

2.1 Taylor 级数法

类似 Euler 公式的推导,为构造解初值问题(1.1)的高阶方法,在 Taylor 级数展开式中取更多的项,如

$$y(x_{n+1}) = y(x_n) + hy'(x_n) + \frac{1}{2!}h^2y''(x_n) + \cdots + \frac{1}{p!}h^py^{(p)}(x_n) + O(h^{p+1}).$$

去掉 $O(h^{p+1})$ 项,用 $y_n^{(k)}$ 近似 $y^{(k)}(x_n)(k=0,1,\cdots,p)$,得 p 阶 Taylor 公式

$$y_{n+1} = y_n + hy'_n + \frac{h^2}{2!}y''_n + \cdots + \frac{h^p}{p!}y_n^{(p)}. \tag{2.1}$$

其中,$y_n^{(k)}(k=1,2,\cdots,p)$ 根据求导法则,按如下公式计算:

$$\begin{cases} y'_n = f(x_n, y_n), \\ y''_n = (f_x + ff_y)\big|_{(x_n, y_n)}, \\ y'''_n = (f_{xx} + 2ff_{xy} + f^2f_{yy} + f_xf_y + ff_y^2)\big|_{(x_n, y_n)}, \\ \cdots\cdots\cdots\cdots\cdots\cdots \end{cases} \tag{2.2}$$

当 $p=1$ 时,公式(2.1)即为 Euler 公式. p 越大,公式(2.1)精度越高. 显然 p 阶 Taylor公式(2.1)的局部截断误差为

$$y(x_{n+1}) - y_{n+1} = \frac{h^{(p+1)}}{(p+1)!}y^{(p+1)}(\xi) \quad x_n < \xi < x_{n+1}.$$

由此给出 p 阶精度的定义.

定义 2.1　若一种数值方法的局部截断误差为 $O(h^{p+1})$,则称该方法具有 p **阶精度**.

根据定义 2.1 可知,Euler 公式和向后 Euler 公式具有一阶精度,梯形公式和 Euler 两步公式具有二阶精度.在后面可了解到,改进的 Euler 公式作为二阶 Runge-Kutta 方法的特例,具有二阶精度.

例 2.1　利用四阶 Taylor 公式解例 1.1 的初值问题.

解:直接求导得

$$y'=y-\frac{2x}{y},$$

$$y''=y'-\frac{2}{y^2}(y-xy'),$$

$$y'''=y''+\frac{2}{y^2}(xy''+2y')-\frac{4x\,(y')^2}{y^3},$$

$$y^{(4)}=y'''+\frac{2}{y^2}(xy'''+3y'')-\frac{12y'}{y^3}(xy''+y')+\frac{12x\,(y')^3}{y^4}.$$

仍取步长 $h=0.1$,计算结果见表 8.3.

表 8.3

x_n	y_n	准确解 $y(x_n)$
0.1	1.095437527	1.095445115
0.2	1.183203936	1.183215957
0.3	1.264895558	1.264911064
0.4	1.341621995	1.341640787
0.5	1.414191246	1.414213562

由表 8.3 可知,四阶 Taylor 公式已获得相当满意的结果,但是 Taylor 公式(2.1)在实际计算时往往非常困难,因为它需要计算 $y(x)$ 的高阶导数值 $y_n^{(k)}(k=1,2,\cdots,p)$.当 $f(x,y)$ 比较复杂时,$y(x)$ 的高阶导数也可能很复杂.所以 Taylor 级数法通常不直接使用,但可用它来启发思路.

2.2　Runge-Kutta 方法

Ⅰ　Runge-Kutta 方法的基本思想

Runge-Kutta 方法本质上是利用 Taylor 级数法来构造的一种数值方法.根据微分中值定理有

$$\frac{y(x_{n+1})-y(x_n)}{h}=y'(x_n+\theta h),\quad \theta\in(0,1).$$

因为 $y'=f(x,y)$,所以

$$y(x_{n+1}) = y(x_n) + hf(x_n + \theta h, y(x_n + \theta h)). \tag{2.3}$$

引入记号 $K^* = f(x_n + \theta h, y(x_n + \theta h))$,$K^*$ 称为区间$[x_n, x_{n+1}]$上的**平均斜率**.

由式(2.3)可知,只要对 K^* 提供一种算法,就可导出一种计算公式. 例如 Euler 公式(1.2)就是用 x_n 点的斜率值 $f(x_n, y_n)$ 作为平均斜率 K^*. 改进的 Euler 公式写为式(1.11)后,可理解为用 x_n 和 x_{n+1} 两个点的斜率值 K_1 和 K_2 取算术平均作为平均斜率 K^*,x_{n+1}处的斜率 K_2 利用 y_n 及 K_1 来计算.

这一过程启示我们,若设法在区间$[x_n, x_{n+1}]$内多用几个点的斜率值,然后将它们加权平均作为平均斜率 K^*,则有可能构造出精度更高的计算公式,此即为 Runge-Kutta 方法的基本思想.

Ⅱ Runge-Kutta 方法

(1)二阶 Runge-Kutta 方法.

推广改进的 Euler 公式(1.10),考虑$[x_n, x_{n+1}]$内任一点

$$x_{n+q} = x_n + qh \quad (0 < q \leqslant 1),$$

利用 x_n 和 x_{n+q} 两点的斜率 K_1 和 K_2 作线性组合

$$\lambda_1 K_1 + \lambda_2 K_2$$

代替 K^*,利用式(2.3)得

$$y_{n+1} = y_n + h(\lambda_1 K_1 + \lambda_2 K_2).$$

其中,λ_1, λ_2 为待定的组合参数,$K_1 = f(x_n, y_n)$,$K_2 = f(x_{n+q}, y_{n+q})$. y_{n+q} 可通过 Euler 公式预测得到

$$y_{n+q} = y_n + qhK_1.$$

综上所述,可得如下计算公式:

$$\begin{cases} y_{n+1} = y_n + h(\lambda_1 K_1 + \lambda_2 K_2), \\ K_1 = f(x_n, y_n), \\ K_2 = f(x_{n+q}, y_n + qhK_1). \end{cases} \tag{2.4}$$

公式(2.4)中含有待定参数 λ_1, λ_2 和 q,适当选取这三个参数,使其具有二阶精度.

二阶 Taylor 公式为

$$y_{n+1} = y_n + hy'_n + \frac{h^2}{2} y''_n = y_n + hf_n + \frac{h^2}{2}(f_x + f \cdot f_y)_n,$$

其中,f_n 和$(f_x + f \cdot f_y)_n$ 的下标 n 表示在点(x_n, y_n)处取值. 又根据二元 Taylor 展开,得

$$K_1 = f_n,$$
$$K_2 = f(x_{n+q}, y_n + qhK_1) = f_n + qh(f_x + f \cdot f_y)_n + \cdots$$

代入式(2.4),有

$$y_{n+1} = y_n + (\lambda_1 + \lambda_2)hf_n + \lambda_2 qh^2 (f_x + f \cdot f_y)_n + \cdots$$

由此可见,要使公式(2.4)具有二阶精度,需满足条件

$$\begin{cases} \lambda_1 + \lambda_2 = 1, \\ \lambda_2 q = \dfrac{1}{2}. \end{cases} \tag{2.5}$$

我们称满足条件(2.5)的公式(2.4)为二阶 Runge-Kutta 公式.

改进的 Euler 公式即公式(2.4)取 $\lambda_1=\lambda_2=\frac{1}{2},q=1$ 的特例. 另外,还有一个重要的特殊二阶 Runge-Kutta 公式,取 $\lambda_1=0,\lambda_2=1,q=\frac{1}{2}$,即所谓变形的 Euler 公式

$$\begin{cases}y_{n+1}=y_n+hK_2,\\ K_1=f(x_n,y_n),\\ K_2=f(x_n+\frac{h}{2},y_n+\frac{h}{2}K_1).\end{cases}$$

(2)三阶 Runge-Kutta 方法.

三阶 Runge-Kutta 公式为

$$\begin{cases}y_{n+1}=y_n+h(\lambda_1K_1+\lambda_2K_2+\lambda_3K_3),\\ K_1=f(x_n,y_n),\\ K_2=f(x_n+qh,y_n+qhK_1),\\ K_3=f(x_n+rh,y_n+rh(sK_1+tK_2)).\end{cases}\tag{2.6}$$

其中的参数满足

$$s+t=1,\tag{2.7}$$

$$\lambda_1+\lambda_2+\lambda_3=1,\tag{2.8}$$

$$\begin{cases}\lambda_2q+\lambda_3r=\frac{1}{2},\\ \lambda_2q^2+\lambda_3r^2=\frac{1}{3},\\ \lambda_3qrt=\frac{1}{6}.\end{cases}\tag{2.9}$$

该公式的推导与二阶 Runge-Kutta 公式类似,只是为了提高精度,考虑区间 $[x_n,x_{n+1}]$内的三点 $x_n,x_{n+q},x_{n+r}(q\leqslant r\leqslant 1)$,并用这三点处的斜率值 K_1,K_2 和 K_3 的加权平均 $\lambda_1K_1+\lambda_2K_2+\lambda_3K_3$ 来代替平均斜率 K^*,K_1 和 K_2 用式(2.4)中的公式计算. 关于 K_3 的计算,先用 K_1 和 K_2 线性组合,给出区间$[x_n,x_n+rh]$上的平均斜率,从而得到预测值 $y_{n+r}=y_n+rh(sK_1+tK_2)$,再计算函数值 f,即得

$$K_3=f(x_n+rh,y_n+rh(sK_1+tK_2)).$$

然后利用二元 Taylor 级数展开式(2.6),并与三阶 Taylor 公式比较,即可求得公式(2.7),(2.8)及(2.9).

三阶 Runge-Kutta 公式(2.6)当取 $\lambda_1=\lambda_3=\frac{1}{6},\lambda_2=\frac{4}{6},q=\frac{1}{2},r=1,s=-1,t=2$ 时,得到一个特殊公式

$$\begin{cases}y_{n+1}=y_n+\frac{h}{6}(K_1+4K_2+K_3),\\ K_1=f(x_n,y_n),\\ K_2=f(x_n+\frac{h}{2},y_n+\frac{h}{2}K_1),\\ K_3=f(x_n+h,y_n-hK_1+2hK_2).\end{cases}\tag{2.10}$$

(3)四阶 Runge-Kutta 方法.

类似二阶、三阶 Runge-Kutta 公式的推导,可以导出四阶 Runge-Kutta(R-K)公式.重要且经典的四阶 R-K 公式有

$$\begin{cases} y_{n+1} = y_n + \frac{h}{6}(K_1 + 2K_2 + 2K_3 + K_4), \\ K_1 = f(x_n, y_n), \\ K_2 = f(x_n + \frac{h}{2}, y_n + \frac{h}{2}K_1), \\ K_3 = f(x_n + \frac{h}{2}, y_n + \frac{h}{2}K_2), \\ K_4 = f(x_n + h, y_n + hK_3). \end{cases} \tag{2.11}$$

四阶 R-K 方法每一步需要计算函数值 f 四次,其局部截断误差为 $O(h^5)$,证明略.

例 2.2 利用四阶 R-K 公式(2.11)求解例 1.1 的初值问题.

解:将 $f(x,y)=y-\frac{2x}{y}$ 代入式(2.11),取步长 $h=0.1$,计算结果见表 8.4.

必须指出,R-K 方法的推导基于 Taylor 级数展开法,因此,它要求所求的解具有较好的光滑性.如果解的光滑性较差,则用四阶 R-K 方法求得的数值解的精度可能不如改进的 Euler 公式等低阶方法求得的解精度高.实际计算时,应分析问题的特点,选择合适的数值方法.

表 8.4

x_n	y_n	准确解 $y(x_n)$
0.1	1.095445514	1.095445115
0.2	1.183216691	1.183215957
0.3	1.264912128	1.264911064
0.4	1.341642261	1.341640787
0.5	1.414215446	1.414213562

另外,类似数值积分中变步长的梯形求积公式,这里也可根据 R-K 公式,通过加倍或折半处理步长,构造变步长的 R-K 方法.它们本质上都是一种自适应的数值方法,详细情况请查阅参考文献[1].

§3 单步法的收敛性、相容性和稳定性

3.1 收敛性

对于解初值问题的数值方法,我们总希望由其得到的数值解收敛于初值问题的准

确解.

定义 3.1　若一种数值方法对于任意固定的点 $x_n = x_0 + nh$，当 $h \to 0$（同时 $n \to \infty$）时有

$$\lim_{h \to 0} y_n = y(x_n),$$

则称该方法是收敛的.

关于单步法，在计算 y_{n+1} 时只用到它前一步的信息 y_n. 显式单步法的共同特点都是在 y_n 的基础上加上某种形式的增量得出 y_{n+1}，其计算公式可归纳为

$$y_{n+1} = y_n + h\phi(x_n, y_n, h), \tag{3.1}$$

其中，函数 ϕ 称为增量函数.

不同的显式单步法对应不同的增量函数，例如 Euler 公式对应的增量函数为 $\phi = f(x, y)$，改进的 Euler 公式对应的增量函数 $\phi = \frac{1}{2}[f(x, y) + f(x + h, y + hf(x, y))]$.

要考察显式单步法的收敛性，先引入一个新的概念.

前面在介绍局部截断误差时，要求计算 y_{n+1} 用到的前一步信息 y_n 是准确的，即 $y_n = y(x_n)$. 实际上只有计算 y_1 时用的 y_0 是准确值，其余每步计算除前面介绍的局部截断误差外，都有由于前一步不准确而引起的误差，我们称这种误差为**整体截断误差**. 记 x_n 点处的整体截断误差为

$$e_n = y(x_n) - y_n. \tag{3.2}$$

e_n 不仅与 x_n 的计算有关，而且与 $x_{n-1}, x_{n-2}, \cdots, x_0$ 的计算有关.

关于显式单步法(3.1)的收敛性，有如下定理.

定理 3.1　若显式单步法(3.1)具有 p 阶精度，且增量函数 $\phi(x, y, h)$ 关于变量 y 满足 Lipschitz 条件

$$|\phi(x, y, h) - \phi(x, \tilde{y}, h)| \leqslant L|y - \tilde{y}|, \tag{3.3}$$

初值 $y_0 = y(x_0)$，则该方法的整体截断误差

$$e_n = y(x_n) - y_n = O(h^p). \tag{3.4}$$

证明：设 y_n 准确，即 $y_n = y(x_n)$ 时用公式(3.1)计算的结果记为 $\tilde{y}_{n+1}$，即

$$\tilde{y}_{n+1} = y(x_n) + h\phi(x_n, y(x_n), h), \tag{3.5}$$

又由于公式(3.1)具有 p 阶精度，所以存在常数 $C > 0$，使得

$$|y(x_{n+1}) - \tilde{y}_{n+1}| \leqslant Ch^{p+1}.$$

式(3.5)减去式(3.1)，可得

$$\begin{aligned}|\tilde{y}_{n+1} - y_{n+1}| &\leqslant |y(x_n) - y_n| + h|\phi(x_n, y(x_n), h) - \phi(x_n, y_n, h)| \\ &\leqslant (1 + hL)|y(x_n) - y_n|.\end{aligned}$$

由三角不等式，有

$$\begin{aligned}|y(x_{n+1}) - y_{n+1}| &\leqslant |\tilde{y}_{n+1} - y_{n+1}| + |y(x_{n+1}) - \tilde{y}_{n+1}| \\ &\leqslant (1 + hL)|y(x_n) - y_n| + Ch^{p+1},\end{aligned}$$

即

$$|e_{n+1}| \leqslant Ch^{p+1} + (1 + hL)|e_n|.$$

反复递推下去，可得

$$\begin{aligned}|e_{n+1}| &\leqslant Ch^{p+1}+(1+hL)[Ch^{p+1}+(1+hL)|e_{n-1}|]\\ &=Ch^{p+1}[1+(1+hL)]+(1+hL)^2|e_{n-1}|\\ &\leqslant\cdots\\ &\leqslant Ch^{p+1}[1+(1+hL)+(1+hL)^2+\cdots+(1+hL)^n]+(1+hL)^{n+1}|e_0|\\ &=Ch^{p+1}\frac{(1+hL)^{n+1}-1}{(1+hL)-1}+(1+hL)^{n+1}|e_0|.\end{aligned}$$

因为 y_0 准确,即 $y_0=y(x_0)$,所以 $e_0=0$,而且

$$0\leqslant 1+hL\leqslant 1+hL+\frac{1}{2}(hL)^2e^{\eta}=e^{hL},$$

$$0\leqslant(1+hL)^n\leqslant e^{nhL},$$

所以,有

$$|e_{n+1}|\leqslant\frac{Ch^p}{L}[e^{(n+1)hL}-1].$$

当 $x=x_{n+1}$ 固定时,$(n+1)h=x_{n+1}-x_0\triangleq T$,则

$$|e_{n+1}|\leqslant\frac{Ch^p}{L}[e^{TL}-1],$$

当然也有

$$|e_n|\leqslant\frac{Ch^p}{L}[e^{TL}-1],$$

即式(3.4)成立.这也说明显式单步法式(3.1)的整体截断误差比局部截断误差少一阶.

根据定理3.1,判断显示单步法的收敛性,就归结为验证增量函数是否关于 y 满足 Lipschitz 条件(3.3).例如,Euler 公式的增量函数为 $f(x,y)$,当 $f(x,y)$关于 y 满足 Lipschitz 条件时,Euler方法收敛.

改进的 Euler 方法,其增量函数 $\phi=\frac{1}{2}[f(x,y)+f(x+h,y+hf(x,y))]$,假设 $f(x,y)$关于 y 满足 Lipschitz 条件,即$|f(x,y)-f(x,\bar{y})|\leqslant L_f|y-\bar{y}|$,则

$$|\phi(x,y,h)-\phi(x,\bar{y},h)|\leqslant L_f\left(1+\frac{h}{2}L_f\right)|y-\bar{y}|.$$

当步长 h 有上界 H 时,ϕ 关于 y 满足 Lipschitz 条件,且Lipschitz常数

$$L=L_f\left(1+\frac{H}{2}L_f\right),$$

所以改进的 Euler 方法也收敛.

不难验证其他 Runge-Kutta 方法的收敛性.

3.2 相容性

显式单步法式(3.1)本质上是一个关于 $y_0,y_1,\cdots$的差分方程.用其解 y_{n+1} 作为初值问题(1.1)的解 $y(x_{n+1})$的近似值,就相当于用近似方程

$$\frac{y(x+h)-y(x)}{h}\approx\phi(x,y(x),h)\tag{3.6}$$

来代替原微分方程 $y'=f(x,y(x))$，通过在 $x=x_n$ 处求解近似方程(3.6)而获得微分方程的近似解.因此必须要求当步长 $h\to 0$ 时，近似方程的极限形式应为原微分方程.由于

$$\lim_{h\to 0}\frac{y(x+h)-y(x)}{h}=y'(x),$$

要使近似方程(3.6)的极限形式为微分方程 $y'(x)=f(x,y(x))$，需且仅需

$$\lim_{h\to 0}\phi(x,y(x),h)=f(x,y(x)).$$

若假设增量函数 ϕ 连续，则上式可表示为

$$\phi(x,y(x),0)=f(x,y(x)). \tag{3.7}$$

上面讨论的是数值计算格式的相容性问题，其定义如下.

定义 3.2　若条件(3.7)成立，则称显式单步法式(3.1)与原微分方程(1.1)**相容**，其相容性条件为式(3.7).

由定义可知，显式单步法式(3.1)的阶 $p\geqslant 1$，则一定相容；反之，若式(3.1)与原微分方程相容，则至少是一阶收敛的.我们来分析式(3.1)的局部截断误差.若单步法式(3.1)满足相容性条件(3.7)，则局部截断误差为

$$y(x_{n+1})-y_{n+1}=y(x_{n+1})-y(x_n)-\phi(x_n,y(x_n),h).$$

将 $y(x_{n+1})$在 x_n 点 Taylor 级数展开，将 $\phi(x_n,y(x_n),h)$在 $h_0=0$ 点展开，代入上式得

$$\begin{aligned}y(x_{n+1})-y_{n+1}&=y(x_n)+hy'(x_n)+O(h^2)-y(x_n)-h[\phi(x_n,y(x_n),0)+O(h)]\\&=h[y'(x_n)-f(x_n,y(x_n))]+O(h^2)\\&=O(h^2).\end{aligned}$$

由此得到显式单步法式(3.1)收敛的另一定理.

定理 3.3　若显式单步法式(3.1)的增量函数 ϕ 在区域

$$D=\{(x,y)\mid a\leqslant x\leqslant b,y\in\mathbf{R}\}$$

中连续，并对变量 y 满足 Lipschitz 条件(3.3)，且步长 h 满足 $0\leqslant h\leqslant H$，则显式单步法式(3.1)收敛的充要条件为条件(3.7)成立.

由定理 3.2 知，只要满足定理中的条件，Euler 方法、改进的 Euler 方法以及 R-K 方法都与原微分方程相容.

3.3　稳定性

前述关于收敛性的讨论，都是在数值计算过程精确的前提下进行的.但是，实际计算时，往往会有舍入误差的出现.显式单步法式(3.1)是一个递推计算的过程，在这一过程中，舍入误差都会积累，舍入误差的积累能否得到控制？积累会不会越来越大？这就是下面将要考虑的数值稳定性问题.

定义 3.3　对于给定的微分方程 $y'=f(x,y)$和给定的步长 h，若单步法在计算 y_n 时有误差 $\delta(\delta\geqslant 0)$，而在后面计算 $y_m(m>n)$时的误差按绝对值又不超过 δ，则称该单步法是**稳定**的.

数值稳定性问题比较复杂，稳定性依赖于微分方程的右端函数 $f(x,y)$.为简单起见，仅考察下列模型方程

$$y' = \lambda y, \tag{3.8}$$

其中,λ 为复常数,且 $\mathrm{Re}(\lambda)<0$.

定义 3.4 设步长 $h>0$,单步法式(3.1)求解模型方程(3.8)在计算 y_n 时有误差 δ_n,若在后面计算 $y_m(m>n)$时由 δ_n 引起的误差 δ_m 满足

$$|\delta_m| \leqslant |\delta_n| \quad (m>n), \tag{3.9}$$

则称单步法对于给定的步长和复数 λ 是**绝对稳定**的.

若对复平面上的某个区域 D,当 $\lambda h \in D$ 时单步法绝对稳定,则称 D 为**绝对稳定区域**.绝对稳定区域越大,方法的适用性越强.若绝对稳定区域为 λh 一复平面的整个左半平面,则称该数值方法是 **A-稳定**的.

注:关于稳定性的上述讨论,也适合于隐式单步法,如向后 Euler 方法、梯形法等.

对于 Euler 方法,将其公式(1.2)用到模型方程(3.8)上,有

$$y_{n+1} = y_n + \lambda h y_n = (1+\lambda h) y_n.$$

设 y_n 有误差 δ_n,由此引起 y_{n+1} 的误差为 δ_{n+1},满足

$$\delta_{n+1} = (1+\lambda h)\delta_n.$$

要满足式(3.9),则必须满足 $|1+\lambda h| \leqslant 1$,所以,Euler 方法的绝对稳定区域 $D=\{(\lambda, h) \mid |1+\lambda h| \leqslant 1, h>0, \mathrm{Re}(\lambda)>0\}$.

对于向后 Euler 方法,将其公式(1.4)用到模型方程(3.8)上,得

$$y_{n+1} = y_n + h\lambda y_{n+1},$$

解得

$$y_{n+1} = \frac{1}{1-\lambda h} y_n,$$

类似可推得

$$\delta_{n+1} = \frac{1}{1-\lambda h} \delta_n.$$

要满足式(3.9),则必须有 $\left|\frac{1}{1-\lambda h}\right| \leqslant 1$,而该不等式对任意的 $h>0$, $\mathrm{Re}(\lambda)<0$ 都成立,即向后 Euler 方法是 A-稳定的.

类似地可推得梯形公式也是 A-稳定的.有兴趣的读者可依照上述推导过程,找出 R-K 方法的绝对稳定区域.

§4 线性多步法

单步法在计算 y_{n+1} 时只用到前一步的信息 y_n,这是单步法的优点,但是利用单步法要提高精度,则需要计算区间$[x_n, x_{n+1}]$的内点处的函数值,这就增加了计算量.事实上,在计算 y_{n+1} 之前,近似值 $y_0, y_1, \cdots, y_n$ 已经计算出来,如果充分利用这些已有的信息来预测 y_{n+1},则有可能会获得较高的精度,这就是线性多步法的基本思想.

前面我们已经提到用数值方法求解初值问题的三条有效途径:差商代替微商、Taylor

级数法、数值积分法. 本节将利用后两种途径来构造线性多步法.

4.1　用数值积分方法构造线性多步法

将微分方程 $y'=f(x,y)$ 的两端从 x_n 到 x_{n+1} 积分，得

$$y(x_{n+1}) = y(x_n) + \int_{x_n}^{x_{n+1}} f(x,y(x))\mathrm{d}x. \tag{4.1}$$

要通过这一积分关系式获得 $y(x_{n+1})$ 的近似值，只要近似地算出右端的积分项即可. 用不同的数值方法计算该积分项，就可导出不同的计算公式. 例如，用左矩形数值积分公式计算该积分项，离散化(即用 y_n 近似 $y(x_n)$)就得到 Euler 公式；用梯形求积公式计算该积分项，离散化就得到梯形公式.

将这一思路进行推广，利用插值原理可以建立一系列的数值积分方法，从而导出求解微分方程的一系列计算公式. 一般地，设已构造出 $f(x,y(x))$ 的 r 次插值多项式 $P_r(x)$，用 $\int_{x_n}^{x_{n+1}} P_r(x)\mathrm{d}x$ 近似代替 $\int_{x_n}^{x_{n+1}} f(x,y(x))\mathrm{d}x$，并将式(4.1)离散化，得到如下计算公式：

$$y_{n+1} = y_n + \int_{x_n}^{x_{n+1}} P_r(x)\mathrm{d}x. \tag{4.2}$$

Ⅰ　Adams 显式公式

利用 $r+1$ 个已知条件 $(x_n,f_n),(x_{n-1},f_{n-1}),\cdots,(x_{n-r},f_{n-r})$ 构造 r 次插值多项式 $P_r(x)$. 这里 $f_k=f(x_k,y_k)(k=n-r,n-r+1,\cdots,n-1,n)$，且插值节点 x_k 为等距节点(步长 h 为固定值)，故可用 Newton 后插公式来表示 $P_r(x)$.

$$P_r(x_n+th) = \sum_{j=0}^{r}(-1)^j\binom{l}{j}\Delta^j f_{n-j},$$

其中，$t=\dfrac{x-x_n}{h}(x\leqslant x_n)$，$\Delta^j$ 表示 j 阶向前差分，组合数

$$\binom{l}{j} = \frac{l(l-1)\cdot\cdots\cdot(l-j+1)}{j!},$$

将 $P_r(x)$ 的上述表达式代入式(4.2)，得计算公式

$$y_{n+1} = y_n + h\sum_{j=0}^{r}\beta_j\Delta^j f_{n-j}. \tag{4.3}$$

公式(4.3)称为 Adams **显式公式**，式中系数 β_j 与 n 和 r 无关.

实际计算时，可用差分展开 $\Delta^j f_{n-j} = \sum_{i=0}^{j}(-1)^i\binom{j}{i}f_{n-i}$，将式(4.3)写为

$$y_{n+1} = y_n + h\sum_{i=0}^{r}\eta_{ri}f_{n-i}. \tag{4.3$'$}$$

其中，$\eta_{ri} = (-1)^i\sum_{j=i}^{r}\binom{j}{i}\beta_j$，$\eta_{ri}$ 与 r 的取值有关. 常用的 β_j 和 η_{ri} 的取值情况列于表 8.5 和表 8.6.

表 8.5

j	0	1	2	3
β_j	1	$\frac{1}{2}$	$\frac{5}{12}$	$\frac{3}{8}$

表 8.6

η_i \ i	0	1	2	3
η_{0i}	1			
η_{1i}	$\frac{3}{2}$	$-\frac{1}{2}$		
η_{2i}	$\frac{23}{12}$	$-\frac{16}{12}$	$\frac{5}{12}$	
η_{3i}	$\frac{55}{24}$	$-\frac{59}{24}$	$\frac{37}{24}$	$-\frac{9}{24}$

特殊的 Adams 显式公式：

(1)$r=0$ 时，Euler 公式；

(2)$r=1$ 时，

$$y_{n+1}=y_n+\frac{h}{2}(3f_n-f_{n-1});$$

(3)$r=3$ 时，

$$y_{n+1}=y_n+\frac{h}{24}(55f_n-59f_{n-1}+37f_{n-2}-9f_{n-3}). \tag{4.4}$$

当 $r=3$ 时，$P_3(x)$的插值余项为 $R_3(x)$，则

$$\int_{x_n}^{x_{n+1}}R_3(x)\mathrm{d}x=\frac{251}{720}h^5y^{(5)}(\eta)\quad(x_{n-3}<\eta<x_{n+1}),$$

即 $r=3$ 时的 Adams 显式公式的局部截断误差为 $O(h^5)$，具体形式为

$$y(x_{n+1})-y_{n+1}\approx\frac{251}{720}h^5y^{(5)}(x_n). \tag{4.5}$$

Ⅱ Adams 隐式公式

Adams 显式公式是利用 $x_n,x_{n-1},\cdots,x_{n-r}$ 作插值节点构造插值多项式，而积分区间是$[x_n,x_{n+1}]$，这种插值称为外插值. 这样的处理效果并不理想，为了改善逼近效果，我们考虑内插值，即用 $x_{n+1},x_n,\cdots,x_{n-r+1}$ 作为插值节点，通过已知条件$(x_k,f_k)(k=n+1,n,\cdots,n-r+1)$构造 $f(x,y(x))$的 r 次插值多项式. 仿照 Adams 显式公式的推导，得出如下公式：

$$y_{n+1}=y_n+h\sum_{i=0}^{r}\eta_{ri}^{*}f_{n-i+1}. \tag{4.6}$$

其中，$\eta_{ri}^{*}=(-1)^i\sum_{j=i}^{r}\binom{j}{i}\beta_j^{*}$，公式(4.6)称为 Adams **隐式公式**. 常用的 β_j^{*} 和 η_{ri}^{*} 的取值

情况分别列于表 8.7 和表 8.8.

表 8.7

j	0	1	2	3
β_j^*	1	$-\frac{1}{2}$	$-\frac{1}{12}$	$-\frac{1}{24}$

表 8.8

η_{ri}^* \ i	0	1	2	3
η_{0i}^*	1			
η_{1j}^*	$\frac{1}{2}$	$\frac{1}{2}$		
η_{2i}^*	$\frac{5}{12}$	$\frac{8}{12}$	$-\frac{1}{12}$	
η_{3i}^*	$\frac{9}{24}$	$\frac{19}{24}$	$-\frac{5}{24}$	$\frac{1}{24}$

几种特殊的 Adams 隐式公式：

(1)$r=0$ 时，向后 Euler 公式；

(2)$r=1$ 时，梯形公式；

(3)$r=3$ 时，

$$y_{n+1}=y_n+\frac{h}{24}(9f_{n+1}+19f_n-5f_{n-1}+f_{n-2}). \tag{4.7}$$

当 $r=3$ 时，Adams 隐式公式(4.6)的局部截断误差为

$$y(x_{n+1})-y_{n+1}\approx-\frac{19}{720}h^5y^{(5)}(x_n). \tag{4.8}$$

由此可知，Adams 显式公式(4.4)及隐式公式(4.7)都具有四阶精度.

Ⅲ　Adams 预测-校正公式

注意到 Adams 公式(4.7)为隐式公式，用隐式公式计算需要先用显式公式计算出初值，然后进行迭代计算. 而 Adams 显式公式(4.4)及隐式公式(4.7)都具有四阶精度，可用这两种公式进行匹配. 类似改进的 Euler 公式，得到如下计算格式：

预测　$$\bar{y}_{n+1}=y_n+\frac{h}{24}(55f_n-59f_{n-1}+37f_{n-2}-9f_{n-3}), \tag{4.9}$$

校正　$$y_{n+1}=y_n+\frac{h}{24}(9f(x_{n+1},\bar{y}_{n+1})+19f_n-5f_{n-1}+f_{n-2}). \tag{4.10}$$

公式(4.9)和(4.10)称为 Adams **预测-校正公式**. 这种方法是一种四步法，不能自开始，需要用单步法来计算其初始值 y_1，y_2 及 y_3.

根据局部截断误差，对预测值 $\bar{y}_{n+1}$ 和校正值 y_{n+1} 分别有

$$y(x_{n+1})-\bar{y}_{n+1}\approx\frac{251}{720}h^5y^{(5)}(x_n),$$

$$y(x_{n+1})-y_{n+1}\approx-\frac{19}{720}h^5y^{(5)}(x_n),$$

则事后估计为

$$y(x_{n+1})-\overline{y}_{n+1}\approx-\frac{251}{270}(\overline{y}_{n+1}-y_{n+1}),$$

$$y(x_{n+1})-y_{n+1}\approx\frac{19}{270}(\overline{y}_{n+1}-y_{n+1}).$$

类似 Euler 两步公式与梯形公式匹配得到的预测-校正公式，将 Adams 预测-校正公式(4.9)和(4.10)修改为如下计算方案：

预测 $p_{n+1}=y_n+\frac{h}{24}(55f_n-59f_{n-1}+37f_{n-2}-9f_{n-3})$,

改进 $m_{n+1}=p_{n+1}+\frac{251}{270}(c_n-p_n)$,

计算 $m'_{n+1}=f(x_{n+1},m_{n+1})$,

校正 $c_{n+1}=y_n+\frac{h}{24}(9m'_{n+1}+19f_n-5f_{n-1}+f_{n-2})$,

改进 $y_{n+1}=c_{n+1}-\frac{19}{270}(c_{n+1}-p_{n+1})$,

计算 $f_{n+1}=f(x_{n+1},y_{n+1})$.

实际计算时，开始并无预测值和校正值可供利用，通常取 $p_0=c_0=0$.

4.2 用 Taylor 级数展开构造线性多步法

下面将介绍的用 Taylor 级数展开构造线性多步法更具普遍性，各种线性多步公式(包括前面的 Adams 显式、隐式公式)均可通过这种方法构造出来.

一般的线性多步公式具有如下形式：

$$\begin{aligned}y_{n+1}&=\alpha_0y_n+\alpha_1y_{n-1}+\cdots+\alpha_ry_{n-r}+h(\beta_{-1}f_{n+1}+\beta_0f_n+\beta_1f_{n-1}+\cdots+\beta_rf_{n-r})\\&=\sum_{k=0}^{r}\alpha_ky_{n-k}+h\sum_{k=-1}^{r}\beta_kf_{n-k}.\end{aligned}\tag{4.11}$$

当 $\beta_{-1}=0$ 时，称式(4.11)为显式多步法；当 $\beta_{-1}\neq0$ 时，称式(4.11)为隐式多步法. 由于 y_{n+1} 关于 y_k 和 f_k 是线性的，所以通常称式(4.11)为线性多步法.

对式(4.11)右端各项在 x_n 点 Taylor 展开，有

$$\begin{aligned}y(x_{n-k})&=y(x_n)+(-kh)y'(x_n)+\frac{(-kh)^2}{2!}y''(x_n)+\cdots+\\&\quad\frac{(-kh)^p}{p!}y^{(p)}(x_n)+\frac{(-kh)^{p+1}}{(p+1)!}y^{(p+1)}(x_n)+\cdots\\&=\sum_{j=0}^{p}\frac{(-kh)^j}{j!}y^{(j)}(x_n)+\frac{(-kh)^{p+1}}{(p+1)!}y^{(p+1)}(x_n)+\cdots\end{aligned}$$

$y'(x_{n-k})=\sum_{j=1}^{p}\frac{(-kh)^{j-1}}{(j-1)!}y^{(j)}(x_n)+\frac{(-kh)^p}{p!}y^{(p+1)}(x_n)+\cdots$ 假定 y_{n-k}，y'_{n-k} 都是准确的，即 $y_{n-k}=y(x_{n-k})$，$y'_{n-k}=y'(x_{n-k})=f_{n-k}\,(k=0,1,\cdots,r)$，且 $y_n^{(j)}$ 是准确的，即

$y_n^{(j)}=y^{(j)}(x_n)(j=1,2,\cdots,p+1)$，则将 $y(x_{n-k})$ 和 $y'(x_{n-k})$ 的展开式代入式(4.11)得

$$y_{n+1}=(\sum_{k=0}^{r}\alpha_k)y_n+\sum_{j=1}^{p}\frac{h^j}{j!}\Big[\sum_{k=1}^{r}(-k)^j\alpha_k+j\sum_{k=-1}^{r}(-k)^{j-1}\beta_k\Big]y_n^{(j)}+$$
$$\frac{h^{p+1}}{(p+1)!}\Big[\sum_{k=1}^{r}(-k)^{p+1}\alpha_k+(p+1)\sum_{k=-1}^{r}(-k)^p\beta_k\Big]y_n^{(p+1)}+\cdots \tag{4.12}$$

要使公式(4.12)具有 p 阶精度，即局部截断误差为 $O(h^{p+1})$，只要式(4.12)与 $y(x_{n+1})$ 在 x_n 点的 Taylor 展开式

$$y(x_{n+1})=\sum_{j=0}^{p}\frac{h^j}{j!}y_n^{(j)}+\frac{h^{p+1}}{(p+1)!}y_n^{(p+1)}+\cdots \tag{4.13}$$

中含有 $1,h,h^2,\cdots,h^p$ 的项分别对应相等即可，即必须满足

$$\begin{cases}\sum\limits_{k=0}^{r}\alpha_k=1,\\[2mm]\sum\limits_{k=1}^{r}(-k)^j\alpha_k+j\sum\limits_{k=-1}^{r}(-k)^{j-1}\beta_k=1\quad(j=1,2,\cdots,p),\end{cases} \tag{4.14}$$

则线性多步法公式(4.11)具有 p 阶精度，其组合参数应满足条件(4.14).

下面，我们根据式(4.11)和式(4.14)来构造几个常用的著名四阶线性多步法公式，即当 $r=3,p=4$ 时，式(4.11)变为

$$y_{n+1}=\alpha_0y_n+\alpha_1y_{n-1}+\alpha_2y_{n-2}+\alpha_3y_{n-3}+h(\beta_{-1}f_{n+1}+\beta_0f_n+\beta_1f_{n-1}+\beta_2f_{n-2}+\beta_3f_{n-3}). \tag{4.15}$$

式(4.15)中含有 9 个待定参数，从式(4.14)得到 5 个方程，则解有无穷多组，以下给出一些特殊情形.

Ⅰ　Adams 四步四阶显式公式

取 $\beta_{-1}=0,\alpha_1=\alpha_2=\alpha_3=0$，由式(4.14)得如下方程组：

$$\begin{cases}\alpha_0=1,\\ \beta_0+\beta_1+\beta_2+\beta_3=1,\\ -2\beta_1-4\beta_2-6\beta_3=1,\\ 3\beta_1+12\beta_2+27\beta_3=1,\\ -4\beta_1-32\beta_2-108\beta_3=1.\end{cases}$$

解得 $\alpha_0=1,\beta_0=\dfrac{55}{24},\beta_1=-\dfrac{59}{24},\beta_2=\dfrac{37}{24},\beta_3=-\dfrac{9}{24}$. 此时的式(4.11)即为 Adams 显式公式(4.4)，也称为 Adams 四步四阶显式公式.

Ⅱ　Admas 三步四阶隐式公式

取 $\beta_{-1}\neq0,\alpha_1=\alpha_2=\alpha_3=0,\beta_3=0$，由式(4.14)得方程组

$$\begin{cases}\alpha_0 = 1, \\ \beta_{-1} + \beta_0 + \beta_1 + \beta_2 = 1, \\ 2\beta_{-1} - 2\beta_1 - 4\beta_2 = 1, \\ 3\beta_{-1} + 3\beta_1 + 12\beta_2 = 1, \\ 4\beta_{-1} - 4\beta_1 - 32\beta_2 = 1. \end{cases}$$

解得 $\alpha_0 = 1, \beta_{-1} = \frac{9}{24}, \beta_0 = \frac{19}{24}, \beta_1 = -\frac{5}{24}, \beta_2 = \frac{1}{24}$. 此时的式(4.11)即为 Adams 隐式公式(4.7),也称为 Adams 三步四阶隐式公式.

Ⅲ Milne 公式

取 $\beta_{-1} = 0, \alpha_0 = \alpha_1 = \alpha_2 = 0$,由式(4.14)得到含 5 个待定参数 $\alpha_3, \beta_0, \beta_1, \beta_2, \beta_3$ 的方程组(5 个方程),解得

$$\alpha_3 = 1, \beta_0 = \frac{8}{3}, \beta_1 = -\frac{4}{3}, \beta_2 = \frac{8}{3}, \beta_3 = 0.$$

此时的式(4.11)即为

$$y_{n+1} = y_{n-3} + \frac{4h}{3}(2f_n - f_{n-1} + 2f_{n-2}), \tag{4.16}$$

称为 Milne 公式,是四步四阶显式公式,其局部截断误差为

$$y(x_{n+1}) - y_{n+1} = \frac{14}{45}h^5 y^{(5)}(\eta) \quad \eta \in (x_{n-3}, x_{n+1}). \tag{4.17}$$

Ⅳ Hamming 公式

若取 $\beta_{-1} \neq 0, \alpha_1 = \alpha_3 = 0, \beta_2 = \beta_3 = 0$,由式(4.14)得到含 5 个待定参数 $\alpha_0, \alpha_2, \beta_{-1}, \beta_0$ 和 β_1 的方程组(5 个方程),解得

$$\alpha_0 = \frac{9}{8}, \alpha_2 = -\frac{1}{8}, \beta_{-1} = \frac{3}{8}, \beta_0 = \frac{6}{8}, \beta_1 = -\frac{3}{8}.$$

此时的式(4.11)为

$$y_{n+1} = \frac{1}{8}(9y_n - y_{n-2}) + \frac{3h}{8}(f_{n+1} + 2f_n - f_{n-1}), \tag{4.18}$$

称为 Hamming 公式,是三步四阶隐式公式,其局部截断误差为

$$y(x_{n+1}) - y_{n+1} = -\frac{1}{40}h^5 y^{(5)}(\eta) \quad \eta \in (x_{n-2}, x_{n+1}). \tag{4.19}$$

Ⅴ Simpson 隐式公式

取 $\beta_{-1} \neq 0, \alpha_0 = \alpha_2 = \alpha_3 = 0, \beta_3 = 0$,也得到含 5 个参数的线性方程组,求解后代入式(4.11)得 Simpson 隐式公式(二步四阶隐式公式)

$$y_{n+1} = y_{n-1} + \frac{h}{3}(f_{n+1} + 4f_n + f_{n-1}), \tag{4.20}$$

其局部截断误差为

$$y(x_{n+1})-y_{n+1}=-\frac{1}{90}h^5y^{(5)}(\eta)\quad \eta\in(x_{n-1},x_{n+1}). \tag{4.21}$$

与 Adams 显式公式(4.4)和隐式公式(4.7)匹配构造预测-校正公式相似，此处我们用 Milne 公式和 Hamming 公式匹配，利用误差公式(4.17)和(4.19)，也可建立如下预测-校正公式：

预测　$p_{n+1}=y_{n-3}+\frac{4h}{3}(2f_n-f_{n-1}+2f_{n-2})$，

改进　$m_{n+1}=p_{n+1}-\frac{112}{121}(p_n-c_n)$，

计算　$m'_{n+1}=f(x_{n+1},m_{n+1})$，

校正　$c_{n+1}=\frac{1}{8}(9y_n-y_{n-2})+\frac{3h}{8}(m'_{n+1}+2f_n-f_{n-1})$，

改进　$y_{n+1}=c_{n+1}+\frac{9}{121}(p_{n+1}-c_{n+1})$，

计算　$f_{n+1}=f(x_{n+1},y_{n+1})$.

§5　常微分方程组和高阶微分方程的数值解法

5.1　一阶方程组

考虑一阶常微分方程组的初值问题

$$\begin{cases} y_j'=f_j(x,y_1,y_2,\cdots,y_N) & (j=1,2,\cdots,N), \\ y_j(x_0)=y_j^0 & (j=1,2,\cdots,N). \end{cases} \tag{5.1}$$

掌握了单个方程的初值问题求解方法之后，只要把 y 和 f 理解为向量，本质上解方程组(5.1)与单个方程求解是一样的. 若记

$$\boldsymbol{Y}=(y_1,y_2,\cdots,y_N)^{\mathrm{T}},$$
$$\boldsymbol{Y}_0=(y_1^0,y_2^0,\cdots,y_N^0)^{\mathrm{T}},$$
$$\boldsymbol{F}=(f_1,f_2,\cdots,f_N)^{\mathrm{T}},$$

则方程组初值问题(5.1)可表述为

$$\begin{cases} \boldsymbol{Y}'=\boldsymbol{F}(x,\boldsymbol{Y}), \\ \boldsymbol{Y}(x_0)=\boldsymbol{Y}_0. \end{cases} \tag{5.2}$$

为理解问题(5.2)的数值求解，我们以两个方程为例：

$$\begin{cases} \dfrac{\mathrm{d}y}{\mathrm{d}x}=f(x,y,z),y(x_0)=y_0, \\ \dfrac{\mathrm{d}z}{\mathrm{d}x}=g(x,y,z),z(x_0)=z_0. \end{cases} \tag{5.3}$$

(1)Euler 方法的计算公式.

$$\begin{cases}y_{n+1}=y_n+hf(x_n,y_n,z_n),y(x_0)=y_0,\\z_{n+1}=z_n+hg(x_n,y_n,z_n),z(x_0)=z_0\quad(n=0,1,\cdots).\end{cases}\tag{5.4}$$

(2)向后 Euler 方法的计算公式.

$$\begin{cases}y_{n+1}^{(0)}=y_n+hf(x_n,y_n,z_n),\\z_{n+1}^{(0)}=z_n+hg(x_n,y_n,z_n),\\y_{n+1}^{(k+1)}=y_n+hf(x_{n+1},y_{n+1}^{(k)},z_{n+1}^{(k)}),\\z_{n+1}^{(k+1)}=y_n+hg(x_{n+1},y_{n+1}^{(k)},z_{n+1}^{(k)})\quad(k=0,1,\cdots).\end{cases}\tag{5.5}$$

(3)四阶 R-K 方法式(2.11).

$$\begin{cases}y_{n+1}=y_n+\dfrac{h}{6}(K_1+2K_2+2K_3+K_4),\\z_{n+1}=z_n+\dfrac{h}{6}(M_1+2M_2+2M_3+M_4).\end{cases}\tag{5.6}$$

其中,

$$\begin{aligned}&K_1=f(x_n,y_n,z_n),\\&K_2=f(x_n+\frac{h}{2},y_n+\frac{h}{2}K_1,z_n+\frac{h}{2}M_1),\\&K_3=f(x_n+\frac{h}{2},y_n+\frac{h}{2}K_2,z_n+\frac{h}{2}M_2),\\&K_4=f(x_n+h,y_n+hK_3,z_n+hM_3),\\&M_1=g(x_n,y_n,z_n),\\&M_2=g(x_n+\frac{h}{2},y_n+\frac{h}{2}K_1,z_n+\frac{h}{2}M_1),\\&M_3=g(x_n+\frac{h}{2},y_n+\frac{h}{2}K_2,z_n+\frac{h}{2}M_2),\\&M_4=g(x_n+h,y_n+hK_3,z_n+hM_3).\end{aligned}$$

编程计算时,先按 $K_1,M_1,K_2,M_2,K_3,M_3,K_4,M_4$ 的顺序计算出这些参数,再代入式(5.6),即可求得 x_{n+1}处的近似值 y_{n+1}和 z_{n+1}.

当然,其他公式如 Adams 显式、隐式公式,Milne 公式等都可用来求解问题(5.1).

5.2 高阶微分方程

高阶微分方程(或方程组)的初值问题总可以化为一阶方程组来求解.考虑 m 阶微分方程的初值问题

$$\begin{cases}y^{(m)}=f(x,y,y',\cdots,y^{(m-1)}),\\y(x_0)=y_0,y^{(j)}(x_0)=y_0^{(j)}\quad(j=1,2,\cdots,m-1).\end{cases}\tag{5.7}$$

若引入变量

$$y_1=y,y_2=y',\cdots,y_m=y^{(m-1)},$$

则问题(5.7)就转化为如下一阶微分方程组的初值问题,即

$$\begin{cases} y_1' = y_2, \\ y_2' = y_3, \\ \cdots\cdots\cdots\cdots\cdots\cdots \\ y_{m-1}' = y_m, \\ y_m' = f(x, y_1, y_2, \cdots, y_m), \\ y_1(x_0) = y_0, y_2(x_0) = y_0', \cdots, y_m(x_0) = y_0^{(m-1)}. \end{cases} \tag{5.8}$$

而前述的解一阶常微分方程组初值问题的数值解法，都适用于求解问题(5.8)，问题(5.7)也就得以求解.

以下我们以二阶问题来说明求解过程. 将方程组

$$\begin{cases} \dfrac{d^2 y}{dx^2} = g(x, y, y'), \\ y(x_0) = y_0, y'(x_0) = y_0' \end{cases} \tag{5.9}$$

化为一阶方程组

$$\begin{cases} y' = z, \\ z' = g(x, y, z), \\ y(x_0) = y_0, z(x_0) = y_0' = z_0. \end{cases} \tag{5.10}$$

用四阶 R-K 公式(2.11)来求解问题(5.10)，计算公式为

对 $n=0,1,\cdots$

$$\begin{cases} y_{n+1} = y_n + \dfrac{h}{6}(K_1 + 2K_2 + 2K_3 + K_4), \\ z_{n+1} = z_n + \dfrac{h}{6}(M_1 + 2M_2 + 2M_3 + M_4). \end{cases} \tag{5.11}$$

其中，

$$K_1 = z_n, \qquad M_1 = f(x_n, y_n, z_n),$$

$$K_2 = z_n + \frac{h}{2}M_1, \quad M_2 = f\left(x_n + \frac{h}{2}, y_n + \frac{h}{2}K_1, z_n + \frac{h}{2}M_1\right),$$

$$K_3 = z_n + \frac{h}{2}M_2, \quad M_3 = f\left(x_n + \frac{h}{2}, y_n + \frac{h}{2}K_2, z_n + \frac{h}{2}M_2\right),$$

$$K_4 = z_n + hM_3, \qquad M_4 = f(x_n + h, y_n + hK_3, z_n + hM_3).$$

若消去 K_1, K_2, K_3, K_4，则上述公式变为

$$\begin{cases} y_{n+1} = y_n + hz_n + \dfrac{h^2}{6}(M_1 + M_2 + M_3), \\ z_{n+1} = z_n + \dfrac{h}{6}(M_1 + 2M_2 + 2M_3 + M_4). \end{cases} \tag{5.12}$$

其中，

$$M_1 = f(x_n, y_n, z_n),$$

$$M_2 = f\left(x_n + \frac{h}{2}, y_n + \frac{h}{2}z_n, z_n + \frac{h}{2}M_1\right),$$

$$M_3 = f\left(x_n + \frac{h}{2}, y_n + \frac{h}{2}z_n + \frac{h^2}{4}M_1, z_n + \frac{h}{2}M_2\right),$$

$$M_4=f(x_n+h,y_n+hz_n+\frac{h^2}{2}M_2,z_n+hM_3).$$

类似地,其他数值方法也可用来求解问题(5.8)和(5.7).

§6 刚性方程及方程组

刚性方程又称 Stiff 方程,下面以一个例子来进行说明.

问题

$$\begin{cases}y'=300(-y+\frac{299.5}{300}e^{-\frac{1}{2}x}-1),\\ y(0)=1,\end{cases}\tag{6.1}$$

其解析解为 $y(x)=e^{-300x}+e^{-\frac{1}{2}x}-1$. 解析解中主要包含两部分,一部分为 $f_1(x)=e^{-300x}$,另一部分为 $f_2(x)=e^{-\frac{1}{2}x}$,当 $x\to\infty$时,$f_1(x)$和 $f_2(x)$都趋向于 0,称为**瞬态部分**. 解析解中还有一部分为常数,称为**稳态部分**. 而 $f_1(x)=e^{-300x}$ 随 x 的增长迅速趋向于 0,称为**快瞬态部分**;$f_2(x)=e^{-\frac{1}{2}x}$ 随 x 的增长趋向于 0 的速度较慢,称为**慢瞬态部分**. 也就是说,随着 x 的增长,$f_1(x)$和 $f_2(x)$以不同的速度衰减,衰减得快的部分 $f_1(x)$将决定方法的稳定性. 由于在很少几步之后,$f_1(x)$已衰减到可以忽略的程度,因而方法的截断误差主要由衰减慢的部分 $f_2(x)$来确定. 若一个解中既含有快瞬态部分,又含有慢瞬态部分,且两部分之间数量级相差巨大,这时,快瞬态部分将严重影响数值解的稳定性和精度,给数值计算带来很大的困难,这是由微分方程本身的病态性质所引起的,这一现象称为**刚性现象**.

再来考察刚性方程组

$$\begin{cases}y'=-y, & y(0)=1,\\ z'=-1000z, & z(0)=1.\end{cases}\tag{6.2}$$

若用前面介绍的数值方法来求解,例如用 Euler 方法,则根据稳定性的要求,第一个方程要求步长 h 满足 $0<h<2$,而第二个方程则要求 $0<1000h<2$. 为了使两个方程的稳定性都得到满足,只能要求 $0<h<\frac{2}{1000}$. 积分几步之后,z 的值与 y 的值相比几乎可以忽略不计. 虽然只在第一个方程中含有有效的分量,但是由于第二个方程的缘故,仍然必须采用非常小的步长,以保持稳定性,这就是刚性方程(或方程组)的特点. 当然,对于方程组(6.2),因为两个方程相互独立,所以实际计算时,可以对第一个方程采用大步长,对第二个方程采用小步长. 但是,一般来说,方程组中的方程不一定是相互独立的,例如

$$\begin{cases}u'=-1000.25u+999.75v+0.5, & u(0)=1,\\ v=999.75u-1000.25v+0.5, & v(0)=1.\end{cases}\tag{6.3}$$

方程组(6.3)右端系数矩阵的特征值 $\lambda_1=-\frac{1}{2},\lambda_2=-2000$,则其解为

$$\begin{cases} u(x)=-\mathrm{e}^{-\frac{x}{2}}+\mathrm{e}^{-2000x}+1, \\ v(x)=-\mathrm{e}^{-\frac{x}{2}}-\mathrm{e}^{-2000x}+1. \end{cases}$$

类似单个方程的讨论，这里 e^{-2000x} 为快瞬态部分，其时间常数 $\tau_2=-\dfrac{1}{\lambda_2}=0.0005$（$\lambda_2$ 为复数时，用 $\mathrm{Re}(\lambda_2)$ 代替 λ_2），计算到 $x=20\tau_2=0.01$ 时，快瞬态部分 e^{-2000x} 已衰减到 2.1×10^{-9}；$\mathrm{e}^{-\frac{x}{2}}$ 为慢瞬态部分，其时间常数 $\tau_1=-\dfrac{1}{\lambda_1}=2$，这部分要计算到 $x=20\tau_1=40$ 时才衰减为 2.1×10^{-9}. 因此，解应由对应于 λ_1 的慢瞬态部分来确定，此时希望步长由 λ_1 来选取，但是为确保稳定性，步长只能由 λ_2 来选取. 这样，由于 λ_2 很大而要求步长取得很小，积分步数也因此而增加. 事实上，为了稳定性，总的计算时间还是由 λ_1 来确定的，而计算步数则完全依赖于微分方程组右端系数矩阵的特征值，具体来讲，是与 $\dfrac{\max|\mathrm{Re}(\lambda_j)|}{\min|\mathrm{Re}(\lambda_j)|}$ 成比例.

定义 6.1　对一般的一阶常系数方程组初值问题

$$\begin{cases} \dfrac{\mathrm{d}\boldsymbol{Y}}{\mathrm{d}x}=\boldsymbol{A}\boldsymbol{Y}+\boldsymbol{g}(x), \\ \boldsymbol{Y}(x_0)=\boldsymbol{Y}_0. \end{cases} \tag{6.4}$$

其中，$\boldsymbol{Y}=(y_1,y_2,\cdots,y_N)^{\mathrm{T}}$，$\boldsymbol{g}=(g_1,g_2,\cdots,g_N)^{\mathrm{T}}$，若系数矩阵 $\boldsymbol{A}$ 的特征值 λ_j 满足

$$\mathrm{Re}(\lambda_j)<0\quad(j=1,2,\cdots,N), \tag{6.5}$$

并且有

$$\max_{1\leqslant j\leqslant N}|\mathrm{Re}(\lambda_j)|\gg\min_{1\leqslant j\leqslant N}|\mathrm{Re}(\lambda_j)|, \tag{6.6}$$

则称方程组(6.4)为刚性方程组，比值 $S=\dfrac{\max\limits_{1\leqslant j\leqslant N}|\mathrm{Re}(\lambda_j)|}{\min\limits_{1\leqslant j\leqslant N}|\mathrm{Re}(\lambda_j)|}$ 为刚性比，S 越大，刚性越强，计算困难越大.

为简单起见，假定 $\boldsymbol{A}$ 的 N 个特征值互不相同，若对应 N 个特征值的特征向量为 $\boldsymbol{V}_j$，则解的一般形式为

$$y(x)=\sum_{j=1}^{N}C_j\boldsymbol{V}_j\mathrm{e}^{\lambda_j x}+\phi(x). \tag{6.7}$$

式(6.7)右端第一项通常称为“瞬态解”，右端第二项 $\phi(x)$ 通常称为“稳态解”.

从上面对刚性问题的分析可知，解这类问题选用的数值方法最好是对步长 h 没有限制，也就是说最好是 A-稳定的方法. Dahlquist指出：

(1)任何显式多步法包括显式 R-K 方法都不可能是 A-稳定的；

(2)A-稳定方法为隐式线性多步法，且阶不超过 2，其中具有最小误差常数的公式是梯形公式.

基于上述结论，可通过减弱稳定性的要求来寻求适合刚性方程(或方程组)的数值方法.

Gear 放松了对稳定性的要求，引入了 Stiff 稳定的概念，还给出了 Stiff 稳定的数值方法，其形式为

$$\sum_{j=0}^{k} \alpha_j y_{m+j} = h\beta_k f_{m+k}, \tag{6.8}$$

其中,系数 α_j,β_k 的值见表 8.9.

表 8.9

k	β_k	α_0	α_1	α_2	α_3	α_4	α_5	α_6
1	1	-1	1					
2	$\frac{2}{3}$	$\frac{1}{3}$	$-\frac{3}{4}$	1				
3	$\frac{6}{11}$	$-\frac{2}{11}$	$\frac{9}{11}$	$-\frac{18}{11}$	1			
4	$\frac{12}{25}$	$\frac{3}{25}$	$-\frac{16}{25}$	$\frac{36}{25}$	$-\frac{48}{25}$	1		
5	$\frac{60}{137}$	$-\frac{12}{137}$	$\frac{75}{137}$	$-\frac{200}{137}$	$\frac{300}{137}$	$-\frac{300}{137}$	1	
6	$\frac{60}{147}$	$\frac{10}{147}$	$-\frac{72}{147}$	$\frac{225}{147}$	$-\frac{400}{147}$	$\frac{450}{147}$	$-\frac{360}{147}$	1

$$y_{n+1} = y_n + \frac{h}{2}[f(x_n, y_n) + f(x_{n+1}, y_{n+1})],$$

利用式(6.8)计算时,每步需要解关于 y_{m+k} 的方程组,这一过程可通过简单迭代法来实现,迭代收敛条件为

$$\left| h\beta_k \frac{\partial f}{\partial y} \right| < 1. \tag{6.9}$$

因为解刚性方程有时步长 h 取得很大,上述条件不一定满足,故常采用 Newton 迭代法(或简化的 Newton 迭代法)求解.

例如,梯形公式与 Newton 迭代法相结合求解非线性刚性方程,即令 $z = y_{n+1}$ 为所求的未知量,令非线性函数

$$F(z) = z - y_n - \frac{h}{2}[f(x_n, y_n) + f(x_{n+1}, z)],$$

则梯形公式的求解 y_{n+1} 就转化为求非线性方程 $F(z)=0$ 的根. 用 Newton 迭代法来求此根,初值由 Euler 公式提供,即 $z^{(0)} = y_n + hf(x_n, y_n)$,计算公式为

$$z^{(k+1)} = z^{(k)} - \frac{F(z^{(k)})}{F'(z^{(k)})} = z^{(k)} - \frac{z^{(k)} - y_n - \frac{h}{2}[f(x_n, y_n) + f(x_{n+1}, z^{(k)})]}{1 - \frac{h}{2} f_z(x_{n+1}, z^{(k)})} \quad (k=0,1,\cdots).$$

直到相邻两步迭代值相差很小,即 $|z^{(k+1)} - z^{(k)}| \leqslant \varepsilon$,此时取 $y_{n+1} = z^{(k+1)}$,重复上述过程直到完成整个区间的计算.

§7　边值问题的数值解法

在微分方程的定解问题中，当自变量 $x\in[a,b]$时，其定解条件通常分为两类：一类是初值问题，即给出解函数 $y(x)$在左端点 $x=a$ 处的值；另一类是边值问题，即给出解函数 $y(x)$在两端点 $x=a$ 和 $x=b$ 处的值. 有关初值问题的数值解法在前六节已做了较详细的介绍，本节主要讨论边值问题的数值解法.

对于二阶常微分方程

$$y''=f(x,y,y') \tag{7.1}$$

的边值问题，其边界条件有三类：

第一类边界条件：$y(a)=\alpha,y(b)=\beta$；　(7.2)

第二类边界条件：$y'(a)=\alpha,y'(b)=\beta$；　(7.3)

第三类边界条件：$\alpha_0y(a)+\alpha_1y'(a)=A,\beta_0y(b)+\beta_1y'(b)=B$.　(7.4)

其中，$\alpha,\beta,\alpha_0,\beta_0,\alpha_1,\beta_1,A,B$ 均为已知常数，而且

$$|\alpha_0|+|\alpha_1|\neq 0,\quad |\beta_0|+|\beta_1|\neq 0.$$

本节仅考虑第一类边界条件问题的数值求解.

$$\begin{cases}y''=f(x,y,y'),\\ y(a)=\alpha,y(b)=\beta.\end{cases} \tag{7.5}$$

其他边界问题可查阅相关文献.

边值问题的数值解法有多种，本节只介绍试射法和差分法.

7.1　试射法

试射法求解边值问题(7.5)的基本思想是将其转化为初值问题来进行求解，即从满足左端条件 $y(a)=\alpha$ 的解曲线中寻找也满足右端条件 $y(b)=\beta$ 的解，如图 8－2 所示，$y_1(x)$和 $y_2(x)$都为试探的函数. 这种方法类似打靶，故也称为**打靶法**.

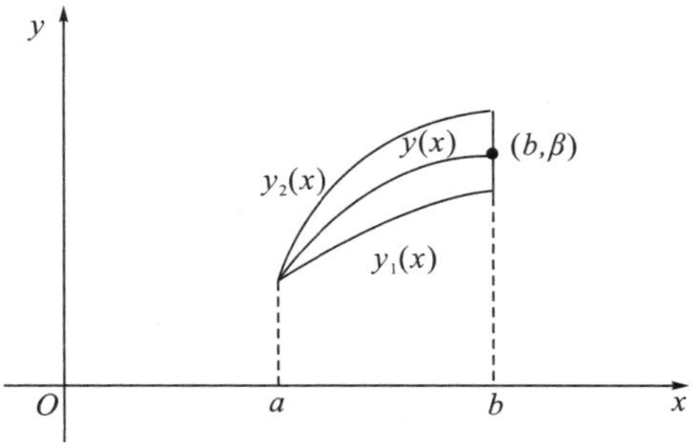

图 8－2

试射法的求解过程：

先选取两个近似斜率值 m_1 和 m_2.

(1)对斜率值 m_1,将边值问题(7.5)化为如下初值问题:

$$\begin{cases} y''=f(x,y,y'), \\ y(a)=\alpha, y'(a)=m_1. \end{cases} \tag{7.6}$$

根据初值问题的数值方法求解式(7.6),得解函数 $y_1(x)$.

(i)若$|y_1(b)-\beta|\leqslant\varepsilon$(允许误差),则 $y_1(x)$即为所求的数值解.

(ii)若$|y_1(b)-\beta|\geqslant\varepsilon$,则根据 $y_1(b)$为 β_1 与 β 之差,适当修正 m_1,例如赋值 $m_1\leftarrow\dfrac{\beta}{\beta_1}m_1$.

(2)以 m_2 代替(1)中的 m_1,类似地求得数值解 $y_2(x)$.

若$|y_2(b)-\beta|\leqslant\varepsilon$,则 $y_2(x)$即为所求;否则,利用 m_1,m_2,β_1 和 β_2 做线性插值来修正 m_2,得

$$m_3\leftarrow m_1+\frac{m_2-m_1}{\beta_2-\beta_1}(\beta-\beta_1).$$

(3)用 m_3 代替 m_2,类似前面步骤,求得数值解 $y_3(x)$.

重复上述过程,直到右端边界条件满足为止.

由于试射法过分依赖于经验(取初始斜率值),因此局限性大.

7.2 差分法

差分法的基本思想是将区间$[a,b]$离散化(网格剖分),在各节点处用差商代替微商,把微分方程边值问题离散成为差分方程,得到满足边值条件的差分方程组.该方程组根据右端函数 f 的线性与非线性可得到线性方程组和非线性方程组,利用第四、五、六章的相关方法解此方程组,就可得到边值问题在节点上的解函数的近似值.

具体方法如下:

将区间$[a,b]$ n 等分,步长 $h=\dfrac{b-a}{n}$,$x_i=a+ih\,(i=0,1,\cdots,n)$,根据数值微分的知识,有

$$\frac{y(x_{i+1})-y(x_{i-1})}{2h}=y'(x_i)+O(h^2), \tag{7.7}$$

$$\frac{y(x_{i+1})-2y(x_i)+y(x_{i-1})}{h^2}=y''(x_i)+O(h^2). \tag{7.8}$$

忽略截断误差项 $O(h^2)$并离散化,即以 y_i 近似代替 $y(x_i)$,得

一阶中心差商
$$y'(x_i)\approx\frac{y_{i+1}-y_{i-1}}{2h}, \tag{7.9}$$

二阶中心差商
$$y''(x_i)\approx\frac{y_{i+1}-2y_i+y_{i-1}}{h^2}. \tag{7.10}$$

利用一、二阶中心差商(7.9)和(7.10)分别代替边值问题(7.5)中的一、二阶微商 y'和 y'',可将问题(7.5)转化为下列差分问题:

$$\begin{cases}\dfrac{y_{i+1}-2y_i+y_{i-1}}{h^2}=f\left(x_i,y_i,\dfrac{y_{i+1}-y_{i-1}}{2h}\right),\\ y_0=\alpha,y_n=\beta.\end{cases}\tag{7.11}$$

若右端函数 f 为线性函数，则相应的方程组(7.11)为线性方程组；若 f 非线性，则(7.11)为非线性方程组，非线性方程组可用 Newton 迭代法求解.

若考虑的是如下线性方程的边值问题：

$$\begin{cases}y''+p(x)y'+q(x)y=r(x),\\ y(a)=\alpha,y(b)=\beta,\end{cases}\tag{7.12}$$

其中，$p(x)$，$q(x)$满足 $q(x)\leqslant 0$，$p,q,r\in C[a,b]$，则相应的差分方程组(7.11)就为

$$\begin{cases}\dfrac{y_{i+1}-2y_i+y_{i-1}}{h^2}+p_i\dfrac{y_{i+1}-y_{i-1}}{2h}+q_iy_i=r_i\quad(i=1,2,\cdots,n-1),\\ y_0=\alpha,y_n=\beta,\end{cases}\tag{7.13}$$

其中，p_i，q_i，r_i 表示在 x_i 点处的值.消去(7.13)中的 y_0 和 y_n，即得关于 $n-1$ 个变量 y_i $(1\leqslant i\leqslant n-1)$的方程组($n-1$ 个方程)

$$\begin{cases}(-2+h^2q_1)y_1+(1+\dfrac{h}{2}p_1)y_2=h^2r_1-(1-\dfrac{h}{2}p_1)\alpha,\\ (1-\dfrac{h}{2}p_i)y_{i-1}+(-2+h^2q_i)y_i+(1+\dfrac{h}{2}p_i)y_{i+1}=h^2r_i,\\ \cdots\cdots\cdots\cdots\cdots\cdots\qquad\qquad\qquad\qquad\qquad\qquad(1\leqslant i\leqslant n-1)\\ (1-\dfrac{h}{2}p_{n-1})y_{n-2}+(-2+h^2q_{n-1})y_{n-1}=h^2r_{n-1}-(1+\dfrac{h}{2}p_{n-1})\beta.\end{cases}\tag{7.14}$$

该方程组是一个三对角型的方程组，可用第四章的追赶法进行求解.

例 7.1　用差分法解边值问题

$$\begin{cases}y''-y=x\quad(0<x<1),\\ y(0)=0\quad(y(1)=1).\end{cases}$$

要求步长 h 取 0.1.

解：步长 $h=0.1$，$[a,b]=[0,1]$，则 $n=10$，节点

$$x_i=\frac{i}{10}\quad(i=0,1,\cdots,10),$$

差分方程组(7.14)就为

$$\begin{bmatrix}-2-10^{-2} & 1 & & & \\ 1 & -2-10^{-2} & 1 & & \\ & \ddots & \ddots & \ddots & \\ & & 1 & -2-10^{-2} & 1\\ & & & 1 & -2-10^{-2}\end{bmatrix}\begin{bmatrix}y_1\\ y_2\\ \vdots\\ y_8\\ y_9\end{bmatrix}=\begin{bmatrix}0.1\times 10^{-2}\\ 0.2\times 10^{-2}\\ \vdots\\ 0.8\times 10^{-2}\\ -1+0.9\times 10^{-2}\end{bmatrix}.$$

解这个方程组，结果见表 8.10，该问题的解析解为 $y(x)=\dfrac{2(e^x-e^{-x})}{e-e^{-1}}-x$.

表 8.10

x_i	y_i	$y(x_i)$
0.1	0.0704894	0.0704673
0.2	0.1426836	0.1426409
0.3	0.2183048	0.2182436
0.4	0.2991089	0.2990332
0.5	0.3869042	0.3868189
0.6	0.4835684	0.4834801
0.7	0.5910684	0.5909852
0.8	0.7114791	0.7114109
0.9	0.8470045	0.8469633

关于第二、第三边值问题，其边界条件中的微商用差商代替，得

$$y'(a)=\frac{y_1-y_0}{h},\quad y'(b)=\frac{y_n-y_{n-1}}{h},$$

其余过程与第一边值问题相似.

关于差分解的存在唯一性有如下结论.

定理 7.1　设 $p(x),q(x),r(x)$ 在 $[a,b]$ 上连续，且 $q(x)\leqslant 0$，$q(x)$ 在 $[a,b]$ 上不恒等于 0，则差分方程组(7.14)的解存在且唯一的充分条件为

$$h<\frac{2}{\max\limits_{a\leqslant x\leqslant b}|p(x)|}. \tag{7.15}$$

证明：由于条件(7.15)保证了方程组(7.14)的系数矩阵严格对角占优，从而非奇异，则解存在且唯一.

关于收敛性的讨论比较复杂，请查阅微分方程数值解的相关参考文献[13]和相关资料.

另外，常微分方程边值问题的数值解法还有“有限元”方法等，这里不再介绍，有兴趣的读者可查阅参考文献[13]，[18]和相关资料.

小结

本章主要讨论了常微分方程初值问题和边值问题的数值解法.

初值问题的数值解法主要有单步法和线性多步法. 单步法中常见的有 Euler 方法，向后 Euler 方法，梯形法，改进的 Euler 方法以及二阶、三阶、四阶的 R-K 方法等，其中的向后 Euler 方法、梯形法等是隐式方法. 线性多步法中主要有 Adams 显式、隐式公式，Milne 公式，Hamming 公式，Simpson 隐式公式等. 其中，突出介绍了贯穿本章的构造初值问题的三种有效途径，即差商代替微商，数值积分方法，Taylor 级数展开法，这为我们解决实际问题提供了非常重要的思路，因为很多科学与工程问题并不像本章中介绍的模型那么简单. 后两种途径是构造线性多步法的两条主要渠道，而且基于Taylor级数展开的构造方法更灵活，更具一般

性，尤其是利用Taylor展开方法构造差分公式的同时还可以得到截断误差的估计. 另外一个贯穿本章的主要思想是，利用误差补偿的技巧，构造相关的预测-校正公式. 当然，对自动选取步长的数值方法，我们也作了简单的介绍.

实际计算时，对一般的常微分方程初值问题，通常采用二阶方法. 如果被积函数 f 非常光滑，计算精度又要求较高，常用经典的四阶 R-K 方法等，但其计算量较大，相比之下，可采用同阶的线性多步法，如 Hamming 公式等. Hamming 公式是一种四步法，不能自开始，需用同阶的单步法，比如四阶 R-K 方法，为其提供初始值. 如果右端函数 f 比较复杂时，一般采用线性多步法，包括预测-校正方法，例如 Adams 预测-校正公式等. 如果 f 比较简单，精度要求又不高，则可选用低阶公式. 不管采用哪种方法，选取步长的原则是使 λh 落在绝对稳定区域内，以保证计算的稳定性，而且步长应尽可能大，以使花费最少的机器时间达到预定精度(即粗网格高精度的思想).

本章只介绍了两种基本的边值问题的数值解法，即试射法和差分法。

对刚性方程(或方程组)的数值求解，常用 A-稳定的隐式方法、梯形公式与 Newton 迭代相结合的方法以及 Gear 方法. 关于这部分内容还可查阅参考文献[19].

习　题

1. 用 Euler 方法和改进的 Euler 方法求解下列初值问题：

(1) $y'=\sin x+e^{-x}, 0\leqslant x\leqslant 1, y(0)=0$，取步长 $h=0.5$；

(2) $y'=x+y, 0<x<1, y(0)=1$，取步长 $h=0.1$；

(3) $y'=-xy+\dfrac{4x}{y}, 0\leqslant x\leqslant 1, y(0)=1$，取步长 $h=0.25$.

2. 验证对方程 $y'=-2ax$，若用改进的 Euler 方法求解，则数值解与准确解相同，请说明理由.

3. 对初值问题 $y'=ax+b, y(0)=0$，分别导出用 Euler 方法和改进的 Euler 方法求解的计算公式，讨论其收敛性，并与准确解 $y=\dfrac{1}{2}ax^2+bx$ 相比较.

4. 用改进的 Euler 方法解初值问题

$$\begin{cases} y' = x^2+x-y, \\ y(0) = 0. \end{cases}$$

取步长 $h=0.1$，计算 $y(0.5)$ 的近似值，并与准确解 $y=-e^{-x}+x^2-x+1$ 相比较.

5. 用改进的 Euler 方法求解

$$\begin{cases} y' = -15y \quad (0\leqslant x\leqslant 1), \\ y(0) = 1. \end{cases}$$

取 $h=0.1$ 及 $h=0.25$ 分别计算，将所得的结果与准确解比较，讨论所出现的现象.

6. 对初值问题

$$\begin{cases} y' + y = 0, \\ y(0) = 1. \end{cases}$$

证明:

(1)用 Euler 公式求解,其近似解为 $y_n = (1-h)^n$.

(2)用梯形公式求得的近似解为 $y_n = \left(\frac{2-h}{2+h}\right)^n$.

(3)上面两种近似解当 $h \to 0$ 时,都收敛于准确解 $y(x) = e^{-x}$.

7. 若用梯形法求解

$$\begin{cases} y' = ky \quad (k < 0), \\ y(0) = y_0, \end{cases}$$

证明:

(1) $|y_n| < |y_0| \quad (n = 1, 2, \cdots)$.

(2) $y_n = \left(\frac{2+kh}{2-kh}\right)^n y_0$,且当 $h \to 0$ 时,对固定的点 $x_n = nh$,y_n 收敛于准确解.

8. 利用 Euler 方法计算积分

$$\int_0^x e^{t^2} dt$$

在点 $x = 0.5, 1, 1.5, 2$ 的近似值.

9. 取 $h = 0.2$,用经典的四阶 R-K 公式解下列初值问题:

(1) $\begin{cases} y' = \frac{3y}{1+x} \quad (0 < x < 1), \\ y(0) = 1. \end{cases}$

(2) $\begin{cases} y' = x + y^2 \quad (0 < x < 1), \\ y(0) = 1. \end{cases}$

10. 用 Adams 显式方法求解

$$\begin{cases} y' = -xy^2 \quad (0 < x < 1), \\ y(0) = 2. \end{cases}$$

步长 $h = 0.2$.

11. 证明对任意参数 t,下列 R-K 公式是二阶的.

$$\begin{cases} y_{n+1} = y_n + \frac{h}{2}(K_2 + K_3), \\ K_1 = f(x_n, y_n), \\ K_2 = f(x_n + th, y_n + thK_1), \\ K_3 = f(x_n + (1-t)h, y_n + (1-t)hK_1). \end{cases}$$

12. 证明解 $y' = f(x, y)$ 的公式

$$y_{n+1} = \frac{1}{2}(y_n + y_{n-1}) + \frac{h}{4}(4f_{n+1} - f_n + 3f_{n-1})$$

是二阶的二步法.

13. 用待定系数法导出具有下列形式的三阶方法：

$$y_{n+1}=\alpha_0 y_n+\alpha_1 y_{n-1}+\alpha_2 y_{n-2}+h(\beta_0 f_n+\beta_1 f_{n-1}+\beta_2 f_{n-2}).$$

14. 设有初值问题

$$\begin{cases} y'=f(x,y), \\ y(x_0)=y_0. \end{cases}$$

试用 Taylor 级数展开法构造形如

$$y_{n+1}=\alpha_0 y_n+\alpha_1 y_{n-1}+h\beta_1 f_{n-1}$$

的数值计算公式. 确定参数 $\alpha_0,\alpha_1,\beta_1$，使得该公式具有尽量高的精度，并导出局部截断误差.

15. 将下列高阶方程化为一阶方程组：

(1) $\begin{cases} y''-3y'+2y=0, \\ y(0)-1,y'(0)=1. \end{cases}$

(2) $\begin{cases} y''-0.1(1-y^2)y'+y=0, \\ y(0)=1,y'(0)=0. \end{cases}$

16. 用差分法求解下列边值问题：

(1) $\begin{cases} y''-y=0 \quad (0<x<1), \\ y(0)=1, \\ y(1)=\mathrm{e}, \end{cases}$

取 $h=0.25$，其解析解为 e^x.

(2) $\begin{cases} y''=(1+x^2)y \quad (-1<x<1), \\ y(-1)=y(1)=1, \end{cases}$

取 $h=0.5$.

17. 用经典的四阶 R-K 方法解

$$\begin{cases} y_1'=3y_1+2y_2, y_1(0)=0, \\ y_2'=4y_1+y_2, y_2(0)=1, \end{cases}$$

取步长 $h=0.1, 0\leqslant x\leqslant 0.4$.

18. 试对二阶方程 $y''=f(x,y)$ 建立差分公式

$$y_{i+1}=2y_i-y_{i-1}+h^2 f(x_i,y_i),$$

并用该公式求解初值问题

$$\begin{cases} y''=1, \\ y(0)=y(1)=0. \end{cases}$$

验证差分解恒等于准确解 $y(x)=\dfrac{x^2-x}{2}$.

参考文献

[1]李庆扬，王能超，易大义. 数值分析[M]. 4 版. 北京：清华大学出版社，2001.

[2]黄友谦，李岳生. 数值逼近[M]. 2 版. 北京：高等教育出版社，1987.

[3]关治，陈景良. 数值计算方法[M]. 北京：清华大学出版社，1990.

[4]SCHULTZ M H. 样条分析[M]. 赵根榕，译. 上海：上海科技出版社，1979.

[5]曹志浩，张玉德，李瑞遐. 矩阵计算和方程求根[M]. 2 版. 北京：高等教育出版社，1984.

[6]封建湖，车刚明，聂玉峰. 数值分析原理[M]. 北京：科学出版社，2001.

[7]GOLUB G H，VAN LOAN C F. 矩阵计算[M]. 袁亚湘，等，译. 北京：科学出版社，2002.

[8]BURDEN R L，FAIRES J D. Numerical Analysis[M]. 7th ed. 北京：高等教育出版社，2001.

[9]吕涛，石济民，林振宝. 分裂外推与组合技巧——并行解多维问题的新技术[M]. 北京：科学出版社，1998.

[10]吕涛，石济民，林振宝. 区域分解算法——偏微分方程数值解新技术[M]. 北京：科学出版社，1997.

[11]王勖成，邵敏. 有限单元法基本原理和数值方法[M]. 2 版. 北京：清华大学出版社，1997.

[12]DAVIS R J，RABINOWITZ P. Methods of Numerical Integration[M]. 2nd ed. New York：Academic Press，1984.

[13]李荣华，冯果忱. 微分方程数值解法[M]. 北京：人民教育出版社，1980.

[14]ORTEGA J M，RHEINBOLDT W C. Iterative Solution of Nonlinear Equations in Several Variables[M]. New York：Academic Press，1970.

[15]BYRNE G D，HALL C A. Numerical Solution of Systems of Nonlinear Algebraic Equations[M]. New York：Academic Press，1973.

[16]冯康，等. 数值计算方法[M]. 北京：国防工业出版社，1978.

[17]瓦格 R S. 矩阵迭代分析[M]. 上海：上海科学技术出版社，1966.

[18]施妙根，顾丽珍. 科学和工程计算基础[M]. 北京：清华大学出版社，1999.

[19]MAY R，NOYE J. The Numerical Solution of Ordinary Differential Equations：Initial Value Problems[M]//NOYE J. Computational Techniques for Differential Equations. Amsterdam：Elsevier Science Publishers B. V.，1984.

附　录

正交多项式

若首项系数 $a_n \neq 0$ 的 n 次多项式 $g_n(x)$，满足

$$\int_a^b \rho(x) g_j(x) g_k(x) \mathrm{d}x = \begin{cases} 0 & (j \neq k), \\ A_k > 0, j = k & (j, k = 0, 1, \cdots) \end{cases}$$

就称多项式序列 $g_0(x), g_1(x), \cdots$在$[a, b]$上带权 $\rho(x)$正交，并称 $g_n(x)$是$[a, b]$上带权 $\rho(x)$的 n **次正交多项式**.

一般来说，当权 $\rho(x)$及区间$[a, b]$给定后，从序列$\{1, x, \cdots, x^n, \cdots\}$就可构造出正交多项式. 较重要的有下列几类.

Ⅰ　Legendre 多项式

当区间为$[-1, 1]$，权函数 $\rho(x) \equiv 1$ 时，由$\{1, x, \cdots, x^n, \cdots\}$正交化得到的多项式就称为 Legendre **多项式**，并用 $P_0(x), P_1(x), \cdots, P_n(x), \cdots$表示，这是 Legendre 于 1785 年提出的. 1814 年，Rodrigul 给出了简单的表达式

$$P_0(x) = 1,$$

$$P_n(x) = \frac{1}{2^n n!} \frac{\mathrm{d}^n}{\mathrm{d}x^n} [(x^2 - 1)^n] \quad (n = 1, 2, \cdots). \tag{0.1}$$

由于$(x^2 - 1)^n$ 是 $2n$ 次多项式，求 n 阶导数后得

$$P_n(x) = \frac{1}{2^n n!} (2n)(2n-1) \cdot \cdots \cdot (n+1) x^n + a_{n-1} x^{n-1} + \cdots + a_0,$$

于是得首项 x^n 的系数 $a_n = \frac{(2n)!}{2^n (n!)^2}$. 显然最高项系数为 1 的 Legendre 多项式为

$$\widetilde{P}_n(x) = \frac{n!}{(2n)!} \frac{\mathrm{d}^n}{\mathrm{d}x^n} [(x^2 - 1)^n]. \tag{0.2}$$

Legendre 多项式有下述几个重要性质.

性质 1　正交性.

$$\int_{-1}^{1} P_n(x) P_m(x) \mathrm{d}x = \begin{cases} 0 & (m \neq n), \\ \dfrac{2}{2n+1} & (m = n). \end{cases} \tag{0.3}$$

证明:令 $\varphi(x)=(x^2-1)^n$,则

$$\varphi^{(k)}(\pm 1)=0 \quad (k=0,1,\cdots,n-1).$$

设 $Q(x)$ 是在区间 $[-1,1]$ 上 n 阶连续可微的函数,由分部积分知

$$\int_{-1}^{1} P_n(x) Q(x) \mathrm{d}x = \frac{1}{2^n n!}\int_{-1}^{1} Q(x)\varphi^{(n)}(x)\mathrm{d}x = -\frac{1}{2^n n!}\int_{-1}^{1} Q'(x)\varphi^{(n-1)}(x)\mathrm{d}x = \cdots$$

$$= -\frac{(-1)^n}{2^n n!}\int_{-1}^{1} Q^{(n)}\varphi(x)\mathrm{d}x.$$

下面分两种情况讨论.

(1)若 $Q(x)$ 是次数小于 n 的多项式,则 $Q^{(n)}(x)\equiv 0$,故得

$$\int_{-1}^{1} P_m(x) P_n(x) \mathrm{d}x = 0 \quad (n \neq m).$$

(2)若

$$Q(x)=P_n(x)=\frac{1}{2^n n!}\varphi^{(n)}(x)=\frac{(2n)!}{2^n (n!)^2}x^n+\cdots,$$

$$Q^{(n)}(x) = P_n^{(n)}(x) = \frac{(2n)!}{2^n n!},$$

则

$$\int_{-1}^{1} P_n^2(x)\mathrm{d}x = \frac{(-1)^n (2n)!}{2^{2n}(n!)^2}\int_{-1}^{1}(x^2-1)^n \mathrm{d}x = \frac{(2n)!}{2^{2n}(n!)^2}\int_{-1}^{1}(1-x^2)^n \mathrm{d}x.$$

由于

$$\int_{0}^{1}(1-x^2)^n \mathrm{d}x = \int_{0}^{\frac{\pi}{2}} \cos^{2n+1} t \,\mathrm{d}t = \frac{2\cdot 3\cdot \cdots \cdot (2n)}{1\cdot 3\cdot \cdots \cdot (2n+1)},$$

故

$$\int_{-1}^{1} P_n^2(x)\mathrm{d}x = \frac{2}{2n+1},$$

于是(0.3)得证.

性质 2　奇偶性.

$$P_n(-x) = (-1)^n P_n(x). \tag{0.4}$$

由于 $\varphi(x)=(x^2-1)^n$ 是偶次多项式,经过偶次求导仍为偶次多项式,经过奇次求导则为奇次多项式,故 n 为偶数时,$P_n(x)$ 为偶函数,n 为奇数时,$P_n(x)$ 为奇函数,于是式(0.4)成立.

性质 3　递推关系.

考虑 $n+1$ 次多项式 $xP_n(x)$,它可表示为

$$xP_n(x) = a_0 P_0(x) + a_1 P_1(x) + \cdots + a_{n+1} P_{n+1}(x),$$

两边乘 $P_k(x)$,并从 -1 到 1 积分,得

$$\int_{-1}^{1} xP_n(x)P_k(x)\mathrm{d}x = a_k \int_{-1}^{1} P_k^2(x)\mathrm{d}x.$$

当 $k\leqslant n-2$ 时，$xP_k(x)$ 次数小于等于 $n-1$，上式左端积分为 0，故得 $a_k=0$. 当 $k=n$ 时，$xP_n^2(x)$ 为奇函数，左端积分仍为 0，故 $a_n=0$. 于是

$$xP_n(x)=a_{n-1}P_{n-1}(x)+a_{n+1}P_{n+1}(x),$$

其中，

$$a_{n-1}=\frac{2n-1}{2}\int_{-1}^{1}xP_n(x)P_{n-1}(x)\mathrm{d}x=\frac{2n-1}{2}\cdot\frac{2n}{4n^2-1}=\frac{n}{2n+1},$$

$$a_{n+1}=\frac{2n+3}{2}\int_{-1}^{1}xP_n(x)P_{n+1}(x)\mathrm{d}x=\frac{2n+3}{2}\cdot\frac{2(n+1)}{(2n+1)(2n+3)}=\frac{n+1}{2n+1},$$

从而得到递推公式

$$(n+1)P_{n+1}(x)=(2n+1)xP_n(x)-nP_{n-1}(x)\quad(n=1,2,\cdots).\tag{0.5}$$

由 $P_0(x)=1$，$P_1(x)=x$，利用式(0.5)就可推出

$$P_2(x)=(3x^2-1)/2,$$
$$P_3(x)=(5x^3-3x)/2,$$
$$P_4(x)=(35x^4-30x^2+3)/8,$$
$$P_5(x)=(63x^5-70x^3+15)/8,$$
$$P_6(x)=(231x^6-315x^4+105x^2-5)/16.$$

图 1 给出了 $P_0(x)$，$P_1(x)$，$P_2(x)$，$P_3(x)$ 的图形.

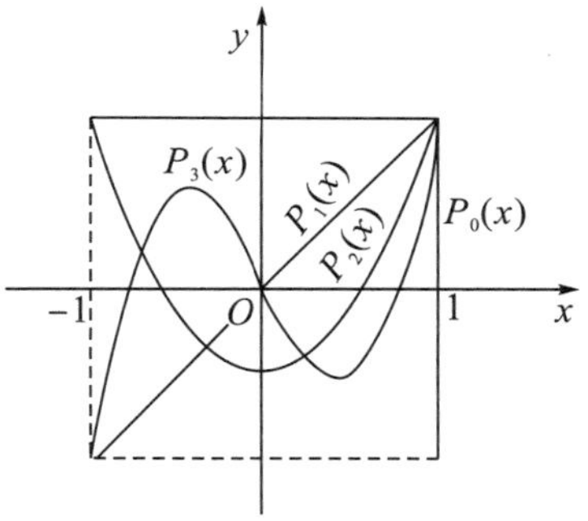

图 1

性质 4 在所有最高项系数为 1 的 n 次多项式中，Legendre 多项式 $\widetilde{P}_n(x)$ 在 $[-1,1]$ 上与 0 的平方误差最小.

设 $Q_n(x)$ 是任意一个最高项系数为 1 的 n 次多项式，它可表示为

$$Q_n(x)=\widetilde{P}_n(x)+\sum_{k=0}^{n-1}a_k\widetilde{P}_k(x),$$

于是

$$(Q_n,Q_n)=\int_{-1}^{1}Q_n^2(x)\mathrm{d}x=(\widetilde{P}_n,\widetilde{P}_n)+\sum_{k=0}^{n-1}a_k^2(\widetilde{P}_k,\widetilde{P}_k^n)\geqslant(\widetilde{P}_n,\widetilde{P}_n).$$

当且仅当 $a_0=a_1=\cdots=a_{n-1}=0$ 时等号才成立，即当 $Q_n(x)$ 恒等于 $\widetilde{P}_n(x)$ 时平方误差最小.

性质 5 $P_n(x)$ 在区间 $[-1,1]$ 内有 n 个不同的实零点.

Ⅱ 切比雪夫多项式

当权函数 $\rho(x)=\dfrac{1}{\sqrt{1-x^2}}$ 时,区间为$[-1,1]$,由序列$\{1,x,x^2,\cdots\}$正交化得到的正交多项式就是切比雪夫多项式,它可以表示为

$$T_n(x)=\cos(n\arccos x)\quad |x|\leqslant 1. \tag{0.6}$$

若令 $x=\cos\theta$,则 $T_n(x)=\cos n\theta$,$0\leqslant\theta\leqslant\pi$.

切比雪夫多项式有很多重要性质.

性质 1 递推关系.

$$\begin{aligned}&T_{n+1}(x)=2xT_n(x)-T_{n-1}(x)\quad(n=1,2,\cdots),\\&T_0(x)=1,T_1(x)=x.\end{aligned} \tag{0.7}$$

这只要由三角恒等式

$$\cos(n+1)\theta=2\cos\theta\cos n\theta-\cos(n-1)\theta\quad(n\geqslant 1),$$

令 $x=\cos\theta$ 即得. 由式(0.7)可得:

$$\begin{aligned}&T_0(x)=1,\\&T_1(x)=x,\\&T_2(x)=2x^2-1,\\&T_3(x)=4x^3-3x,\\&T_4(x)=8x^4-8x^2+1,\\&T_5(x)=16x^5-20x^3+5x,\\&T_6(x)=32x^6-48x^4+18x^2-1,\\&T_7(x)=64x^7-112x^5+56x^3-7x,\\&T_8(x)=128x^8-256x^6+160x^4-32x^2+1.\end{aligned}$$

$T_n(x)$的函数图形如图 2 所示 .

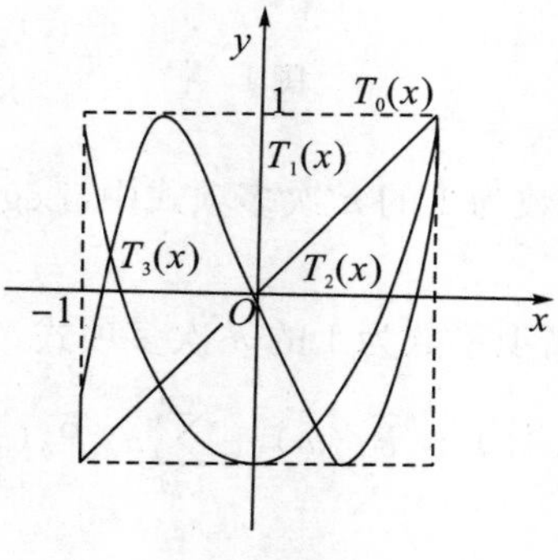

图 2

由递推关系(0.7)还可得到 $T_n(x)$的最高项系数是 $2^{n-1}(n\geqslant 1)$.

性质 2 $T_n(x)$对 0 的偏差最小.

定理 1 在区间$[-1,1]$上所有最高项系数为 1 的 n 次多项式中,$\omega_n(x)=\dfrac{1}{2^{n-1}}T_n(x)$

与 0 的偏差最小，其偏差为$\frac{1}{2^{n-1}}$.

证明：由于

$$\omega_n(x)=\frac{1}{2^{n-1}}T_n(x)=x^n-P_{n-1}^*(x),$$

$$\max_{-1\leqslant x\leqslant 1}|\omega_n(x)|=\frac{1}{2^{n-1}}\cdot\max_{-1\leqslant x\leqslant 1}|T_n(x)|=\frac{1}{2^{n-1}},$$

且点 $x_k=\cos\frac{k}{n}\pi(k=0,1,\cdots,n)$是 $T_n(x)$的切比雪夫交错点组，由参考文献[1]中第二章定理 4 可知，区间[−1,1]上 x^n 在 H_{n-1}中的最佳逼近多项式为 $P_{n-1}^*(x)$，即 $\omega_n(x)$是与 0 的偏差最小的多项式，定理得证.

例 1　求 $f(x)=2x^3+x^2+2x-1$ 在[−1,1]上的最佳二次逼近多项式.

由题意，所求最佳逼近多项式 $P_2^*(x)$应满足

$$\max_{1\leqslant x\leqslant 1}|f(x)-P_2^*(x)|=\min$$

由参考文献[2]中第二章定理 6 可知，当

$$f(x)-P_2^*(x)=\frac{1}{2}T_3(x)=2x^3-\frac{3}{2}x$$

时，与 0 偏差最小，故

$$P_2^*(x)=f(x)-\frac{1}{2}T_3(x)=x^2+\frac{7}{2}x-1$$

就是 $f(x)$在[−1,1]上的最佳二次逼近多项式.

性质 3　切比雪夫多项式$\{T_k(x)\}$在区间[−1,1]上与带权$\rho(x)=\frac{1}{\sqrt{1-x^2}}$正交，且

$$\int_{-1}^{1}\frac{T_n(x)T_m(x)}{\sqrt{1-x^2}}\mathrm{d}x=\begin{cases}0 & n\neq m,\\ \frac{\pi}{2} & n=m\neq 0,\\ \pi & n=m=0.\end{cases}\tag{0.8}$$

事实上，令 $x=\cos\theta$，则 $\mathrm{d}x=-\sin\theta\mathrm{d}\theta$，于是

$$\int_{-1}^{1}\frac{T_n(x)T_m(x)}{\sqrt{1-x^2}}\mathrm{d}x=\int_0^{\pi}\cos n\theta\cos m\theta\mathrm{d}\theta=\begin{cases}0 & n\neq m,\\ \frac{\pi}{2} & n=m\neq 0,\\ \pi & n=m=0.\end{cases}$$

性质 4　$T_{2k}(x)$只含 x 的偶次幂，$T_{2k+1}(x)$只含 x 的奇次幂.

这一性质可由递推关系直接得到.

性质 5　$T_n(x)$在区间[−1,1]上有 n 个零点

$$x_k=\cos\frac{2k-1}{2n}\pi\quad(k=1,2,\cdots,n).$$

此外，实际计算中时常要求 x^n 用 $T_0,T_1,\cdots,T_n$ 的线性组合表示，其公式为

$$x^n=2^{1-n}\sum_{k=0}^{\left[\frac{n}{2}\right]}\binom{n}{k}T_{n-2k}(x).\tag{0.9}$$

这里规定 $T_0=\frac{1}{2}$,$n=1\sim8$ 的结果如下:

$$
\begin{aligned}
&1=T_0,\\
&x=T_1,\\
&x^2=\frac{1}{2}(T_0+T_2),\\
&x^3=\frac{1}{4}(3T_1+T_3),\\
&x^4=\frac{1}{8}(3T_0+4T_2+T_4),\\
&x^5=\frac{1}{16}(10T_1+5T_3+T_5),\\
&x^6=\frac{1}{32}(10T_0+15T_2+6T_4+T_6),\\
&x^7=\frac{1}{64}(35T_1+21T_3+7T_5+T_7),\\
&x^8=\frac{1}{128}(35T_0+56T_2+28T_4+8T_6+T_8).
\end{aligned}
$$

Ⅲ　其他常用的正交多项式

一般来说,如果区间$[a,b]$及权函数 $\rho(x)$不同,则得到的正交多项式也不同.除上述两种最重要的正交多项式外,下面再给出三种较常用的正交多项式.

(1)第二类切比雪夫多项式.在区间$[-1,1]$上带权 $\rho(x)=\sqrt{1-x^2}$ 的正交多项式称为**第二类切比雪夫多项式**,其表达式为

$$U_n(x)=\frac{\sin[(n+1)\arccos x]}{\sqrt{1-x^2}}. \tag{0.10}$$

由 $x=\cos\theta$,可得

$$\int_{-1}^{1}U_n(x)U_m(x)\sqrt{1-x^2}\,\mathrm{d}x=\int_0^{\pi}\sin(n+1)\theta\sin(m+1)\theta\mathrm{d}\theta=\begin{cases}0 & m\neq n,\\ \dfrac{\pi}{2} & m=n,\end{cases}$$

即$\{U_n(x)\}$是$(-1,1)$上带权$\sqrt{1-x^2}$的正交多项式族.还可得到递推关系式

$$U_0(x)=1,\quad U_1(x)=2x,$$
$$U_{n+1}(x)=2xU_n(x)-U_{n-1}(x)\quad(n=1,2,\cdots).$$

(2)Laguerre 多项式.在区间$[0,+\infty)$上带权 e^{-x} 的正交多项式称为 **Laguerre 多项式**,其表达式为

$$L_n(x)=\mathrm{e}^x\frac{\mathrm{d}^n}{\mathrm{d}x^n}(x^n\mathrm{e}^{-x}). \tag{0.11}$$

它也具有正交性质

$$\int_0^{+\infty}\mathrm{e}^{-x}L_n(x)L_m(x)\mathrm{d}x=\begin{cases}0 & m\neq n,\\ (n!)^2 & m=n\end{cases}$$

和递推关系

$$L_0(x)=1,\quad L_1(x)=1-x,$$
$$L_{n+1}(x)=(1+2n-x)L_n(x)-n^2L_{n-1}(x)\quad(n=1,2,\cdots).$$

(3)Hermite 多项式. 在区间$(-\infty,+\infty)$上带权 e^{-x^2} 的正交多项式称为 Hermite **多项式**,其表达式为

$$H_n(x)=(-1)^n e^{x^2}\frac{d^n}{dx^n}(e^{-x^2}).\tag{0.12}$$

它满足正交关系

$$\int_{-\infty}^{+\infty}e^{-x^2}H_m(x)H_n(x)dx=\begin{cases}0 & m\neq n,\\ 2^n n!\sqrt{\pi} & m=n,\end{cases}$$

并有递推关系

$$H_0(x)=1,\quad H_1(x)=2x,$$
$$H_{n+1}(x)=2xH_n(x)-2nH_{n-1}(x)\quad(n=1,2,\cdots).$$